系统科学与装备工程系列丛书

U0150128

基于故障诊断的电机可靠性预测

Fault Diagnosis, Prognosis, and Reliability for Electrical Machines and Drives

[美] Elias G. Strangas

[法] Guy Clerc　Hubert Razik　Abdenour Soualhi

著

刘　宁　孙茂盛　张成名　罗　坤

吴龙涛　施加松　刘瑞起　李　廷

译

电子工业出版社

Publishing House of Electronics Industry

北京·BEIJING

Fault Diagnosis, Prognosis, and Reliability for Electrical Machines and Drives
by Elias G. Strangas, Guy Clerc, Hubert Razik and Abdenour Soualhi
ISBN：9781119722755 / 1119722756

Copyright © 2022 by The Institute of Electrical and Electronics Engineers, Inc.
This translation published under license with the original publisher John Wiley & Sons, Inc.
All rights reserved.

本书简体中文专有翻译出版权由 John Wiley & Sons, Inc. 授予电子工业出版社，专有版
权受法律保护，未经许可，不得以任何方式复制或抄袭本书之部分或全部内容。

版权贸易合同登记号　图字：01-2023-0248

图书在版编目（CIP）数据

基于故障诊断的电机可靠性预测 /（美）埃利亚斯·G. 斯特朗（Elias G. Strangas）等著；
刘宁等译. —北京：电子工业出版社，2023.12
　（系统科学与装备工程系列丛书）
书名原文：Fault Diagnosis, Prognosis, and Reliability for Electrical Machines and Drives
ISBN 978-7-121-47421-7

Ⅰ. ①基⋯　Ⅱ. ①埃⋯　②刘⋯　Ⅲ. ①电机－故障诊断　Ⅳ. ①TM307

中国国家版本馆 CIP 数据核字（2024）第 050450 号

责任编辑：李　敏（limin@phei.com.cn）
印　　刷：三河市双峰印刷装订有限公司
装　　订：三河市双峰印刷装订有限公司
出版发行：电子工业出版社
　　　　　北京市海淀区万寿路 173 信箱　邮编：100036
开　　本：720×1000　1/16　印张：21.5　字数：447 千字
版　　次：2023 年 12 月第 1 版
印　　次：2023 年 12 月第 1 次印刷
定　　价：119.00 元

凡所购买电子工业出版社图书有缺损问题，请向购买书店调换。若书店售缺，请
与本社发行部联系，联系及邮购电话：（010）88254888，88258888。
质量投诉请发邮件至 zlts@phei.com.cn，盗版侵权举报请发邮件至 dbqq@phei.com.cn。
本书咨询联系方式：（010）88254753 或 limin@phei.com.cn。

前 言

电气化在制造、运输、商业和家庭中的应用呈现指数级发展趋势。这得益于越来越多的人接受并使用电驱动，而电驱动在成本、尺寸、效率和性能方面都日益进步。这一进步使得驱动器的应用范围更加广泛，而相关应用又可以受益于驱动器的特性。这也更有利于减轻环境污染，还产生了具有更高灵活性的应用，如电动和混动汽车、电动飞机和船舶、新能源、工业控制、消费类电子产品、新型设备等。

本书研究的电驱动装置，从大型风力发电机和船舶推进系统，到医疗设备用微型驱动装置，跨越尺度较大。驱动器通常使用电机、动力电子设备、控制器、传感器，偶尔也使用电池来驱动。这一范围还在不断扩张，主要得益于以下诸多方面的进展。

（1）电机：新材料、先进的制造工艺、准确快速的设计工具。

（2）动力电子设备：具有更高能量密度、开关特性和效率的新型开关，先进的拓扑结构，持续改进的制造过程。

（3）先进的控制方法和日益强大的计算能力：无论是在操作层面，还是在设计层面。

（4）从丰富的经验中不断积累的知识。

机械作动器、运动系统、发电机和控制器一直依赖基于状态的维修（Condition-Based Maintenance，CBM），以确保人员、流程和设备运行中断时间最短。将机械作动器和控制器替换为机电作动器和控制器，提高了整体效率，节约了成本，并改善了性能。因此，通过利用健康监测来改善 CBM 水到渠成。

通过在电驱动器中集成传感器和信号处理能力，可以对早期故障进行识别和诊断，并在一定程度上实现故障预测。为此，必须对操作变量进行监测、评估并采取行动。为了实现这些目标，需要在一个或多个 CPU 中嵌入监督系统。实现该系统可能需要在一些组件和系统上安装额外的传感器以过滤和处理其输出，需要许多的内部或外部冗余组件、子系统或系统，自身应有算法的集中式或分布式控制器以识别故障及其严重性，并预测其发展，然后自动实现功能。对于早期的诊断和预测系统来说，能否提高其可靠性仍是悬而未决的问题和挑战。该问题及一些怀疑论，在很大程度上源于驱动系统日益增加的复杂性，无论是从其组件数量还是应用算法来说，在较小程度上来自对新技术的不信任。驱动器变得十分复杂，使得故障模式的数量增加，操作员的直接管理能力下降。

解决上述问题的方法是开发可靠性较高且价格合理的驱动系统。这意味着，在最佳情况下，不仅能够实现可预测的长期不间断预定操作，而且能够识别当前或未来可能出现的任何性能偏差，并尽可能地采取较少的措施进行管理。这样的驱动系统能够检测和识别可能导致故障的早期缺陷，并诊断故障的严重程度，还能够准确估计故障可能发生的时间，以便采取相关行动。这类行动包括继续按设计正常运行、修改控制方式、采用冗余系统或者变更原本要求的结果或任务。为了完成与故障诊断、预测及可靠性能力增强相关的任务，除了前述硬件，还需要两个组成部分：

- 驱动器及其组件的模型，主要基于解析方法、物理模型，以及从类似组件和驱动器的广泛测试中收集的数据，甚至是驱动器运行期间收集的数据。
- 大量不同的工作采用的算法，包括信号处理、统计和贝叶斯方法，以及人工智能工具。

系统可靠性是一种特征，通常这一特征在设计阶段就已定型，一般通过组件的可靠性、组件之间相互作用的方法，以及在可能的情况下具有相同组件的类似系统的过去经验来实现。一旦确定可靠性，系统就会启动运行，按照经典的做法，除进行维护外基本不再进行任何修改。驱动器正好相反，它在设计阶段就可以集成具有冗余与决策机制的诊断和预测模块，这有望提高系统可靠性。

多年来，故障诊断和预测的广泛应用，以及以此来增强可靠性，一直是难以实现的目标。尽管有广泛的研究成果，但其应用仅限于小众市场。直到最近，相关研究工作才得以转化，并更加广泛地应用于工业中。在此之前，已有众多科学论文和书籍详细讨论了与此相关的主题，并更广泛地讨论了电机系统。作者希望，本书能够为学生、应用工程师、科学家和研究人员带来贡献和帮助，以深入应用日益增多和成熟的研究成果，从而为安全和环境改善带来效益。

　　围绕研究重点和具体研究内容，本书整合了相关的研究成果，包括对基本方法和工具的讨论、应用，具体包括动力电子设备、电容器、电池、传感器、电机，最后介绍故障诊断和预测一体化以增强电驱动的可靠性。

　　第 1 章涉及故障诊断和预测的组成部分，介绍了不同的传感器、获得的信号及其条件，以及对这些信号进行信息提取所采用的不同方法。因此，可用时域、频域或时频表示来构建相关信息，可用聚类器、神经网络或雨流算法等从这些信息中估计系统当前或未来的状态。

　　第 2 章涉及驱动电源、电动舵机等电驱动的不同组成部分：静态开关、电容器、异步电机和同步电机。首先介绍了各种电驱动的物理学知识和不同的故障现象，然后详细介绍了它们在故障诊断和预测领域的一些具体应用。

　　第 3 章涉及前面提到的故障诊断和预测方法的应用，以提高电驱动的可靠性。本章采用可靠性的经典定义及其在设计阶段采用的估计方法，介绍了故障预测和决策系统增强可靠性的方法；还根据故障管理和预测成本及任务情况的必要修改，提出了更多的可靠性措施。

目 录

第 1 章

基本方法和工具

1.1 一般方法

第 1 部分主要研究各种故障诊断和预测技术中采用的不同方法和概念（见图 1.1）。

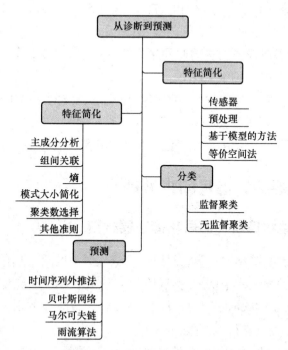

图 1.1 诊断和预测方法概述

但是，无论哪种方法都需要数据的支撑，并且数据应包含丰富的信息。

因此，我们将在第 1 部分专门介绍从驱动系统中提取的信号（见 1.2 节）。为此，将介绍传感器的不同技术（见 1.2.1 节），然后从这些信号中提取时间、频率、统计量（见 1.2.2 节）或模型参数（见 1.2.3 节）。这些模型参数也可能来自解析冗余（见 1.2.4 节）。

然而，某些模型参数可能是多余的，可能出现超定问题。因此，必须在最小数量的参数与足够多的信息之间找到一个折中方案（见 1.3 节）。为此，本章将介绍两种减少模式向量大小的主要技术：主成分分析（见 1.3.1 节）和组间关联（见 1.3.2 节），用于度量参数的依赖性。信息含量用熵来衡量（见 1.3.3 节）。另外，本章将详细介绍在监督聚类（见 1.3.4 节）和无监督聚类（见 1.3.5 节）情况下选择最佳参数的主要技术。

另一个重要的问题是最佳聚类数的确定（见 1.3.6 节），特别是在存在未标记数据的情况下。1.3.7 节给出了一些评价聚类质量的标准。

诊断主要利用聚类器进行（见 1.4 节）。聚类器可以将未知状态自动聚类为健康类或故障类。1.4.1 节介绍了若干一般情况；1.4.2 节和 1.4.3 节分别详细介绍了监督聚类和无监督聚类。

最后，本章讨论了故障预测的方法（见 1.5 节）。首先，1.5.1 节描述了一般预测过程，以下是一些详细的技术：

- 可用于预测模式向量的时间序列外推法（见 1.5.2 节）；
- 贝叶斯网络（见 1.5.3 节）；
- 马尔可夫链（见 1.5.4 节）和隐马尔可夫模型（见 1.5.5 节），可根据随机过程进行诊断；
- 加入可靠性方法的雨流算法（见 1.5.6 节）。

1.2　特征提取：信号和预处理

1.2.1　原始信号：信号和传感器类型

诊断工具需要传感器，传感器用于调查故障（见图 1.2）。传感器的选择取决于故障的性质、期望带宽、影响信号，当然也取决于成本和接口复杂性。

读者可以参考 Webster 于 1998 年、Asch 于 2017 年的相关研究，两人对不同类型的传感器进行了更深入的探讨。

电流传感器和电压传感器主要应用于采用了电机电流特征分析（MCSA）的设备中，以检测逆变器和作动器的电气故障。它们也可以反映轴承和齿轮缺陷的迹象。

振动传感器和声音传感器用于驱动器的机械部件。它们反映异常转矩、偏心，以及由此造成的作动器磁行为。

温度传感器用于检测转换器和作动器故障，但其最大带宽为几百赫兹。

轴向场传感器用于检测与磁不对称（偏心、磁动势不对称……）有关的一些缺陷。

传　感　器	转换器电气故障			作动器电气故障	作动器机械故障
电流传感器和电压传感器	■	■	■	■	
振动传感器					■
温度传感器	■	■	■	■	
场传感器					■
声音传感器					■

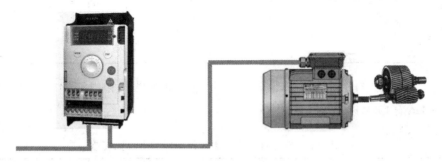

图 1.2　传感器应用领域

1. 电流传感器

电流传感器（和电压传感器）用于控制、保护和监测电驱动器。它们的选择取决于期望带宽、影响量、是否需要电绝缘、测量直流电流的可能性及其价格。表 1.1 给出了不同分流器的主要特性（Clerc，1989；Asch，2017）。

表 1.1　电流传感器：分流器

特　　　性	经典分流器	同轴分流器
原理图		
传递函数	$U = R_{shunt}I$	$U = R_{shunt}I$
电绝缘	否	否
直流测量	是	是
频带宽度	几百 Hz	至大 1MHz
输出电平	极低，几十 mV	极低，几十 mV

（续表）

特　　性	经典分流器	同轴分流器
接口	具有高共模抑制的差分放大器	具有高共模抑制的差分放大器
损耗	焦耳损耗，$R_{shunt}I^2$	焦耳损耗：$R_{shunt}I^2$
影响量	—频率： 表皮效应； 结构电感和电容的相互作用。 —温度。 —电磁干扰	—表皮效应 $f>1\text{MHz}$。 —结构电感和电容相互作用。 —对于 U 型结构，边缘效应增强了涡流的影响。 —温度
限制	—对小电流干扰的敏感性。 —长期过载，过热会使结构退化	强度受以下因素限制： —加热。 —电动应力使薄壁变形
备注	—主要缺点：输出电平低。 —优点：价格低；具有电感和电容结构。 —温度：与使用的材料有关。 —电磁干扰	多用于样机，而非工业系列驱动器。 主要缺点：输出电平低；对于大电流价格高

　　表 1.2 给出了基于零磁通工作时的温度传感器和电流比较器的特性（Clerc，1989）。

表 1.2　电流传感器：温度传感器和电流比较器

特　　性	温度传感器	电流比较器
原理图		
传递函数	$I \to T \xrightarrow[\substack{热电偶\\石英\\电阻器}]{\text{温度传感器}} f(T) \xrightarrow[\substack{放大器\\电桥}]{\text{调节器/接口}} U$	$NI = ni$
电绝缘	是	是
直流测量	是	是
频带宽度	响应时间取决于试件，响应时间 $>1\text{s}$	频带宽度几十 kHz； 响应时间 $<1\mu s$
输出电平	低，但利用了电流隔离的优势。 放大前：几 mV	电流：几百 mA
接口	热电偶：放大器。 电阻：电桥和放大器或电位器电路	电源：几 W； 接口如原理图所示

（续表）

特　　性	温度传感器	电流比较器
损耗	取决于温度传感器和试件。 有热电偶时极低	平均
影响量	环境温度； 调节器供电电压； 8 个电阻传感器的湿度	温度； 由相邻导体引起的杂散磁通
限制	响应时间； 内部热耦合	相当差的可靠性； 承受过载
备注	温度传感器：电阻、热电偶、石英振荡器、二极管。 试件：电阻或半导体	误差来源： —磁回路剩磁； —失调电流； —磁干扰； —温度漂移

表 1.3 给出了带有探测线圈的电流比较器和电流互感器的特性。

表 1.3　电流传感器：带有探测线圈的电流比较器和电流互感器

特　　性	带有探测线圈的电流比较器	电流互感器
原理图		
传递函数	$N_1 I_p = N_2 I_m$	$N_p I_p - N_s I_s = I_m \approx 0$
电绝缘	是	是
直流测量	否	否
频带宽度	几 kHz	仅限于 kHz 量级
输出电平	电流	电流
接口	备注中给出了一个接口。 G 和 C 的调节可通过零点检测器的信号来控制。 辅助电源必须提供补偿电流	TI 必须有较低的输入阻抗； 电流/电压互感器必须有较高的输入阻抗
损耗	部分测量能量来自主电路	涡流和焦耳损失； 测量能量来自初级电路
影响量	其影响很小： —相邻导体引起的干涉磁通； —频率（寄生电容）	相邻导体引起的杂散磁通； 载荷（改变 TI 特性）
限制	寄生场，绕组之间的寄生电容，绕组和导电屏之间的寄生电容	过载饱和； 自发热会导致绝缘恶化

（续表）

特　　性	带有探测线圈的电流比较器	电流互感器
备注	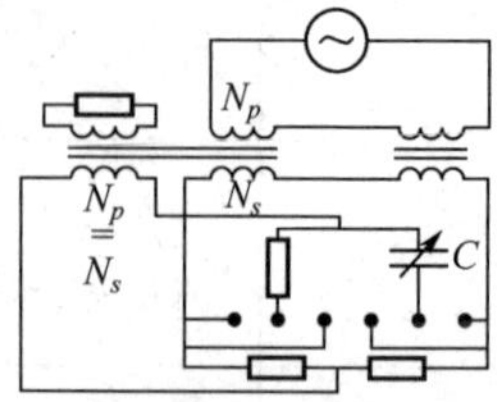 N_p, N_s, $\dfrac{N_p}{N_s}$, C	误差来源： —磁化电流； —泄漏电感和绕组电阻。 可通过限制 I_s 来保护测量设备

表 1.4 给出了换能器和罗氏线圈的特性。这些特性稍后会通过电流梯度图像来展示。

表 1.4　电流传感器：换能器和罗氏线圈

特　　性	换　能　器	罗　氏　线　圈
原理图	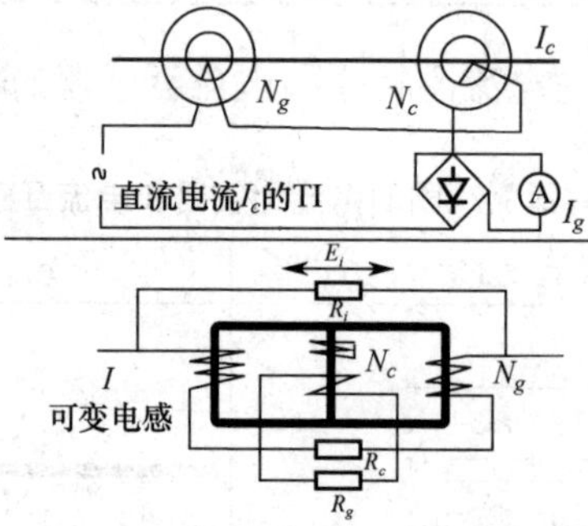 I_c，N_g，N_c，直流电流 I_c 的 TI，I_g，E_i，R_i，I，N_c，N_g，可变电感，R_c，R_g	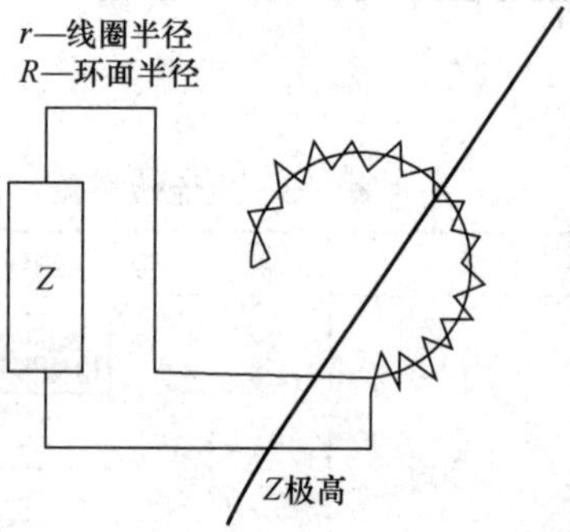 r—线圈半径 R—环面半径 Z Z 极高
传递函数	平行安装的可变饱和电感 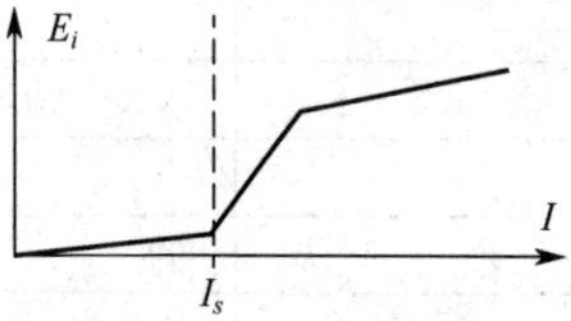 E_i（纵轴），I（横轴），I_s $$I_s = I\,\dfrac{N_c}{N_g}\left(1+\dfrac{R_g}{R_i}\right)$$ 对于直流电流的 TI，有 $N_c I_c = N_g I_g$	$$E = -\mu_0\,\dfrac{N}{l}\,\dfrac{\mathrm{d}I}{\mathrm{d}t}\,S$$ 其中，$\dfrac{N}{l}$ 为匝数的线性密度
电绝缘	是	是
直流测量	是	否
频带宽度	仅限于 kHz 量级	带宽为 0.1Hz～100kHz。 传播时间：10μs
输出电平	电流	电压
接口	电源：几十 W； 建议使用几 kHz 的供电信号	具有高输入阻抗的测量接口； 差分放大器
损耗	大	极小

（续表）

特 性	换 能 器	罗 氏 线 圈
影响量	相邻导体引起的杂散磁通	一频率； 一对外部磁场非常敏感，因为反馈电缆衰减得很厉害
限制	对过载饱和	一最小测量电压； 一绕阻的击穿电压； 一精度要求
备注	缺点：高成本、高消耗	一良好的线性； 一不适用于 $\dfrac{\mathrm{d}I}{\mathrm{d}t}$ 较小的情况

表 1.5 给出了内部感应流量传感器和无芯全屏蔽探头的特性。

表 1.5 电流传感器：内部感应流量传感器和无芯全屏蔽探头

特 性	内部感应流量传感器	无芯全屏蔽探头
原理图	 r—线圈半径 R—环面半径 R_0—内部电阻 L—内部电感 Z较低 R_0极高	 r—线圈半径 R—环面半径 Z_0—内部阻抗 Z较低 Z_0较低
传递函数	$i = -\dfrac{L}{nR_0}\dfrac{\mathrm{d}I}{\mathrm{d}t}$ $\dfrac{L\omega}{R_0} \ll 1$ 且匝数为 n	$I_s = \dfrac{I}{n}$
电绝缘	是	是
直流测量	否	否
频带宽度	类似罗氏线圈	类似罗氏线圈
输出电平	电流	电流
接口	低输入阻抗测量装置	低输入阻抗测量装置
损耗	极低	极低
影响量	一频率； 一对外部磁场非常敏感，因为反馈电缆衰减得很厉害； 一温度	对外部磁场非常敏感，因为反馈电缆衰减得很厉害
限制	R_0 必须与温度和频率无关	与以下方面有关： 一机械电阻； 一加热； 一表皮效应
备注	不适用于 $\dfrac{\mathrm{d}I}{\mathrm{d}t}$ 较小的情况	

表 1.6 给出了霍尔效应传感器和磁阻探头的特性。

表 1.6　电流传感器：霍尔效应传感器和磁阻探头

特　性	霍尔效应传感器	磁阻探头
原理图		
传递函数	$V_h = KI$，$B = kI$ $K = \dfrac{R_h ki}{d}$，$R_h = \dfrac{1}{Ne}$，$e = 1.6 \times 10^{-19}\mathrm{C}$	R 随 H_s 的增大而增大，极化良好，呈现线性关系
电绝缘	是	是
直流测量	是	是
频带宽度	几 kHz	铁基质上的传感器：1MHz； 环氧基上的传感器：10MHz； 带接口的传感器：＜10MHz
输出电平	敏感性：约 2.5V/T； 输出：对于 $I = 1000\mathrm{A}$，几 V	对于 $\Delta B = \pm 1\mathrm{T}$，$5 < \dfrac{R}{R_0} < 15$
接口	电源：几 mW。 接口： —差分放大器； —传感器串联求和器	惠斯通电桥及其电源
损耗	极低	极低
影响量	外部磁场； 温度	温度； 供电电压； 放大器增益； 外部磁场
限制	老化； 对过载饱和； 有限带宽	对于低强度场，噪声为 1/f； 用于测量从几 nT 到几十 nT 的场
备注	误差来源： —霍尔效应发生器偏移； —磁路磁滞	可为电桥提供替代电源来改善行为

表 1.7 给出了电流镜（特别是金属氧化物半导体场效应晶体管）和光学传感器的特性。

表 1.7　电流传感器：电流镜和光学传感器

特 性	电 流 镜	光 学 传 感 器
原理图		C_i：电压转换单元 E_i：轴分析仪OY1和OY2 Oz：入射光方向
传递函数	$\dfrac{I_D}{I_{sense}}$ $= \dfrac{NR_{DSon} + R_{sense}}{R_{DSon}}$ R_{DSon} 为所有输出单元的导通电阻，N 为输出单元数与测量单元数之比	$\alpha = pIH$ $I_1 = 2A_1\cos^2(\beta - \alpha)$ $I_2 = 2A_2\cos^2(\beta + \alpha)$ 对于 $A_1 = A_2 = A$，有 $\Delta I = A\sin(2\alpha)\sin(2\beta)$ 其中，A_1、A_2、p 为系数
电绝缘	否	是
直流测量	是	是
频带宽度	约 1Mz	约 10kHz
输出电平	电流	输出为旋转的极化角。对于硅纤维，典型值 $p = 10^{-5}\text{rad/A}$
接口	接口必须有较低输入阻抗	极化角被转换成电流或电压
损耗	低	几乎无损耗
影响量	传递函数取决于结温、集电极电流和频率	—温度（但影响较小）；—p 取决于波长
限制	有过载时非线性；低精度，约 5%	取决于传感器。强度从 mA 量级到 100kA，分辨率为 10^{-4}A（萨尼亚克干涉仪）
备注	低价传感器	高电压应用 符号：α—极化面的旋转；l—受磁场作用的长度；p—费尔德常数

表 1.8 给出了激光二极管和功率器件的特性。

表 1.8　电流传感器：激光二极管和功率器件特性

特　性	激光二极管	功率器件
原理图		
传递函数	ΔI $\downarrow$ ΔH $\downarrow$ 镍管的 Δl $\downarrow$ 反射镜的 Δl $\downarrow$ 激光二极管发出的 ΔP	晶体管：$V_{CE}(I_c)$ 和 $V_{BE}(I_c)$ 金属氧化物半导体：$V_{DS} = R_{on}I_d$ 晶闸管：$V_{AK}(I_c)$
电绝缘	是	否
频带宽度	kHz 范围内	响应时间：约 1μs
输出电平	电压或电流	电压
接口	光电探测器输出信号处理	接口必须纠正热漂移
损耗	极低	几乎为 0
影响量	激光波长； 反射镜的初始位置； 温度	温度； 驱动器； 传递函数的非线性
限制	最小场强：10^{-10}T； $10^{-5} \sim 10$A	本质上是由触发阈值的精度设定的
备注	检测条件的改进： —对于可变场，叠加一个连续场； —反射镜的精确定位	优点： —价格低； —响应迅速。 缺点：影响数量

2. 振动传感器和加速度计

机械故障或电机过度偏移的诊断通常使用振动传感器测量（见表 1.9）。
通常采用 3 种类型的振动传感器来实现振动分析：

- 位移传感器，单位 mm；
- 速度传感器，单位 mm/s；
- 加速度传感器，单位 mm/s^2 或 g（$g = 9.81 m/s^2$）。

本部分将关注一种最常用的振动传感器——加速度计。

表 1.9　振动传感器

传　感　器	带　宽	应　用
位移传感器	低频：$f \leqslant 200\text{Hz}$	不平衡、错位联轴器； 磨损、松动
速度传感器	中频：$f \leqslant 1\text{kHz}$	不平衡、错位联轴器； 磨损、松动； 故障耦合； 轴承高度退化
加速度传感器	高频：$f \leqslant 20\text{kHz}$	故障耦合； 轴承经常退化或高度退化； 缺乏润滑

加速度计是由阻尼质量（也称为检测质量）、阻尼器和弹簧组成的。加速度由检测质量运动计算得出。为了减少测量干扰，其还对系统进行了阻尼处理（见图 1.3）。

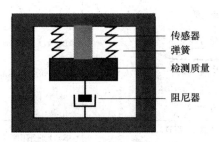

图 1.3　加速度计

检测质量与框架之间的位移可以用压电传感器、压阻传感器或电容传感器来测量。压电式加速度计可测量的加速度高达 $100g$（$g = 9.81\text{m/s}^2$），抗冲击能力高达 $1000000g$，带宽大于 50kHz。

另外，单轴加速度计只能测量 1 个方向，多轴加速度计可以同时测量 3 个方向。

3. 温度传感器

温度是电驱动器诊断和预测的一个关键特征。但从动力学角度来看，温度传感器的热常数比电学传感器和力学传感器要小。

另外，温度可以是模式向量的组成部分，或者是一个影响参数。它常被用于电机（Mohammed 等，2019）和转换器故障诊断（van der Broeck 等，2018）。

主要的热传感器有：

- 热敏电阻；

- 热电偶；
- 电阻温度检测器（RTD）；
- 光纤热传感器；
- 温度敏感电参数（TSEP）系统，将在 2.6.6 节详细说明。

表 1.10 给出了温度传感器的概述。

表 1.10　温度传感器

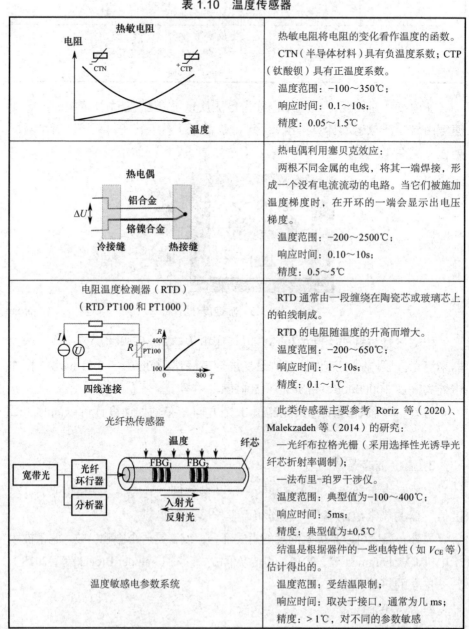

热敏电阻	热敏电阻将电阻的变化看作温度的函数。CTN（半导体材料）具有负温度系数；CTP（钛酸钡）具有正温度系数。 温度范围：-100~350℃； 响应时间：0.1~10s； 精度：0.05~1.5℃
热电偶	热电偶利用塞贝克效应： 两根不同金属的电线，将其一端焊接，形成一个没有电流流动的电路。当它们被施加温度梯度时，在开环的一端会显示出电压梯度。 温度范围：-200~2500℃； 响应时间：0.10~10s； 精度：0.5~5℃
电阻温度检测器（RTD）（RTD PT100 和 PT1000）四线连接	RTD 通常由一段缠绕在陶瓷芯或玻璃芯上的铂线制成。 RTD 的电阻随温度的升高而增大。 温度范围：-200~650℃； 响应时间：1~10s； 精度：0.1~1℃
光纤热传感器	此类传感器主要参考 Roriz 等（2020）、Malekzadeh 等（2014）的研究： —光纤布拉格光栅（采用选择性光诱导光纤芯折射率调制）； —法布里-珀罗干涉仪。 温度范围：典型值为-100~400℃； 响应时间：5ms； 精度：典型值为±0.5℃
温度敏感电参数系统	结温是根据器件的一些电特性（如 V_{CE} 等）估计得出的。 温度范围：受结温限制； 响应时间：取决于接口，通常为几 ms； 精度：>1℃，对不同的参数敏感

4. 场传感器

场传感器主要由分布在机体（非侵入式壳体）内，或者安装在电机内部（侵入式壳体）的测量线圈构成，如图 1.4 所示（Ewert，2017）。

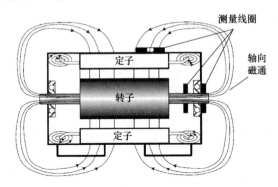

图 1.4 感应电机的轴向磁通分布和测量线圈的可能分布（Ewert，2017）

5. 声音传感器

许多机器故障可以通过声音检测到，因为机器的运动部件会产生摩擦和噪声。

压力传感器和速度传感器可用于测量声音信号，但大多数传感器测量声压。表 1.11 给出了声音传感器的主要技术原理（维基百科，2020a）。

表 1.11 声音传感器

电容传声器 G　　　D 　　　E R_{sense}	电容传声器：在固体板附近放置一层金属薄膜，作为可变电容。 带宽：几十 kHz
动圈传声器 声波　膜片　线圈 磁体	动圈传声器：膜片驱动在磁场中的线圈运动，并产生电压。 带宽：几十 kHz
带式传声器 互感器 金属带 磁体　　　输出	一条细金属带悬浮在磁场中，并且在声波的作用下移动，产生感应电压。 带宽：几十 kHz

（续表）

压电传声器 膜片 —— 压电晶体	压电传声器：使用压电材料，压电材料在受到压力时能产生电压。 带宽：几十 kHz
光纤传声器	光纤传声器：一种利用声波调制在光纤中引导光束的器件。光纤传声器可在恶劣的环境中使用。 带宽：几 kHz
微机电系统（MEMS）传声器	MEMS 传声器：采用 MEMS 加工技术将压敏膜片直接安装到硅片上。 带宽：至大 1MHz

声音传感器的选择取决于如下方面。

- 极性模式：对于由点产生的给定声压，由传声器输出具有相同信号电平点的轨迹。
- 带宽。
- 输出阻抗。

此外，声音传感器可用于检测齿轮缺陷（Zurita 等，2013）、轴承故障（Xue 等，2017）、定子绕组分层（Zhu 等，2010）等。此类传感器的带宽高达 1MHz。

6. 其他传感器

电压传感器可用于监测电容器和电池的状态。但是，在半导体器件或作动器的某些诊断方法中，计算瞬时功率也是必要的。在这种情况下，必须特别注意与当前通道保持同步。大叶极性模式如图 1.5 所示。

电压表（Webster，1998）有以下种类。

- 电磁电压表：基于电流与磁场之间的相互作用（$F = NBlI$，其中，F 为力，l 为切割磁场的导体的长度，B 和 N 为线圈的匝数）。有的电磁电压表只测量直流电压（用动圈或磁体）。
- 电动电压表：基于电流之间的相互作用（$F = kI_1I_2$）。
- 静电电压表：基于导体之间的静电相互作用（对于移动板的位移偏导数 $\mathrm{d}s$，$F = U^2 \dfrac{\mathrm{d}C}{\mathrm{d}s}$，$C$ 为导体之间的电容）。
- 热效应电压表：间接基于热效应。
- 电感电压表：基于磁感应（电压互感器），只测量交流电压。
- 电子电压表：基于数字信号与模拟信号的交互及信号处理过程。

速度传感器通常集成于控制模块中。它们可以通过功率计算机械转矩。然而，惯性对信号有很强的平滑性，这使得速度传感器不适用于快速缺陷检

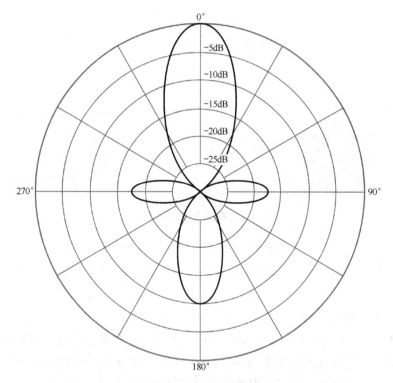

图 1.5　大叶极性模式

测。对于在中低频段出现的振动冲击，速度传感器更易于检测中低频振动冲击造成的缺陷，主要采用两种技术。

- 测速发电机：可以是直流测速发电机（见图 1.6），其中，直流空载电动势与速度成正比；也可以是同步交流测速发电机，其中，交流空载电动势与速度成正比。

集电极

电刷

转子

磁路

© 法国 Leroy Somer 电机

图 1.6　直流测速发电机@Leroy Somer

- 脉冲角速度测速仪：产生一组脉冲（见图 1.7），频率与速度成正比。它可以是可变磁阻传感器，也可以是带有霍尔效应传感器的磁传感器，还可以是光学传感器。

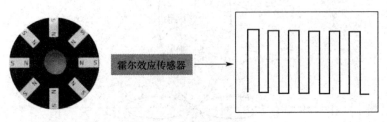

图 1.7　脉冲角速度测速仪

位置可以用于寻找原始信号所投影的参考系方向（见 1.2.2 节），也可以用于与循环平稳相关的诊断方法，特别是轴承缺陷检测方法等（Wu 等，2009）。

位置传感器有两种类型。

（1）增量编码器：至少产生两个正交的方波，其频率与速度成正比。旋转方向由相位角 A 和相位角 B 的符号表示（见图 1.8）。有时，旋转增量编码器会有索引输出，其可以提供给定角度的脉冲信号来同步。

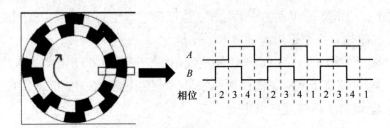

图 1.8　增量编码器

（2）绝对编码器：绝对编码器可以提供数字输出（见图 1.9）。它们可以是机械传感器、磁传感器（带有磁电阻或霍尔效应传感器）、光学传感器。输出信号可以用二进制或灰色编码表示，其中，相邻的两个编码只相差 1 位的位置，这样可以减少编码错误。

绝对编码器也可以是模拟的。同步旋转变压器（见图 1.10）提供两个 ±90° 移位的正弦信号，通过解调得到速度和位置。

位置也可以由虚拟传感器获得，如扩展观测器（见 1.2.3 节），或者根据同步电机的电动势估计得到。但是，在后一种情况下，转子必须转动才能产生电动势（Zheng 等，2007；Comanescu，2012）。

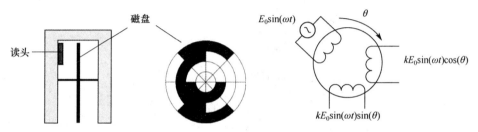

图 1.9　数字灰色绝对编码器　　　　图 1.10　同步旋转变压器

转矩可用于诊断电气不平衡、短路和机械故障等。在研究应用中，人们通常选于转矩计。转矩计的带宽可以达到几千赫兹。另外，转矩可以通过测量定子电流和估计磁通的扩展观测器（Liu 等，2006；Wang 和 Li，2008）来计算；转矩也可以由测试体上所受的剪切力来测量。通过感应耦合，应力传感器的测量结果以较高频率从转子传输到定子。

1.2.2　预处理

1. 时域信号特征

为了监测电机的健康状态，业界研发了多种技术，比较流行的有电机电流特征分析。该技术可以在三相感应电机中显示接近基频的频率。在所有技术中，电机电流特征分析是一种具有吸引力的在线方法，因为其过程监测无须中断操作系统。为了说明其意义，以下将显示在一个频谱中许多频率都接近基频 f_s 的理论分量。

因此，在感应电机发生断条故障的情况下，接近 f_s 的元件的频率为

$$f_{\text{brb}} = \left[\frac{k}{p}(1-s) \pm s \right] f_s \tag{1.1}$$

其中，$k/p = 1,5,7,11,\cdots$

了解与故障严重性相关的电流频谱中的故障频率及其随时间的变化，可以很容易地估计三相感应电机的健康状态。

2. 对称分量

任何三相电压/电流都可以写成正向序列电压/电流、反向序列电压/电流和单极序列电压/电流的和。因此，正向序列电压可表示为

$$[V_F(t)] = \begin{cases} v_{a_F}(t) = V_F\sqrt{2}\cos(\omega_e t) \\ v_{b_F}(t) = V_F\sqrt{2}\cos\left(\omega_e t - \dfrac{2}{3}\pi\right) \\ v_{c_F}(t) = V_F\sqrt{2}\cos\left(\omega_e t - \dfrac{4}{3}\pi\right) \end{cases} \tag{1.2}$$

其中，ω_e 为电子脉冲，V_F 为正向序列电压的均方根。

对于反向序列，电压可表示为

$$[V_B(t)] = \begin{cases} v_{a_B}(t) = V_B\sqrt{2}\cos(\omega_e t) \\ v_{b_B}(t) = V_B\sqrt{2}\cos\left(\omega_e t + \dfrac{2}{3}\pi\right) \\ v_{c_B}(t) = V_B\sqrt{2}\cos\left(\omega_e t + \dfrac{4}{3}\pi\right) \end{cases} \quad (1.3)$$

对于单极序列，电压可表示为

$$[V_O(t)] = \begin{cases} v_{a_O}(t) = V_O\sqrt{2}\cos(\omega_e t) \\ v_{b_O}(t) = V_O\sqrt{2}\cos(\omega_e t) \\ v_{c_O}(t) = V_O\sqrt{2}\cos(\omega_e t) \end{cases} \quad (1.4)$$

且有

$$\begin{cases} \cos p \cdot \cos q = \dfrac{1}{2}[\cos(p-q) + \cos(p+q)] \\ \sin p \cdot \sin q = \dfrac{1}{2}[\cos(p-q) - \cos(p+q)] \\ \sin p \cdot \cos q = \dfrac{1}{2}[\sin(p+q) + \sin(p-q)] \\ \sin p + \sin q = 2\sin\left(\dfrac{p+q}{2}\right) \cdot \cos\left(\dfrac{p-q}{2}\right) \end{cases} \quad (1.5)$$

引入非标准正交的克拉克变换，其主要思想是将三相系统变换为两相系统。该变换基于以下事实，即三相系统本来就是由一个两相系统移位$\dfrac{2}{3}\pi$的倍数组成的。综上所述，矩阵变换可表示为

$$[C] = \frac{2}{3} \cdot \begin{bmatrix} \cos 0 & \cos\dfrac{2}{3}\pi & \cos\dfrac{4}{3}\pi \\ \sin 0 & \sin\dfrac{2}{3}\pi & \sin\dfrac{4}{3}\pi \\ \dfrac{1}{2} & \dfrac{1}{2} & \dfrac{1}{2} \end{bmatrix} = \frac{2}{3} \cdot \begin{bmatrix} 1 & -\dfrac{1}{2} & -\dfrac{1}{2} \\ 0 & \dfrac{\sqrt{3}}{2} & -\dfrac{\sqrt{3}}{2} \\ \dfrac{1}{2} & \dfrac{1}{2} & \dfrac{1}{2} \end{bmatrix} \quad (1.6)$$

若对正向序列电压应用克拉克变换，则可以得到

$$V_{\alpha\beta O} = [C][V_F(t)]$$

$$= \frac{2}{3} \cdot \begin{bmatrix} 1 & -\dfrac{1}{2} & -\dfrac{1}{2} \\ 0 & \dfrac{\sqrt{3}}{2} & -\dfrac{\sqrt{3}}{2} \\ \dfrac{1}{2} & \dfrac{1}{2} & \dfrac{1}{2} \end{bmatrix} \cdot \begin{bmatrix} V_F\sqrt{2}\cos(\omega_e t) \\ V_F\sqrt{2}\cos\left(\omega_e t - \dfrac{2}{3}\pi\right) \\ V_F\sqrt{2}\cos\left(\omega_e t - \dfrac{4}{3}\pi\right) \end{bmatrix}$$

$$= \begin{bmatrix} V_F \sqrt{2}\cos(\omega_e t) \\ V_F \sqrt{2}\sin(\omega_e t) \\ 0 \end{bmatrix} \quad (1.7)$$

若对反向序列电压应用克拉克变换，则可以得到

$$V_{\alpha\beta O} = [C][V_B(t)]$$

$$= \frac{2}{3} \cdot \begin{bmatrix} 1 & -\dfrac{1}{2} & -\dfrac{1}{2} \\ 0 & \dfrac{\sqrt{3}}{2} & -\dfrac{\sqrt{3}}{2} \\ \dfrac{1}{2} & \dfrac{1}{2} & \dfrac{1}{2} \end{bmatrix} \cdot \begin{bmatrix} V_B \sqrt{2}\cos(\omega_e t) \\ V_B \sqrt{2}\cos\left(\omega_e t + \dfrac{2}{3}\pi\right) \\ V_B \sqrt{2}\cos\left(\omega_e t + \dfrac{4}{3}\pi\right) \end{bmatrix}$$

$$= \begin{bmatrix} V_B \sqrt{2}\cos(\omega_e t) \\ V_B \sqrt{2}\sin(\omega_e t) \\ 0 \end{bmatrix} \quad (1.8)$$

总之，任何三相系统或不平衡三相系统的电压/电流都可以表示为正向序列电压/电流与反向序列电压/电流的和。

3. 派克向量

由于三相系统是由两相系统变换组成的，因此它可以表示派克向量。请注意，这是一种"语言滥用"，因为变换并未使用旋转参考系。因此，在与定子相关的参考系中，使用 Concordia 变换得到归一化标准正交矩阵派克向量的分量（i_α 和 i_β）的表达式为

$$i_\alpha(t) = \sqrt{\frac{2}{3}}\left(i_A(t) - \frac{1}{2}i_B(t) - \frac{1}{2}i_C(t)\right) \quad (1.9)$$

$$i_\beta(t) = \frac{1}{\sqrt{2}}(i_B(t) - i_C(t)) \quad (1.10)$$

其中，$i_A(t)$、$i_B(t)$ 和 $i_C(t)$ 表示感应电机的电流线。

$$[T] = \sqrt{\frac{2}{3}} \cdot \begin{bmatrix} 1 & -\dfrac{1}{2} & -\dfrac{1}{2} \\ 0 & \dfrac{\sqrt{3}}{2} & -\dfrac{\sqrt{3}}{2} \\ \dfrac{1}{\sqrt{2}} & \dfrac{1}{\sqrt{2}} & \dfrac{1}{\sqrt{2}} \end{bmatrix} \quad (1.11)$$

在正常情况下，电机电流是一个正向序列系统。因此，派克向量的分量可以表示为

$$i_\alpha(t) = \sqrt{3}I_f\sin(\omega_e t) \tag{1.12}$$

$$i_\beta(t) = \sqrt{3}I_f\cos(\omega_e t) \tag{1.13}$$

其中，I_f 为电流正向序列的均方根，ω_e 为电源角频率（$2\pi f_s$）。

电流派克向量可表示为

$$i_s(t) = i_\alpha(t) + ji_\beta(t) = \sqrt{3}I_f e^{j\omega_e t} \tag{1.14}$$

其中，$j^2 = -1$。

因此，使用派克扩展向量，正向序列电流变为

$$i_{sf}(t) = \sqrt{3}\left[I_f e^{j(\omega_e t-\varphi_f)} + I_{lf}e^{j[(1-2s)\omega_e t-\varphi_{lf}]} + I_{rf}e^{j[(1+2s)\omega_e t-\varphi_{rf}]}\right] \tag{1.15}$$

同理，推导出反向序列电流可变为

$$i_{sb}(t) = \sqrt{3}\left[I_b e^{-j(\omega_e t-\varphi_b)} + I_{lb}e^{-j[(1-2s)\omega_e t-\varphi_{lb}]} + I_{rb}e^{-j[(1+2s)\omega_e t-\varphi_{rb}]}\right] \tag{1.16}$$

使用派克扩展向量的主要优点是，可以分析和量化正向序列电流和反向序列电流对定子线电流的贡献。此外，对频谱中的所有频率进行估计，可以更好地推断电源的质量和感应电机的健康状态。

4. 频域信号特征

非周期信号 $s(t)$ 的傅里叶变换（Poularikas，2000）$F\{s(t)\}$ 为

$$S(\omega) = F\{s(t)\} = \int_{-\infty}^{\infty} s(t)e^{-j\omega t}dt \tag{1.17}$$

因此，当经典信号作为余弦信号 $\cos(\omega_o t)$ 时，其频谱分量为

$$S(\omega) = [\delta(\omega - \omega_o) + \delta(\omega + \omega_o)] \tag{1.18}$$

其中，δ 为狄拉克函数。但是，当复信号作为函数 $e^{j\omega_o t}$ 时，其频谱分量为

$$S(\omega) = [\delta(\omega - \omega_o)] \tag{1.19}$$

因此，建议采用将正向序列电流表达式（1.15）中的信号作为反向序列电流表达式（1.16）的信号进行分析的方法，并对所有分量都进行频谱分析。

1）傅里叶变换和开窗

傅里叶变换和开窗需要所有样本都可用，以便计算频谱；还需要 N（N 等于 2 的幂）个样本。因此，频谱分辨率取决于 $N = 2^r$，由 $\Delta f = F_e/N$ 给出，其中 F_e 为采样频率。因此，信号采集时间为 $T = 1/\Delta f$。

考虑在采样时间 $t = pT_e$ 时的被测信号 $x(p)$，其特征是长度为 N 的有限时间序列，并且已知之前的所有值 $x((p-n)T_e)$（$n = 0, \cdots, N-1$），从时刻 $t = pT_e$ 的离散傅里叶变换（DFT）开始，表示为 $F_p[k]$，可通过以下关系计算频谱。

$$F_p[k] = \frac{1}{N}\sum_{n=0}^{N-1} x(p-n)W_N^{nk}$$

其中，$W_N^{nk} = e^{-j2\pi nk/N}$（$n,k = 0, 1, 2, \cdots, N-1$）。

若为复信号，则

$$F_p[k] = \frac{1}{N}\sum_{n=0}^{N-1}[\text{Re}\{x(p-n)\} + \text{Im}\{x(p-n)\}]W_N^{nk}$$

其中，Re 和 Im 分别指实部和虚部。

图 1.11 和图 1.12 分别为线电流的轨迹和频谱。

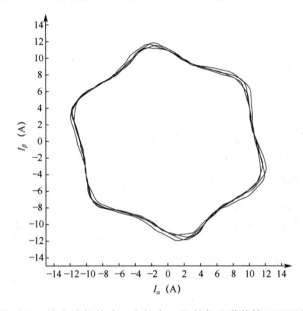

图 1.11　线电流的轨迹：电机在一根断条且满载情况下运行

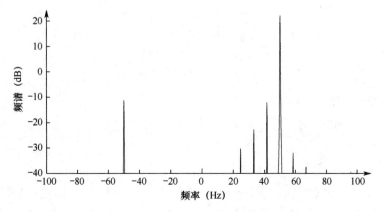

图 1.12　线电流的频谱：电机在一根断条且满载情况下运行

汉宁窗：$w(n) = 0.5\left(1 - \cos\left(2\pi\dfrac{n}{N}\right)\right)$，$0 \leqslant n \leqslant N$。

汉宁窗示意如图 1.13 所示。

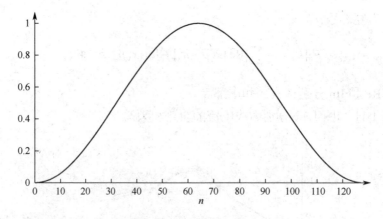

图 1.13　汉宁窗示意

汉明窗：$w(n) = 0.54 - 0.46\cos\left(2\pi\dfrac{n}{N}\right)$，$0 \leqslant n \leqslant N$。

汉明窗示意如图 1.14 所示。

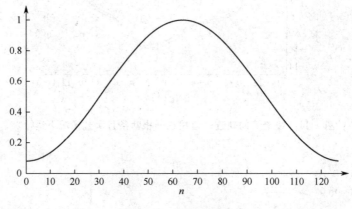

图 1.14　汉明窗示意

布莱克曼窗：

$$w(n) = 0.42 - 0.5\cos\left(2\pi\dfrac{n}{N}\right) + 0.08\cos\left(4\pi\dfrac{n}{N}\right), \quad 0 \leqslant n \leqslant N。$$

布莱克曼窗示意如图 1.15 所示。

在频谱估计中，窗口的影响是非常重要的。事实上，它们的使用在很大程度上改变了对频谱的估计。人们通过感应电机定子电流的示例来强调其意义。为此，在该示例中，采样频率为 10kHz，样本数量为 2^{18} 个，采集时间为 26.2144s。首先，将频谱表示为：

（1）矩形窗；

（2）汉明窗；

（3）汉宁窗；

（4）布莱克曼窗。

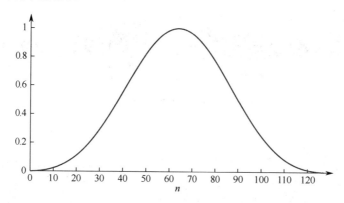

图 1.15　布莱克曼窗示意

无窗口的频谱估计，以及使用汉明窗、汉宁窗、布莱克曼窗的频谱估计分别如图 1.16～图 1.19 所示。

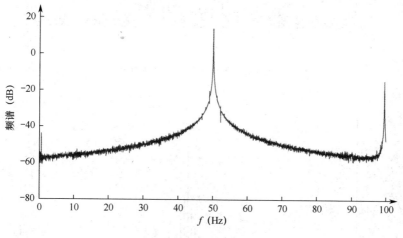

图 1.16　无窗口的频谱估计

我们必须注意到，采集板的分辨率为 14 位。因此，离散化会产生噪声。此外，我们采用对数尺表示定子电流的振幅，为 -80～20dB，以显示使用窗函数对降低频谱中噪声的影响。

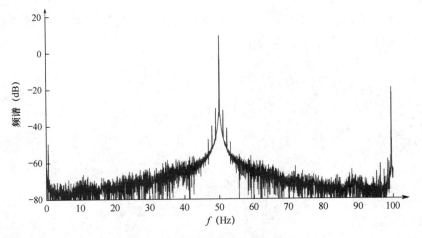

图 1.17　使用汉明窗的频谱估计

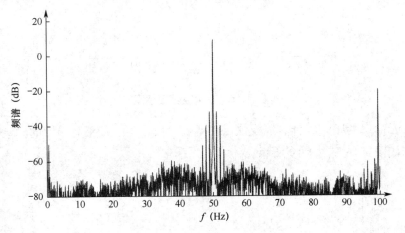

图 1.18　使用汉宁窗的频谱估计

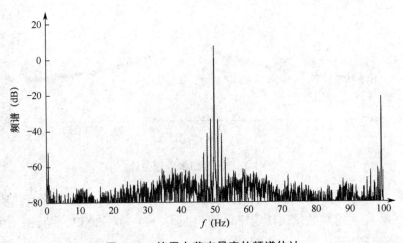

图 1.19　使用布莱克曼窗的频谱估计

由图 1.16～图 1.19 可知，使用窗函数可以更好地区分频谱中的频率，但会影响每个频率对应的振幅。

2）快速傅里叶变换（递归傅里叶变换）

接下来讨论傅里叶变换的递归性。经典程序是计算瞬时 pT_e 的频谱含量。因此，频谱可表示为

$$F_p[k] = \frac{1}{N}\sum_{n=0}^{N-1} x(p-n)W_N^{nk} \qquad (1.20)$$

现在，人为添加 1 个加项和减项，优点是可以逐渐显现方程的递归性。

$$F_p[k] = \frac{1}{N}x(p-0) + \frac{1}{N}\sum_{n=1}^{N-1} x(p-n)W_N^{nk} \pm \frac{1}{N}x(p-N)W_N^{Nk} \qquad (1.21)$$

式（1.21）可改写为

$$F_p[k] = \frac{1}{N}x(p) + \frac{1}{N}\sum_{n=1}^{N} x(p-n)W_N^{nk} - \frac{1}{N}x(p-N) \qquad (1.22)$$

$$F_p[k] = \frac{1}{N}x(p) + W_N^{k}\frac{1}{N}\sum_{n=0}^{N-1} x(p-1-n)W_N^{nk} - \frac{1}{N}x(p-N) \qquad (1.23)$$

$$F_p[k] = \frac{1}{N}x(p) - \frac{1}{N}x(p-N) + W_N^{k}\frac{1}{N}\sum_{n=0}^{N-1} x(p-1-n)W_N^{nk} \qquad (1.24)$$

在瞬时 $(p-1)T_e$ 时，频谱可表示为

$$F_{p-1}[k] = \frac{1}{N}\sum_{n=0}^{N-1} x(p-1-n)W_N^{nk} \qquad (1.25)$$

在瞬时 pT_e 时，频谱可表示为

$$F_p[k] = \left(\frac{x(p)-x(p-N)}{N}\right) + W_N^{k}F_{p-1}[k] \qquad (1.26)$$

滑动离散傅里叶变换（SDFT）的一个显著优点是，可以只在一个重要带宽上进行频谱估计，如在感应电机的监测电源频率附近。

频率范围 40～60Hz 的频谱估计如图 1.20 所示。

$$x(p) = i_\alpha(p) + ji_\beta(p) \qquad (1.27)$$

离散傅里叶变换（DFT）可表示为

$$F_p[k] = \frac{1}{N}\sum_{n=0}^{N-1} [i_\alpha(p-n) + ji_\beta(p-n)]W_N^{nk} \qquad (1.28)$$

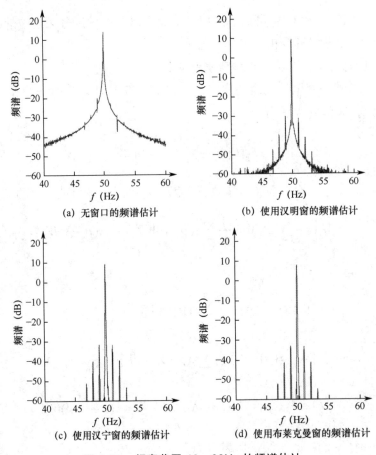

(a) 无窗口的频谱估计   (b) 使用汉明窗的频谱估计

(c) 使用汉宁窗的频谱估计   (d) 使用布莱克曼窗的频谱估计

图 1.20   频率范围 40～60Hz 的频谱估计

式（1.28）可变换为

$$F_p[k] = \frac{1}{N}\sum_{n=0}^{N-1} i_\alpha(p-n)W_N^{nk} + \mathrm{j}\frac{1}{N}\sum_{n=0}^{N-1} i_\beta(p-n)W_N^{nk} \qquad (1.29)$$

因此，如果我们用 F_{i_α} 和 F_{i_β} 分别表示电流 i_α、i_β 的离散傅里叶变换，则式（1.29）可对应地改写为

$$F_p[k] = F_{i_\alpha p}[k] + \mathrm{j}F_{i_\beta p}[k] \qquad (1.30)$$

由于电流 i_α 和 i_β 是实数，所以每个傅里叶变换都具有对称性，因此只需要使用简单的关系即可推导出其各自的谱密度，即

$$\begin{cases} F_{i_\alpha p}[k] = \dfrac{1}{2}(F_p[k] + F_p[k]^*) \\ F_{i_\beta p}[k] = \dfrac{J}{2}(F_p[k]^* - F_p[k]) \end{cases} \qquad (1.31)$$

其中，*表示复共轭。

总之，由于采用了递归形式，因此实时估计信号的频谱含量是可能实现的。该方法的优点是无须进行大量数值计算，缺点是不使用窗函数。另外，频谱估计是连续进行的，但切记前提条件是该信号必须是稳定的，否则频谱估计将被改变。

5. 小波分析

众所周知，小波的概念起源于 20 世纪初，但其在 1980 年前后才开始在信号分析领域应用。函数 $f(t)$ 的小波变换是其在一组小波函数 $\psi_{a,\tau}(t)$ 中的分解。小波变换的定义为

$$W_\omega(a,\tau) = \int_{-\infty}^{\infty} f(t)\psi_{a,\tau}^*(t)\mathrm{d}t \tag{1.32}$$

其中，a 为比例因子；τ 为平移因子；$\psi_{a,\tau}(t)$ 为基本母小波，有

$$\psi_{a,\tau}(t) = \frac{1}{\sqrt{a}}\psi\left(\frac{t-\tau}{a}\right) \tag{1.33}$$

采用正交小波分析可以得到更紧凑的信号表示形式。它可以使原始信号从变换后的信号中重构出来。尽管如此，对于小波系数的连续振幅变化，建议对具有非正交小波的信号进行分析（Torrence 和 Compo，1998）。

非正交小波包括高斯小波、Morlet 小波和墨西哥帽小波。最常用的小波函数是 Morlet 小波函数和墨西哥帽小波函数。Morlet 小波函数的小波基表达式为

$$\psi(t) = \mathrm{e}^{\mathrm{j}Kt}\mathrm{e}^{-\frac{t^2}{2}} \tag{1.34}$$

其中，振荡次数取决于系数 K。

尽管 Morlet 小波函数非正交且复杂，但其可获得信号的振幅和相位信息，因此它自然更适合振荡系统。墨西哥帽小波基为式（1.35）所示的实函数，即

$$\psi(t) = (1-t^2)\mathrm{e}^{-\frac{t^2}{2}} \tag{1.35}$$

此实函数特别适合分析不连续的信号。

另外，选择比例因子并不容易，为此人们进行了大量工作以制定准则，以确定比例因子。当前，人们可以估计所使用比例因子的最小值和最大值（Torrence 和 Compo，1998），也可以确定比例因子的最佳值（Saleh 和 Rahman，2005）。

在本节示例中，已知要分析的信号样本数为 N，使用墨西哥帽小波函数，N 为 2 的幂，则比例因子可表示为

$$a = \log_2 N \qquad (1.36)$$

其中，比例因子的最小值和最大值可表示为

$$a_{\min} = \frac{1}{2}a\ , \qquad a_{\max} = \frac{3}{2}a \qquad (1.37)$$

6. 瞬时振幅和瞬时频率

1）瞬时振幅

为了计算实信号 $x(t)$ 的瞬时振幅，可以使用与其自身相关的解析信号 $z(t)$：

$$z(t) = x(t) + \mathrm{j}y(t) = a(t)\mathrm{e}^{\mathrm{j}\varphi(t)} \qquad (1.38)$$

其中，$y(t)$ 为 $x(t)$ 的希尔伯特变换，定义为

$$H[x(t)] = y(t) = \frac{1}{\pi}P\int_{-\infty}^{\infty}\frac{x'(t)}{t-t'}\mathrm{d}t' \qquad (1.39)$$

其中，P 为柯西主值。

在式（1.40）中，$a(t)$ 对应 $z(t)$ 的瞬时振幅，即

$$a(t) = \sqrt{x^2(t) + y^2(t)} \qquad (1.40)$$

2）瞬时频率

瞬时频率在诸多领域都是信号的重要特征，是一个与时频分析相关的概念，可以从时频分布（TFD）得到。信号的频率通常与时间无关。然而，在非平稳信号的情况下，引入瞬时频率的概念对时频分析是有用的。在物理上，需要重点注意的是，被分析信号必须是一个具有单频谱分量的信号。在信号具有多频谱分量的情况下，瞬时频率的概念不再有效（Loughlin 和 Tacer，1997）。计算瞬时频率需要确定两个基本定义。第 1 个是基于所研究信号的时频表示，第 2 个是与所研究信号相关的解析信号的相位的导数。含单频谱分量的解析信号 $z(t) = a(t)\,\mathrm{e}^{\mathrm{j}\varphi(t)}$ 的瞬时频率 $f_i(t)$ 定义为其相位的导数，即

$$f_i(t) = \frac{1}{2\pi}\frac{\mathrm{d}\varphi(t)}{\mathrm{d}t} \qquad (1.41)$$

解析信号 $z(t)$ 是一个复信号，包含与实信号 $x(t)$ 相同的信息。与实信号不同，复信号只包含正频率。它是由实信号通过希尔伯特变换构建而成的，用算子 H 表示，即

$$z(t) = x(t) + \mathrm{j}H[x(t)] \qquad (1.42)$$

$$H(t) = \int_{-\infty}^{\infty}\frac{x(t-\tau)}{\pi\tau}\mathrm{d}\tau \qquad (1.43)$$

7. 双线性时频分布或二次时频分布：科恩类

时间分析不能精确地表示信号的谐波分量，而频率分析不能在时间上对其进行定位。时域和频域同时表示是前两种方法的综合（Lebaroud，2007；Chatfield 和 Xing，2019；Flandrin，1998）。然而，海森堡测不准原理说明频率无法得到精确的时间定位。这种模糊性产生了众多的时频变换定义。

1）海森堡测不准原理

对于任何有限能量的信号 $x(t)$，定义其时域和频域质心为

$$\langle t \rangle = \frac{1}{E} \int t \, | \, x(t)|^2 \, \mathrm{d}t \qquad (1.44)$$

$$\langle f \rangle = \frac{1}{E} \int f \, | \, X(f)|^2 \, \mathrm{d}f \qquad (1.45)$$

时间和频率分辨率可由式（1.46）和式（1.47）推导而得，即

$$\Delta t = \sqrt{\frac{1}{E} \int (t - \langle t \rangle)^2 \left| x(t)^2 \right| \mathrm{d}t} \qquad (1.46)$$

$$\Delta f = \sqrt{\frac{1}{E} \int (f - \langle f \rangle)^2 \left| x(f)^2 \right| \mathrm{d}f} \qquad (1.47)$$

因此，可以将海森堡测不准原理表示为

$$\Delta t \cdot \Delta f \geqslant \frac{1}{4\pi} \qquad (1.48)$$

2）一般表示

科恩类的时频表示（Cohen，1995）形式为

$$C_x(t,f) = \int_{-\infty}^{\infty} \int_{-\infty}^{\infty} \varphi_{t-r}(t-v,\tau) x\left(\gamma + \frac{\tau}{2} \right) x^* \left(\gamma - \frac{\tau}{2} \right) \mathrm{e}^{-\mathrm{j}2\pi f\tau} \mathrm{d}\gamma \mathrm{d}\tau \qquad (1.49)$$

其中，$\varphi_{t-r}(t-v,\tau)$ 为核。

定义模糊函数为

$$A_x(\tau,\xi) = \int_{-\infty}^{\infty} x\left(t + \frac{\tau}{2} \right) x^* \left(t - \frac{\tau}{2} \right) \mathrm{e}^{-\mathrm{j}2\pi\xi t} \mathrm{d}t \qquad (1.50)$$

可以找到式（1.49）的两种不同形式如下。

第 1 种形式：

$$C_x(t,f) = \int_{-\infty}^{\infty} \int_{-\infty}^{\infty} \varphi_{r-d}(\tau,\xi) A_x(\tau,\xi) \mathrm{e}^{\mathrm{j}2\pi(t\xi - f\tau)} \mathrm{d}\xi \mathrm{d}\tau \qquad (1.51)$$

其中

$$A_x(\tau,\xi) = \int_{-\infty}^{\infty} x\left(t+\frac{\tau}{2}\right) x^*\left(t-\frac{\tau}{2}\right) e^{-j2\pi\xi t} dt$$

$$\varphi_{r-d}(\tau,\xi) = \int_{-\infty}^{\infty} \varphi_{t,\tau}(t,\tau) e^{-j2\pi\xi t} dt$$

其中，两个变量 τ 和 ξ 分别为时延和多普勒频率。

第 2 种形式：

$$C_x(t,f) = \int_{-\infty}^{\infty}\int_{-\infty}^{\infty} \varphi_{t-f}(t-u,f-u) W_x(u,v) du dv \qquad (1.52)$$

其中

$$W_x(u,v) = \int_{-\infty}^{\infty} x\left(u+\frac{\tau}{2}\right) x^*\left(u-\frac{\tau}{2}\right) e^{-j2\pi vt} d\tau$$

$$\varphi_{t-f}(t-u,f-v) = \int_{-\infty}^{\infty} \varphi_{t-u,\tau}(t-u,\tau) e^{-j2\pi(f-v)\tau} d\tau$$

函数 $W_x(u,v)$ 为 Wigner-Ville 分布（Wigner，1932；Ville，1948）。

时频域和多普勒时延域编码器之间的变换规则如图 1.21 所示，该变换规则解释了核的类型和变量的类型相关联（注：所有的核均在后文表 1.16～表 1.19 中进行详细说明）。

$$\text{域}$$
$$\xi,\tau \longleftrightarrow t,\tau \longleftrightarrow t,f$$

$$\text{核}$$
$$\underset{r-d}{\varphi(\xi,\tau)} \longleftrightarrow \underset{t-r}{\varphi(t,\tau)} \longleftrightarrow \underset{t-f}{\varphi(t,f)}$$

图 1.21　时频域和多普勒时延域编码器之间的变换规则

3）属性

基于科恩类原理形成了众多的时频表示，它们分别由其属性进行区分。在这一领域科研人员进行的研究工作（Hlawatsch 和 Boudreaux-Bartels，1992；TA 和 Mecklenbräuker，1980）实现了关联属性和不同核的时频表示（TFR）。

第 1 组科恩类表示的属性如表 1.12 所示（Lebaroud，2007；Hlawatsch 和 Boudreaux- Bartels，1992；Auger 和 Doncarli，1992）。

表 1.12　第 1 组科恩类表示的属性

编号	属 性	数 学 公 式	条 件
0	时间和频率平移不变性	$\forall t_1, f_1, y(t) = x(t-t_1)e^{j2\pi f_1 t}$ $\Rightarrow C_y(t,f) = C_x(t-t_1,f-f_1)$	任何 $\varphi_{r-d}(\tau,\xi)$ 均可
1	比例变化不变性	$\forall a > 0,\ y(t) = a^{-1/2}x(t/a)$ $\Rightarrow C_y(t,f) = C_x(t/a,af)$	$\forall \tau,\xi,\ \forall a > 0$ $\varphi_{r-d}(\tau,\xi) = \varphi_{r-d}(\tau/a,a\xi)$
2	时间反演不变性	$y(t) = x(-t)$ $\Rightarrow C_y(t,f) = C_x(-t,-f)$	$\forall \tau,\xi$ $\varphi_{r-d}(\tau,\xi) = \varphi_{r-d}(-\tau,-\xi)$

（续表）

编号	属　　性	数 学 公 式	条　　件
3	复共轭不变性	$y(t) = x^*(t)$ $\Rightarrow C_y(t,f) = C_x(t,-f)$	$\forall \tau, \xi$ $\varphi_{r-d}(\tau, \xi) = \varphi_{r-d}(-\tau, \xi)$
4	时频表示的真实特征	$\forall t, f$ $C_x(t,f) = C_x^*(t,f)$	$\forall \tau, \xi$ $\varphi_{r-d}^*(\tau, \xi) = \varphi_{r-d}(-\tau, -\xi)$
5	因果关系	若 $u < t$，则 $C_x(t,f)$ 仅取决于 $x(u)$	$\forall t, \tau$ $t \prec \lvert \tau \rvert / 2 \Rightarrow \varphi_{t-r}(t,\tau) = 0$

其中，$\hat{x}(t) = \int_{-\infty}^{\infty} x(t) e^{-j2\pi ft} dt$ 为 $x(t)$ 的傅里叶变换。

4）不同表示

表 1.13～表 1.19 给出了不同的科恩类表示，具有 1.2.2 节中定义的属性。

Wigner-Ville 分布是唯一提供线性调频信号完美定位的分布。但是，它有许多干扰项，因而难以准确描述。伪 Wigner-Ville 分布使用窗口 $h(\tau)$，因而计算更容易。平滑伪 Wigner-Ville 分布使用了一个额外的窗口 $g(t)$，以便执行与频率平滑无关的时域平滑，即 $\varphi_{t,f}(t,f) = g(t)\hat{h}(f)$。这样可以较好地折中不同分量的定位与干扰项的衰减（Lebaroud，2007；见表 1.16）。

Rihaczek 分布可以提供正弦信号的完美定位。Margenau-Hill 分布更容易用图形表示。Page 分布是唯一一个可同时验证因果性（属性 5；见表 1.12）、频谱守恒性（属性 8；见表 1.13）、Moyal 公式（属性 14；见表 1.14）和信号域守恒性（属性 16；见表 1.15）的科恩类（Lebaroud，2007；见表 1.17）。

表 1.13　第 2 组科恩类表示的属性

编号	属　　性	数 学 公 式	条　　件
6	能量守恒	$\int_{-\infty}^{\infty} \int_{-\infty}^{\infty} C_x(t,f) dt df = \int_{-\infty}^{\infty} \lvert x(t) \rvert^2 dt$	$\varphi_{r-d}(0,0) = 1$
7	瞬时功率守恒	$\forall t, \int_{-\infty}^{\infty} C_x(t,f) df = \lvert x(t) \rvert^2$	$\forall \xi, \ \varphi_{r-d}(0,\xi) = 1$
8	频谱守恒	$\forall f, \int_{-\infty}^{\infty} C_x(t,f) dt = \lvert \hat{x}(f) \rvert^2$	$\forall \tau, \ \varphi_{r-d}(\tau,0) = 1$
9	瞬时频率守恒	$\forall t, \int_{-\infty}^{\infty} f C_x(t,f) df = f_x(t) \lvert x(t) \rvert^2$ $f_x(t) = \dfrac{1}{2\pi} \dfrac{d}{dt} \arg(x(t))$ [1mm]	$\forall \xi, \ \varphi_{r-d}(0,\xi) = 1$ 且 $\dfrac{\partial}{\partial \tau} \varphi_{r-d}(0,\xi) = 0$
10	群延迟守恒	$\forall f, \int_{-\infty}^{\infty} t C_x(t,f) dt = t_x(f) \lvert \hat{x}(f) \rvert^2$ $t_x(f) = -\dfrac{1}{2\pi} \dfrac{d}{df} \arg(\hat{x}(f))$	$\forall \tau, \ \varphi_{r-d}(\tau,0) = 1$ 且 $\dfrac{\partial}{\partial \xi} \varphi_{r-d}(\tau,0) = 0$
11	正性	$\forall x(t), \ \forall t, f, \ C_x(t,f) \geqslant 0$	$\varphi_{r-d}(\tau, \xi)$ $= \int_{-\infty}^{\infty} c(\alpha) A_{h_\alpha}(\tau, \xi) d\alpha$ 其中 $\forall \alpha, \ c(\alpha) \geqslant 0$

时至今日，频谱图仍被广泛应用，特别是用于分析缓慢非平稳信号或含有众多分量的信号。对于短暂且强烈的非平稳信号，则可以通过 S 表示得到更好的折中（Lebaroud，2007；见表1.18）。

使用乘积核可以减少干扰项（Lebaroud，2007；见表1.19）。

人们将在线性调频函数 [见式（1.53）] 的帮助下描述不同的科恩类。该函数是一种频率随时间增大或减小的信号。

$$y(t) = \text{Re}(a(t)e^{j\Phi(t)}) \tag{1.53}$$

表 1.14　第 3 组科恩类表示的属性

编号	属　　性	数　学　公　式	条　　件
12	线性滤波器的兼容性	$y(t) = \int_{-\infty}^{\infty} h(u)x(t-u)du$ $\Rightarrow C_y(t,f) = \int_{-\infty}^{\infty} C_h(u,f)C_x(t-u,f)du$	$\forall \tau, \tau', \xi,$ $\varphi_{r-d}(\tau,\xi)\varphi_{r-d}(\tau',\xi)$ $= \varphi_{r-d}(\tau+\tau',\xi)$
13	调制的兼容性	$y(t) = m(t)x(t)$ $\Rightarrow C_y(t,f) = \int_{-\infty}^{\infty} C_m(t,v)C_x(t,f-v)dv$	$\forall \tau, \xi, \xi',$ $\varphi_{r-d}(\tau,\xi)\varphi_{r-d}(\tau,\xi')$ $= \varphi_{r-d}(\tau,\xi+\xi')$
14	标积守恒	$\int_{-\infty}^{\infty}\int_{-\infty}^{\infty} C_x(t,f)C_y^*(t,f)dtdf = \left\|\int_{-\infty}^{\infty} x(t)y^*(t)dt\right\|^2$	$\forall \tau, \xi, \ \|\varphi_{r-d}(\tau,\xi)\|^2 = 1$
15	可逆性	$x(t)$可在一个相内从其时频表示中检索出来	$\forall \tau, \xi, \ \varphi_{r-d}(\tau,\xi) \neq 0$

表 1.15　第 4 组科恩类表示的属性

编号	属　　性	数　学　公　式	条　　件
16	信号域守恒	若 $\forall t, \|t\| > T \Rightarrow x(t) = 0$ 则 $\forall t, \|t\| > T \Rightarrow C_x(t,f) = 0$	$\forall t, \tau$ $\|\tau\| < 2\|t\| \Rightarrow \varphi_{r-d}(t,\tau) = 0$
17	信号空值守恒	$x(t_0) = 0 \Rightarrow \forall f, \ C_x(t_0,f) = 0$	$\varphi_{r-d}(\tau,\xi)$ $= h_1(\tau)e^{-j2\pi\xi\tau/2} + h_2(\tau)e^{j2\pi\xi\tau/2}$
18	频谱空值守恒	$\hat{x}(f_0) = 0 \Rightarrow \forall t, \ C_x(t,f_0) = 0$	$\varphi_{r-d}(\tau,\xi)$ $= G_1(\xi)e^{-j2\pi\xi\tau/2} + G_2(\xi)e^{j2\pi\xi\tau/2}$

表 1.16　科恩类表示：Wigner-Ville 分布及相关形式

名　　称	数　学　公　式	属　　性
Wigner-Ville 分布	$\int_{-\infty}^{\infty} x(t+\tau/2)x^*(t-\tau/2)e^{-j2\pi f\tau}d\tau$ 核：$\varphi_{r-d}(\tau,\xi) = 1$，$\varphi_{t-r}(t,\tau) = \delta(t)$	0、1、2、3、4、6、7、8、9、10、12、13、14、15、16
伪 Wigner-Ville 分布	$\int_{-\infty}^{\infty} h(\tau)x(t+\tau/2)x^*(t-\tau/2)e^{-j2\pi f\tau}d\tau$ 核：$\varphi_{r-d}(\tau,\xi) = h(\tau)$，$\varphi_{t-r}(t,\tau) = \delta(t)h(\tau)$	0、2、3、4、6、7、9、16 若 $h(t)$ 为实偶数，$h(0) = 1$，$h'(0) = 0$
平滑伪 Wigner-Ville 分布	$\int_{-\infty}^{\infty}\int_{-\infty}^{\infty} g(t-v)h(\tau)x(v+\tau/2)x^*(v-\tau/2)e^{-j2\pi f\tau}d\tau dv$ 核：$\varphi_{r-d}(\tau,\xi) = h(\tau)\hat{g}(\xi)$，$\varphi_{t-r}(t,\tau) = g(t)h(\tau)$	0、2、3、4、6 若 $h(t)$ 为实偶数，$h(0) = 1$；若 $g(t)$ 为实偶数，$\hat{g}(0) = 1$

表 1.17　科恩类表示：Rihaczek 分布及相关形式

名　称	数 学 公 式	属　性
Rihaczek 分布	$x(t)\hat{x}^*(f)\mathrm{e}^{-\mathrm{j}2\pi ft}$ 核：$\varphi_{r-d}(\tau,\xi)=\mathrm{e}^{-\mathrm{j}\pi\xi\tau}$，$\varphi_{t-r}(t,\tau)=\delta(t-\tau/2)$	0、1、2、6、7、8、12、13、14、15、16、17、18
Margenau-Hill 分布	$\int_{-\infty}^{\infty}\frac{1}{2}[x(t+\tau)x^*(t)+x(t)x^*(t-\tau)]\mathrm{e}^{-\mathrm{j}2\pi f\tau}=\mathrm{Re}\{x(t)\hat{x}^*(f)\mathrm{e}^{-\mathrm{j}2\pi ft}\}$ 核：$\varphi_{r-d}(\tau,\xi)=\cos(\pi\xi\tau)$，$\varphi_{t-r}(t,\tau)=\frac{1}{2}[\delta(t-\tau/2)+\delta(t+\tau/2)]$	0、1、2、3、4、6、7、8、9、10、16、17、18
伪 Margenau-Hill 分布	$\int_{-\infty}^{\infty}\frac{h(\tau)}{2}[x(t+\tau)x^*(t)+x(t)x^*(t-\tau)]\mathrm{e}^{-\mathrm{j}2\pi f\tau}\mathrm{d}\tau$ $=\mathrm{Re}\{x(t)\mathrm{TFCT}_x^h(t,f)\mathrm{e}^{-\mathrm{j}2\pi ft}\}$（$h$ 为实偶数） 核：$\varphi_{r-d}(\tau,\xi)=h(\tau)\cos(\pi\xi\tau)$，$\varphi_{t-r}(t,\tau)=\frac{h(\tau)}{2}[\delta(t-\tau/2)+\delta(t+\tau/2)]$	0、2、3、4、6、7、9、16、17 若 $h(t)$ 为实偶数，$h(0)=1$，$h'(0)=0$
Page 分布	$2\mathrm{Re}\left\{x(t)\left(\int_{-\infty}^{t}x(u)\mathrm{e}^{-\mathrm{j}2\pi fu}\mathrm{d}u\right)^*\mathrm{e}^{-\mathrm{j}2\pi ft}\right\}$ 核：$\varphi_{r-d}(\tau,\xi)=\mathrm{e}^{\mathrm{j}\pi\xi|\tau|}$，$\varphi_{t-r}(t,\tau)=\delta(t-|\tau|/2)$	0、3、4、5、6、7、16、17

表 1.18　科恩类表示：频谱图和 S 表示

名　称	数 学 公 式	属　性
频谱图	$\left|\int_{-\infty}^{\infty}x(u)h^*(u-t)\mathrm{e}^{-\mathrm{j}2\pi fu}\mathrm{d}u\right|^2$ 核：$\varphi_{r-d}(\tau,\xi)=A_h^*(\tau,\xi)$，$\varphi_{t-r}(t,\tau)=h^*(-t+\tau/2)h(-t-\tau/2)$	若 $\int_{-\infty}^{\infty}|h(t)|^2\mathrm{d}t=1$，则 0、2、3、4、6、11
S 表示	$\int_{-\infty}^{\infty}\hat{S}(\xi)\mathrm{TFCT}_x^h(t,f+\xi/2)\mathrm{TFCT}_x^h(t,f-\xi/2)\mathrm{e}^{\mathrm{j}2\pi\xi t}\mathrm{d}\xi$ 核：$\varphi_{r-d}(\tau,\xi)=\int_{-\infty}^{\infty}\hat{S}(v)A_h^*(\tau,\xi-v)\mathrm{d}v$， $\varphi_{t-r}(t,\tau)=S(t)h^*(-t+\tau/2)h(-t-\tau/2)$	0、2、3、4、6

表 1.19　科恩类表示：乘积型或锥形核心表示

名　称	数 学 公 式	属　性
Choi-Williams 分布	$\int_{-\infty}^{\infty}\int_{-\infty}^{\infty}\frac{\exp\left(-\dfrac{v^2}{4\tau^2/\sigma}\right)}{\sqrt{4\pi\tau^2/\sigma}}x(t-v+\tau/2)x^*(t-v-\tau/2)\mathrm{e}^{-\mathrm{j}2\pi f\tau}\mathrm{d}v\mathrm{d}\tau$ 核： $\varphi_{r-d}(\tau,\xi)=\exp(-4\pi^2\xi^2\tau^2/\sigma)$ $\varphi_{t-r}(t,\tau)=\begin{cases}\delta(t), & \tau=0\\[2mm]\dfrac{\exp\left(-\dfrac{t^2}{4\tau^2/\sigma}\right)}{\sqrt{4\pi\tau^2/\sigma}}, & \tau\neq0\end{cases}$	0、1、2、3、4、6、7、8、9、10、15

（续表）

名　　称	数　学　公　式	属　　性
Born-Jordan 分布	$\int_{-\infty}^{\infty}\int_{\lvert\tau\rvert/2}^{\lvert\tau\rvert/2}\dfrac{1}{\lvert\tau\rvert}h(\tau)x(t-v+\tau/2)x^{*}(t-v-\tau/2)\mathrm{e}^{-\mathrm{j}2\pi f\tau}\mathrm{d}v\mathrm{d}\tau$ 核： $\varphi_{r-d}(\tau,\xi)=\mathrm{sinc}(\pi\xi\tau)$ $\varphi_{t-r}(t,\tau)=\begin{cases}\delta(t), & \tau=0\\ \dfrac{1}{\lvert\tau\rvert}, & \lvert t\rvert<\lvert\tau\rvert/2\\ 0, & 其他\end{cases}$	0、1、2、3、4、6、7、8、9、10、16
Zhao-Atlas-Marks 分布	$\int_{-\infty}^{\infty}\int_{\lvert\tau\rvert/2}^{\lvert\tau\rvert/2}h(\tau)x(t-v+\tau/2)x^{*}(t-v-\tau/2)\mathrm{e}^{-\mathrm{j}2\pi f\tau}\mathrm{d}v\mathrm{d}\tau$ 核： $\varphi_{r-d}(\tau,\xi)=h(\tau)\mathrm{sinc}(\pi\xi\tau)$ $\varphi_{t-r}(t,\tau)=\begin{cases}0, & \tau=0\\ h(t), & \lvert t\rvert<\lvert\tau\rvert/2\\ 0, & 其他\end{cases}$	0、2、3、4、16

另外，与 Φ 的变化相比，振幅的变化较缓慢。本示例将使用二次增量。表 1.20 给出了同一信号的几种分布。

表 1.20　线性调频信号的时频表示示例

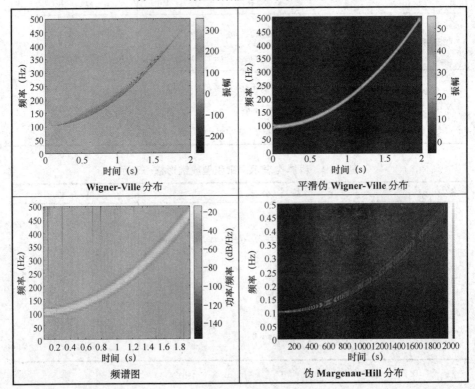

（续表）

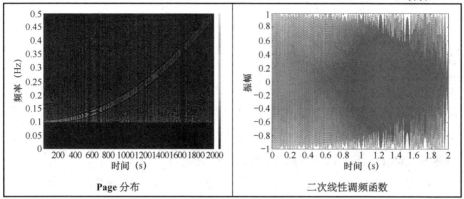

| Page 分布 | 二次线性调频函数 |

8. 统计特征

常用的主要统计特征有 8 种，特别是在振动研究中。

考虑 N 个样本的时间序列 x_t，其定义如下。

1）能量

$$E = \sum_{\ell=1}^{N} x_\ell^2 \qquad (1.54)$$

2）最大值

$$S_{\mathrm{PA}} = \sup_{1 \leqslant \ell \leqslant N} |x_\ell| \qquad (1.55)$$

3）平均值

$$\overline{x} = \frac{1}{N} \sum_{\ell=1}^{N} x_\ell \qquad (1.56)$$

4）标准差

$$\mathrm{RMS} = \sqrt{\frac{1}{N} \sum_{\ell=1}^{N} (x_\ell - \overline{x})^2} \qquad (1.57)$$

5）平均功率

$$P = \frac{1}{N} \sum_{\ell=1}^{N} x_\ell^2 \qquad (1.58)$$

6）峰值因子

$$F_{\mathrm{c}} = S_{\mathrm{PA}} / \mathrm{RMS} \qquad (1.59)$$

7）峰度

$$s_{\mathrm{kurt}} = \frac{\dfrac{1}{N} \sum_{\ell=1}^{N} (x_\ell - \overline{x})^4}{\mathrm{RMS}^4} \qquad (1.60)$$

8）因子 K

$$F_K = S_{PA} \text{RMS} = F_c \text{RMS}^2 \qquad (1.61)$$

其中，标准差可以度量整体振动水平，并且对信号的能量很敏感；最大值给出了同类信息，但其适应性不如标准差；峰值因子和峰度适用于冲击测量，它们可以测量信号的冲击性，峰度通常表现更好。然而，如果同时存在几个缺陷，则峰度可能会随缺陷的严重程度而非线性变化。

人们必须警惕对峰度进行过分简单化的解释（Baland 和 Macgillivray，1988）。Moors（1986）解释了与高峰度相关的两个因素：

- 概率质量集中在平均值附近，少数值远离平均值分散分布；
- 概率质量集中在分布的尾部。

因子 K 可用于计算单个转子缺陷的严重程度（Boukar 和 Hamzaoui，2019）。

9. 循环平稳性

1）一般说明

循环平稳性的概念是由 Gudzenko（1959）、Lebedev（1959）提出的。它处理的是具有隐藏能量流的、周期性的平稳信号（见图1.22）。换句话说，循环平稳过程是由周期现象和随机现象的相互作用产生的，其特征是周期统计量（Antoni，2009）。循环平稳性特别适合旋转电机（Bonnardot，2004）、齿轮（Kidar，2015）等的机械故障诊断。

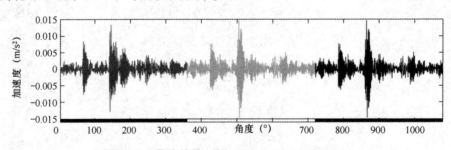

图1.22 平稳信号示例（Bonnardot，2004）

接下来本部分将给出旋转电机循环平稳性的一些定义。

2）n 阶严格循环平稳性

考虑一个具有随机行为的旋转电机信号。对于任意 θ，$X(\theta)$是一个随机过程信号。

n 阶分布函数定义为

$$F_{X(\theta+\theta_1),\cdots,X(\theta+\theta_{N-1},\theta)}(\delta_1,\cdots,\delta_{N-1},\delta_N)$$
$$= P[X(\theta+\theta_1)\leqslant\delta_1\ldots X(\theta+\theta_{N-1})\leqslant\delta_{N-1}\ldots X(\theta)\leqslant\delta_N] \tag{1.62}$$

当且仅当信号 $X(\theta)$ 的 n 阶分布函数的周期为 θ 时，它具有周期为 θ 的严格 n 阶循环平稳性。

$$\forall[\delta_1,\cdots,\delta_N]\in\mathbf{R}^N,\ \forall[\theta_1,\cdots,\theta_N]\in\mathbf{R}^N,\ \forall\theta\in\mathbf{R}$$
$$F_{X(\theta+\theta_1),\cdots,X(\theta+\theta_{N-1},\theta)}(\delta_1,\cdots,\delta_{N-1},\delta_N)$$
$$= F_{X(\Theta+\theta+\theta_1),\cdots,X(\Theta+\theta+\theta_{N-1}),X(\Theta+\theta)}(\delta_1,\cdots,\delta_{N-1},\delta_N) \tag{1.63}$$

3）n 阶广义循环平稳性

当且仅当信号 $X(\theta)$ 满足以下属性时，它具有周期为 θ 的二阶广义循环平稳性。

（1）一阶矩的周期性：

$$\forall\theta,\ E(X(\theta+\Theta))=E(X(\theta)) \tag{1.64}$$

其中，E 为期望函数。

（2）二阶矩的周期性：

$$\forall\theta,\ \forall\delta,\ R_X(\theta,\delta)=R_X(\theta+\Theta,\delta) \tag{1.65}$$

其中

$$R_X(\theta,\delta)=E[X(\theta)X(\theta+\delta)]$$

当得到循环函数后，在一定的收敛条件下，可以计算傅里叶级数的系数。

$$E(X(\theta))=\sum_{k=-\infty}^{+\infty}m_{X,\Theta,k}\mathrm{e}^{\mathrm{j}2\pi\left(\frac{k}{\Theta}\right)\theta}$$
$$m_{X,\Theta,k}=\frac{1}{\Theta}\int_{-\frac{\Theta}{2}}^{+\frac{\Theta}{2}}E(X(\theta))\mathrm{e}^{-\mathrm{j}2\pi\left(\frac{k}{\Theta}\right)\theta}\mathrm{d}\theta \tag{1.66}$$

$$R_X(\theta,\delta)=\sum_{k=-\infty}^{+\infty}R_{X,\Theta,k}(\delta)\mathrm{e}^{\mathrm{j}2\pi\left(\frac{k}{\Theta}\right)\theta}$$
$$R_{X,\Theta,k}(\delta)=\frac{1}{\Theta}\int_{-\frac{\Theta}{2}}^{+\frac{\Theta}{2}}R_X(\theta,\delta)\mathrm{e}^{-\mathrm{j}2\pi\left(\frac{k}{\Theta}\right)\theta}\mathrm{d}\theta \tag{1.67}$$

然而，这些不同参数及其谐波分解可在振动域内构建有效的故障特征。这些技术需要对信号进行角度重采样，以便将时间表示转换为角度表示。

一些循环平稳信号的遍历性，使得将时间序列分割为长度为 θ（循环周期）的连续块，并进行同步平均就可以计算这些静态参数（Bonnardot，2004）。一个信号是遍历的，如果其统计特征（由系统的大量不同特征状态在同一时刻的值计算得出）与从这些不同特征状态中的任何一个在同一时刻的连续值计算得出的统计特征相同。

1.2.3 模型方法

诊断的一些相关特征是通过系统模型得到的（Clerc 和 Marques，2011）。当前，业界有两种不同的模型方法。

（1）基于模型参数的估计（见图1.23）。

（2）基于模型和实际过程之间的残差分析（见图1.24）。

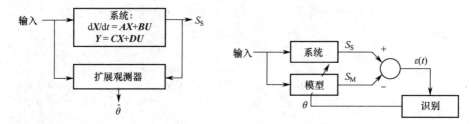

图 1.23　基于模型参数的估计　　图 1.24　基于模型和实际过程之间的残差分析

假设存在估计参数，则稍后可以用离线算法通过参数识别，或者通过扩展观测器进行估计。

表1.21概述了这些模型方法的主要特点。

表 1.21　模型方法的若干特点

	优　点	缺　点
参 数 识 别	一考虑可以代表缺陷行为的更复杂的模型； 一可用于具有转换器的变速驱动器； 一具有可适应不同应用的众多算法	一主要离线使用
扩展观测器	一可在线使用； 一可集成在必须重建状态的控制律中，如状态反馈控制等； 一可用于具有转换器的变速驱动器	一需要简单模型； 一需要缓慢改变参数

首先，描述扩展观测器这一主要概念。它可以重构不可测量的状态量（转子流量、电机滑差……）或难以测量的状态量（转矩、速度……）。扩展观测器从模型输出误差中关联一个估计量和一个状态修正。估计量通过直接求解与模型相关的方程得到。扩展观测器是一种估计器，其估计量由一个物理项进行修正，该物理项取决于由可测量的物理量得到的误差。

扩展观测器使从输入和输出中重建一个可观测系统的状态量成为可能。当无法测量全部或部分状态量时，它可用于进行状态反馈控制。

扩展观测器可以估计系统变量或未知参数，可以用如图 1.25 所示的框图表示。

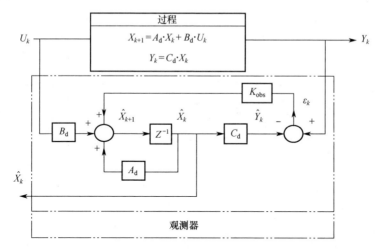

图 1.25　扩展观测器

不同类型的扩展观测器在增益合成上有所不同。

系统必须可观测才能构建扩展观测器。当且仅当经过有限个采样周期时，状态量 $X(kT_{\text{sampling0}})$ 的初始状态可以通过其输入、输出观测值来重构，离散线性单输入单输出（SISO）系统才是可观测的。

状态方程式（1.68）描述了线性 SISO 系统，即

$$\begin{cases} X_{k+1} = \boldsymbol{A} \cdot X_k + \boldsymbol{B} \cdot U_k & \text{（状态方程）} \\ Y_k = \boldsymbol{C} \cdot X_k + \boldsymbol{D} \cdot U_k & \text{（输出方程）} \end{cases} \tag{1.68}$$

对于 n 维状态矩阵，当且仅当矩阵具有最大阶（其行列式不为零）时系统可观测，即

$$\begin{bmatrix} \boldsymbol{C} \\ \boldsymbol{CA} \\ \vdots \\ \boldsymbol{CA}^{n-1} \end{bmatrix} \tag{1.69}$$

对于非线性系统，读者可在 Gauthier 和 Kupka（1994）、Hwang 和 Seinfeld（1972）的研究中找到实现可观测性的方法。此处假设已验证过本书的可观测性条件，特别是对于扩展观测器。

1. 卡尔曼观测器

卡尔曼滤波（Kalman，1960）使用随机变量 $\hat{X}_k$ 表示 k 时刻的系统状态，已知测量向量 $\boldsymbol{Y} = \{y_1, y_2, \cdots, y_{k-1}\}$，使估计误差 $E(\tilde{X}_k^{\mathrm{T}} \tilde{X}_k)$ 在 $\tilde{X}_k = X_k - \hat{X}_k$ 下的先

验方差最小。

离散化过程模型通过方程式（1.70）建立，即

$$X_{k+1} = A_k \cdot X_k + B_k \cdot U_k + W_k$$
$$Y_k = C_k \cdot X_k + V_k$$

（1.70）

其中，W_k 和 V_k 为不相关中心白噪声。

因为噪声为中心白噪声，所以有 $E(W_i)=0$，$E(V_i)=0$。协方差矩阵如下。

- $\Sigma_{W_{k_i}W_{k_j}} = [E(W_{k_i}W_{k_j})] = Q_k\delta_{ij}$。其中，运算符 δ_{ij} 定义如下：若 $i=j$，则 $\delta_{ij}=1$；若 $i \neq j$，则 $\delta_{ij}=0$。$\boldsymbol{Q}$ 为正定对称矩阵。

- $\Sigma_{V_{k_i}V_{k_j}} = [E(V_{k_i}V_{k_j})] = R_k\delta_{ij}$，其中，$\boldsymbol{Q}$ 为正定对称矩阵。

由于 W_k 与 V_k 不相关，因此 $E(W_kV_{k_j})=0$。

注意：在样本 kT_e 处，瞬时估计 $\hat{X}_{k|n}$ 误差的方差 $E((X_k - \hat{X}_k)^{\mathrm{T}}(X_k - \hat{X}_k))$ 最小，已知测量输出 $y_1, \cdots, y_n$，则

- 若 $k<n$，则平滑得到 $\hat{X}_{k|n}$；

- 若 $k = n$，则滤波得到 $\hat{X}_{k|n}$；

- 若 $k>n$，则预测得到 $\hat{X}_{k|n}$。

将先验条件方差（$n=k-1$）最小化，卡尔曼滤波算法可以分解为以下两个步骤。

1）预测或传播

$$\hat{X}_{k+1|k} = A_k \cdot X_{k+1|k} + B_k \cdot U_k$$
$$P_{k+1|k} = A_k \cdot P_{k+1|k} \cdot A_k^{\mathrm{T}} + Q_k$$

（1.71）

其中，$P_{k+1|k}$ 为先验协方差。

2）状态修正

$$\hat{X}_{k|k} = A_k \cdot \hat{X}_{k|k-1} + K_k(Y_k - C_k \cdot \hat{X}_{k|k-1})$$
$$P_{k|k} = ([\boldsymbol{I}] - K_k \cdot C_k)P_{k|k-1}$$
$$K_k = P_{k|k-1} \cdot C_k^{\mathrm{T}} \cdot (Cd_k \cdot P_{k|k-1} \cdot C_k^{\mathrm{T}} + R_k)^{-1}$$

（1.72）

其中，$P_{k|k-1}$ 为后验协方差。

卡尔曼观测器的优点如下：

- 如果输出 C_k 恒定，噪声平稳（其随机性与时间无关），则卡尔曼增益矩阵的计算可离线完成。

- 算法循环进行，减小了数据存储量。

2. 扩展观测器

1）非线性系统卡尔曼观测器

考虑非线性连续系统

$$\frac{\mathrm{d}X(t)}{\mathrm{d}t} = f_c(X(t), U(t)) + W(t)$$
$$Y(t) = h(X(t)) + V(t) \tag{1.73}$$

该系统在采样周期 T_e 处离散化，即

$$\hat{X}_{k+1|k} = \hat{X}_{k|k} + \int_{kT_\mathrm{e}}^{(k+1)T_\mathrm{e}} f(X(t|t_k), u(t))\mathrm{d}t \tag{1.74}$$

可得到状态方程为

$$X_k = f(X_k, U_k) + W_k$$
$$Y_k = h(X_k) + V_k \tag{1.75}$$

滤波器在每一步围绕上一步定义的运算点对系统进行线性化。定义

$$F_k = \left(\frac{\partial f}{\partial X}\right)_{X_{k-1|k-1}, U_k}$$
$$H_k = \left(\frac{\partial h}{\partial X}\right)_{X_{k-1|k-1}} \tag{1.76}$$

为了计算 $P_{k+1|k}$，系统已围绕 $\hat{X}_{k|k}$ 进行了线性化，因此，算法变形如下。

（1）预测或传播：

$$\hat{X}_{k+1|k} = f(\hat{X}_{k|k}, U_k)$$
$$P_{k+1|k} = F_k P_{k|k} F_k^\mathrm{T} + Q_k \tag{1.77}$$

（2）状态修正：

$$K_{k+1} = P_{k+1|k} \cdot H_k^\mathrm{T}[H_k \cdot P_{k+1|k} \cdot H_k^\mathrm{T} + R_k]^{-1}$$
$$P_{k+1|k+1} = ([I] - K_{k+1} \cdot H_k)P_{k+1|k}$$
$$\hat{X}_{k+1|k+1} = \hat{X}_{k|k+1} + K_{k+1} \cdot (y_k - h(\hat{X}_{k+1|k})) \tag{1.78}$$

2）扩展卡尔曼滤波器

扩展卡尔曼滤波器（Extended Kalman Filter，EKF）可用于识别变量参数。其中，转子时间常数的监测或转子转速的估计是两个重要的应用。为实现这一目标，根据系统 X_k 和未知参数 θ_k 的状态构造构建增广系统。定义新的状态向量，即

$$\check{X}_k = \begin{bmatrix} X_k \\ \theta_k \end{bmatrix} \tag{1.79}$$

通过噪声 W_{θ_k} 模拟参数变化，假设 θ_k 缓慢变化，增广系统方程可表示为

$$\begin{bmatrix} X_{k+1} \\ \theta_{k+1} \end{bmatrix} = \begin{bmatrix} A(\theta_k) & \mathbf{0} \\ \mathbf{0} & I \end{bmatrix} \begin{bmatrix} X_k \\ \theta_k \end{bmatrix} + \begin{bmatrix} B(\theta_k) \\ \mathbf{0} \end{bmatrix} U_k + \begin{bmatrix} W_{X_k} \\ W_{\theta_k} \end{bmatrix}$$

$$Y_{k+1} = [C(\theta_k) \quad \mathbf{0}] \begin{bmatrix} X_k \\ \theta_k \end{bmatrix} + V_k \tag{1.80}$$

然后，为该非线性增广系统设计卡尔曼观测器，即

$$F(X, u, kT_e) = \begin{bmatrix} A(\theta_k) & \dfrac{\partial(A(\theta_k)X_k + B(\theta_k)U_k)}{\partial \theta_k} \\ \mathbf{0} & I \end{bmatrix} \tag{1.81}$$

$$H(X, kT_e) = \begin{bmatrix} C(\theta_k) & \dfrac{\partial(C(\theta_k)X_k)}{\partial \theta_k} \end{bmatrix}$$

例如，考虑以下系统（Rayyam 等，2015）：

$$X_{k+1} = f(X_k, U_k) + W_k$$
$$Y_k = h(X_k) + V_k$$

其中

$$X = [i_{sd} \quad i_{sq} \quad \varphi_{rd} \quad \varphi_{rq} \quad R_r]$$
$$U = \begin{bmatrix} u_{sd} \\ u_{sq} \end{bmatrix} \tag{1.82}$$
$$Y = \begin{bmatrix} i_{sd} \\ i_{sq} \end{bmatrix}$$

状态离散方程为

$$f(X_k, U_k) = \begin{bmatrix} i_{sd}\left(1 - T_e\left(\dfrac{R_s}{\sigma L_s} + \dfrac{1-\sigma}{\sigma \tau_r}\right)\right) + i_{sq}T_e\omega_s + \varphi_{rd}\dfrac{T_e L_m}{\sigma L_s L_r \tau_r} + \varphi_{rq}T_e\dfrac{L_m\omega_{sl}}{\sigma L_s L_r} + u_{sd}\dfrac{T_e}{\sigma L_s} \\ i_{sd}T_e\omega_s + i_{sq}\left(1 - T_e\left(\dfrac{R_s}{\sigma L_s} + \dfrac{1-\sigma}{\sigma \tau_r}\right)\right) - \varphi_{rd}T_e\dfrac{L_m\omega_{sl}}{\sigma L_s L_r} + \varphi_{rq}\dfrac{T_e L_m}{\sigma L_s L_r \tau_r} + u_{sq}\dfrac{T_e}{\sigma L_s} \\ i_{sd}T_e\dfrac{L_m}{\tau_r} + \varphi_{rd}\left(1 - \dfrac{T_e}{\tau_r}\right) + \varphi_{rq}T_e\omega_m \\ i_{sq}T_e\dfrac{L_m}{\tau_r} - \varphi_{rd}T_e\omega_m + \varphi_{rq}\left(1 - \dfrac{T_e}{\tau_r}\right) \\ R_r \end{bmatrix}$$

$$h(X_k) = \begin{bmatrix} 1 & 0 & 0 & 0 & 0 \\ 0 & 1 & 0 & 0 & 0 \end{bmatrix}$$

其中

$$\tau_r = \frac{L_r}{R_r} \tag{1.83}$$

$$\omega_{sl} = \omega_s - \omega_m$$

从而得到雅可比矩阵 $\boldsymbol{F}_k$ 为

$$\boldsymbol{F}_k = \begin{bmatrix} \left(1 - T_e\left(\dfrac{R_s}{\sigma L_s} + \dfrac{1-\sigma}{\sigma \tau_r}\right)\right) & T_e\omega_s & \dfrac{T_e L_m}{\sigma L_s L_r \tau_r} & T_e\dfrac{L_m \omega_{sl}}{\sigma L_s L_r} & T_e\dfrac{Lm\varphi_{rd} - Lm^2 i_{sd}}{L_r^2 L_s - Lm^2 L_r} \\[3mm] T_e\omega_s & \left(1 - T_e\left(\dfrac{R_s}{\sigma L_s} + \dfrac{1-\sigma}{\sigma \tau_r}\right)\right) & -T_e\dfrac{L_m \omega_{sl}}{\sigma L_s L_r} & \dfrac{T_e L_m}{\sigma L_s L_r \tau_r} & T_e\dfrac{Lm\varphi_{rq} - Lm^2 i_{sq}}{L_r^2 L_s - Lm^2 L_r} \\[3mm] T_e\dfrac{L_m}{\tau_r} & 0 & \left(1 - \dfrac{T_e}{\tau_r}\right) & T_e\omega_s & T_e\dfrac{L_m i_{sd} - \varphi_{rd}}{L_r} \\[3mm] 0 & T_e\dfrac{L_m}{\tau_r} & -T_e\omega_m & \left(1 - \dfrac{T_e}{\tau_r}\right) & T_e\dfrac{L_m i_{sq} - \varphi_{rq}}{L_r} \\[3mm] 0 & 0 & 0 & 0 & 1 \end{bmatrix} \tag{1.84}$$

然后，我们可得扩展转子电阻观测器的时间常数（见图 1.26）。

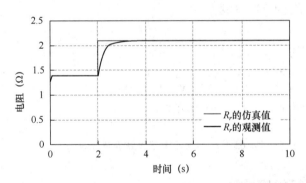

图 1.26　扩展转子电阻观测器的时间常数

3. 无迹卡尔曼滤波

无迹卡尔曼滤波（Unscented Kalman Filter，UKF；Julier 和 Uhlmann，1997）主要处理离散非线性系统的在线状态估计问题。它选择恰当的 X 状态样本（称为西格玛点），直接传递到状态函数 f，并从中提取其统计信息，而不是像经典卡尔曼滤波那样将其线性化。

读者可在 Wan 和 Merwe（2000）的研究中详细了解该算法，算法流程如图 1.27 所示。

初始化：

$$\hat{\boldsymbol{x}}_0 = E[\boldsymbol{x}_0]$$

$$\boldsymbol{P}_0 = E[(\boldsymbol{x}_0 - \hat{\boldsymbol{x}}_0)(\boldsymbol{x}_0 - \hat{\boldsymbol{x}}_0)^{\mathrm{T}}]$$

$$\hat{\boldsymbol{x}}_0^a = E[\boldsymbol{x}^a] = [\hat{\boldsymbol{x}}_0^{\mathrm{T}} \ \ \boldsymbol{0} \ \ \boldsymbol{0}]^{\mathrm{T}}$$

$$\boldsymbol{P}_0^a = E[(\boldsymbol{x}_0^a - \hat{\boldsymbol{x}}_0^a)(\boldsymbol{x}_0^a - \hat{\boldsymbol{x}}_0^a)^{\mathrm{T}}] = \begin{bmatrix} \boldsymbol{P}_0 & 0 & 0 \\ 0 & \boldsymbol{P}_v & 0 \\ 0 & 0 & \boldsymbol{P}_n \end{bmatrix}$$

其中，$k \in \{1, \cdots, \infty\}$

计算西格玛点：

$$\boldsymbol{\mathcal{X}}_{k-1}^a = \left[\hat{\boldsymbol{x}}_{k-1}^a \ \hat{\boldsymbol{x}}_{k-1}^a \pm \sqrt{(L+\lambda)\boldsymbol{P}_{k-1}^a}\right]$$

时间更新：

$$\boldsymbol{\mathcal{X}}_{k|k-1}^x = F[\boldsymbol{\mathcal{X}}_{k-1}^x, \boldsymbol{\mathcal{X}}_{k-1}^v]$$

$$\hat{\boldsymbol{x}}_k^- = \sum_{i=0}^{2L} W_i^{(m)} \boldsymbol{\mathcal{X}}_{i,k|k-1}^x$$

$$\boldsymbol{P}_k^- = \sum_{i=0}^{2L} W_i^{(c)} [\boldsymbol{\mathcal{X}}_{i,k|k-1}^x - \hat{\boldsymbol{x}}_k^-][\boldsymbol{\mathcal{X}}_{i,k|k-1}^x - \hat{\boldsymbol{x}}_k^-]^{\mathrm{T}}$$

$$\boldsymbol{\mathcal{Y}}_{k|k-1} = H[\boldsymbol{\mathcal{X}}_{k|k-1}^x, \boldsymbol{\mathcal{X}}_{k-1}^n]$$

$$\hat{\boldsymbol{y}}_k^- = \sum_{i=0}^{2L} W_i^{(m)} \boldsymbol{\mathcal{Y}}_{i,k|k-1}$$

测量更新：

$$\boldsymbol{P}_{\tilde{y}_k \tilde{y}_k} = \sum_{i=0}^{2L} W_i^{(c)} [\boldsymbol{\mathcal{Y}}_{i,k|k-1} - \hat{\boldsymbol{y}}_k^-][\boldsymbol{\mathcal{Y}}_{i,k|k-1} - \hat{\boldsymbol{y}}_k^-]^{\mathrm{T}}$$

$$\boldsymbol{P}_{x_k y_k} = \sum_{i=0}^{2L} W_i^{(c)} [\boldsymbol{\mathcal{X}}_{i,k|k-1} - \hat{\boldsymbol{x}}_k^-][\boldsymbol{\mathcal{Y}}_{i,k|k-1} - \hat{\boldsymbol{y}}_k^-]^{\mathrm{T}}$$

$$\boldsymbol{\mathcal{K}} = \boldsymbol{P}_{x_k y_k} \boldsymbol{P}_{\tilde{y}_k \tilde{y}_k}^{-1}$$

$$\hat{\boldsymbol{x}}_k = \hat{\boldsymbol{x}}_k^- + \boldsymbol{\mathcal{K}}(\boldsymbol{y}_k - \hat{\boldsymbol{y}}_k^-)$$

$$\boldsymbol{P}_k = \boldsymbol{P}_k^- - \boldsymbol{\mathcal{K}}\boldsymbol{P}_{\tilde{y}_k \tilde{y}_k}^{\mathrm{T}} \boldsymbol{\mathcal{K}}^{\mathrm{T}}$$

其中，$\boldsymbol{x}^a = [\boldsymbol{x}^{\mathrm{T}} \boldsymbol{v}^{\mathrm{T}} \boldsymbol{n}^{\mathrm{T}}]^{\mathrm{T}}$，$\boldsymbol{\mathcal{X}}^a = [(\boldsymbol{\mathcal{X}}^x)^{\mathrm{T}} (\boldsymbol{\mathcal{X}}^v)^{\mathrm{T}} (\boldsymbol{\mathcal{X}}^n)^{\mathrm{T}}]^{\mathrm{T}}$，$\lambda$ 为复合比例参数，L 为增广状态维数，$\boldsymbol{P}_v$ 为过程噪声协方差，$\boldsymbol{P}_n$ 为测量噪声协方差，W_i 为计算权重。

图 1.27　无迹卡尔曼滤波算法流程

1.2.4　等价空间法

等价空间法由 Chow 和 Willsky（1984）提出，主要用于处理基于非线性解析冗余的残差生成问题。当没有出现故障时，残差应收敛于零；当出现故障时，残差偏离零。选择该阈值是为了避免出现可疑告警。等价空间法适用于描述线性系统（Chow 和 Willsky，1984）。考虑状态方程：

$$\boldsymbol{x}(k+1) = \boldsymbol{A} \cdot \boldsymbol{x}_k + \sum_{j=1}^{q} b_j u_j(k)$$
$$y_j(k) = c_j x(k) \quad (j = 1, \cdots, M) \tag{1.85}$$

其中

- x 为 N 维状态向量，是一个大小为 $N \times N$ 的恒定状态矩阵；
- A 为 $N \times N$ 的常量状态矩阵；
- b_j 为 $N \times 1$ 的常量输入；
- c_j 为 $1 \times N$ 的常量输出；
- u_j 为第 j 个作动器的已知标量输入；
- y_j 为第 j 个传感器的标量输出。

其中一些输出可以与其他输出线性相关，也可以与某些输入和输出相关。这些相关性可提供冗余关系和残差，冗余关系生成的常规方法如下。

考虑

$$C_j(k) = \begin{bmatrix} c_j \\ c_j A \\ \vdots \\ c_j A^k \end{bmatrix}, \quad j = 1, \cdots, M \quad (1.86)$$

存在 n_j，若 $1 \leqslant n_j \leqslant N$，则

$$\mathrm{rank}[C_j(k)] = \begin{cases} k+1, & k < n_j \\ n_j, & k \geqslant n_j \end{cases} \quad (1.87)$$

定义维度 $n = \sum_{i=1}^{M}(n_i + 1)$ 的非零原始向量 $\boldsymbol{\omega} = [\omega^1, \cdots, \omega^M]$，比如

$$[\omega^1, \cdots, \omega^M] \begin{bmatrix} C_1(n_1) \\ C_2(n_2) \\ C_M(n_M) \end{bmatrix} x(k) = 0, \quad 其中 \, \boldsymbol{x}(k) \in \mathbf{R}^N \quad (1.88)$$

假设式（1.85）描述的系统可观测，仅有 $n - N$ 维线性无关，$\boldsymbol{\omega}$ 满足式（1.88）。定义 $(n-N) \times N$ 的矩阵表示为 $\boldsymbol{\Omega}$，最后建立一个 $n-N$ 维向量 $\boldsymbol{P}(k)$，称为广义等价向量。

$$\boldsymbol{P}(k) = \boldsymbol{\Omega} \left(\begin{bmatrix} Y_1(k, n_1) \\ \vdots \\ Y_M(k, n_M) \end{bmatrix} - \boldsymbol{B} \begin{bmatrix} B_1(n_1) \\ \vdots \\ B_M(n_M) \end{bmatrix} U(k, n_0) \right)$$

其中

$$Y_j(k, n_j) = \begin{bmatrix} y_j(k) \\ \vdots \\ y_j(k + n_j) \end{bmatrix}$$

$$B_j(n_j) = \begin{bmatrix} \boldsymbol{0} & \boldsymbol{0} & \cdots & \cdots & \cdots & \boldsymbol{0} \\ c_j\boldsymbol{B} & \boldsymbol{0} & \cdots & \cdots & \cdots & \boldsymbol{0} \\ \cdots & c_j\boldsymbol{B} & \boldsymbol{0} & \cdots & \cdots & \boldsymbol{0} \\ \vdots & \vdots & \vdots & \vdots & \vdots & \vdots \\ c_jA^{n_j-1}\boldsymbol{B} & c_jA^{n_j-2}\boldsymbol{B} & \cdots & \cdots & \cdots & c_j\boldsymbol{B} & \boldsymbol{0} \end{bmatrix} \quad (1.89)$$

$\boldsymbol{B} = [b_1 \quad \cdots \quad b_q]$，其中 q 为作动器数量。

$$\boldsymbol{u}(k) = [u_1(k) \quad \cdots \quad u_q(k)]^{\mathrm{T}}$$

$$n_0 = \max(n_1, \cdots, n_M)$$

$$\boldsymbol{U}(k, n_0) = [u(k)^{\mathrm{T}} \quad \cdots \quad u(k+n_0)^{\mathrm{T}}]^{\mathrm{T}}$$

当且仅当发生故障时，$\boldsymbol{P}(k)$ 为非零。

但是，等价空间法并不局限应用于线性系统。Zhong 等（2010）已经针对线性离散时变系统开发了这种策略。

Nguang 等（2006）用 LMI 方法描述了等价空间在非线性系统的扩展。

Amrane 等（2017）利用扇区非线性变换将其应用于以 Takagi-Sugeno 形式描述的非线性系统。

等价空间法可以在诸多应用中实现，包括：

- 用于感应电机的故障检测和隔离（Amrane 等，2017）；
- 用于检测电流传感器故障（Berriri 等，2011）；
- 用于时域同步发电机故障诊断（Lalami 和 Wamkeue，2012）。

1.3 特征简化——主成分分析

故障诊断和预测方法的性能在很大程度上取决于模式向量（故障特征）的选择。模式向量分量不需要太多的信息，但信息必须足够有用，太多的信息可能造成有用信息超载，降低分类器性能。因此，选择模式向量分量需要注意如下问题。

- 选择信息参数用于诊断：香农熵；
- 分析相关参数，以便只保留相关的参数：皮尔逊系数；
- 选择单调参数用于预测：斯皮尔曼系数；
- 降低监督聚类器研究空间的维数；
- 降低无监督聚类器研究空间的维数：拉普拉斯分数；
- 确定聚类数；
- 评估聚类质量。

首先，本节将介绍主成分分析（PCA），它可以减少表示空间的维数。主成分分析既可以用于可视化不同的类，也可以用于进行无监督聚类。然而，它并没有减少需要计算的参数数量。

1.3.1　主成分分析：空间简化和无监督聚类

主成分分析（PCA）是 Karl Pearson 于 1901 年提出的一种多元探索性分析方法，1933 年由 Hotelling 形式化，并在 Rao（1964）的研究工作中得到应用。Mishra 等（2017）介绍了 PCA 更详细的发展历史。

主成分分析的总体目标是使用数量减少的主成分的合成变量来总结原始数据中的初始变量。这些合成变量是初始变量的线性组合，可以在保持数据整体结构的同时压缩数据的表示（Eke，2018）。

主成分分析可应用于：

- 可视化数据结构；
- 实现无监督聚类；
- 作为其他聚类器的预处理步骤；
- 降低监督聚类器研究空间的维数。

主成分分析的原理是通过 q 维变量 $[X_1^{\text{new}}, X_2^{\text{new}}, \cdots, X_q^{\text{new}}]^{\text{T}}$ 替换初始 p 维变量 $[X_1, X_2, \cdots, X_p]^{\text{T}}$ 来减小初始数据规模，其中，$q<p$，$\boldsymbol{X}^{\text{T}}$ 为 $\boldsymbol{X}$ 的转置向量。

q 因子是初始变量的线性组合。

$$X_1^{\text{new}} = \alpha_1^1 X_1 + \alpha_1^2 X_2 + \cdots + \alpha_1^p X_p$$
$$\vdots \tag{1.90}$$
$$X_q^{\text{new}} = \alpha_q^1 X_1 + \alpha_q^2 X_2 + \cdots + \alpha_q^p X_p$$

它们被称为因子或主成分。

式（1.90）可改写为

$$\boldsymbol{X}^{\text{new}} = \boldsymbol{P}_{\text{J}} \boldsymbol{X} \tag{1.91}$$

其中，$\boldsymbol{P}_{\text{J}}$ 为投影矩阵。

根据这些因子，通过最大化个体的离散，可以进行主成分的选择。

定量变量的离散通常用其方差（或标准差）来衡量。若一个点云在几个维度上都是可用的，则其是惯量（考虑变量的方差之和）。因此，所选的因子必须具有最大方差。

换句话说，主成分分析的目的是在一个较大规模的 p 维数据中找到最大方差的方向，并将其投影到一个较小规模的 q 维子空间中，而该过程不会导致太多的信息丢失（见图 1.28）。

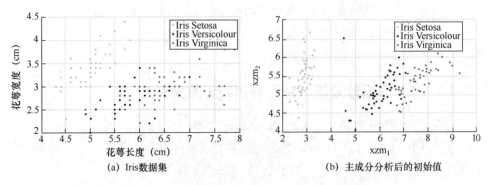

图 1.28　Iris 数据集及其主成分分析后的初始值

主成分分析包括以下步骤。

步骤 1：在矩阵 $\boldsymbol{X}$ 中收集 m 个不同的数据。每一列代表一个参数，每一行代表一个模式（数据）。

步骤 2：标准化数据：$\boldsymbol{X}_m = \dfrac{\boldsymbol{X} - \bar{\boldsymbol{X}}}{\sigma_{\boldsymbol{X}}}$，其中，$\boldsymbol{X}$ 每列的均值为 $\bar{\boldsymbol{X}}$，$\sigma_{\boldsymbol{X}}$ 为方差。

步骤 3：得到 $\boldsymbol{X}_m$ 的协方差矩阵，即 $\boldsymbol{\Sigma}_{\boldsymbol{X}} = \dfrac{1}{p}\boldsymbol{X}_m\boldsymbol{X}_m^{\mathrm{T}}$。对角项是每个参数的方差，非对角项是两个参数之间的协方差。方差较大表明参数包含信息，协方差较大表明参数高度冗余。

步骤 4：计算特征向量和特征值。对角化矩阵以使方差最大化、协方差最小化。当 $\det(\boldsymbol{\Sigma}_{\boldsymbol{X}} - \lambda \boldsymbol{I}) = 0$ 时，可得特征向量。如果我们注意特征值和特征向量 $\boldsymbol{V}_i$，那么 $\boldsymbol{\Sigma}_{\boldsymbol{X}}\boldsymbol{V}_i = \lambda_i\boldsymbol{V}_t$。

步骤 5：对特征向量排序。取特征值 $\lambda_1, \lambda_2, \cdots, \lambda_p$，按从大到小的顺序排序；然后，用同样的方法对特征向量 $\boldsymbol{V}_i$ 排序，构建矩阵 $\boldsymbol{P}_{\mathrm{J}}$。

步骤 6：计算新的向量：$\boldsymbol{X}^{\mathrm{new}} = \boldsymbol{P}_{\mathrm{J}}\boldsymbol{X}$。

步骤 7：从新向量中删除没有信息的特征，以保留 q 个参数。为此，首先，计算各轴惯量 $\dfrac{\lambda_i}{p}$；然后，计算累积惯量 $\displaystyle\sum_{i=1}^{r}\dfrac{\lambda_i}{p}$，其中，$r$ 为主成分的秩；最后，计算被解释方差的比例，也就是在秩 r 之前保留的特征值之和除以所有特征值之和，即 $\dfrac{\displaystyle\sum_{i=1}^{r}\lambda_i}{\displaystyle\sum_{i=1}^{p}\lambda_i}$。这样可以保留 q 个最具代表性的参数。

1.3.2　组间关联

组间关联表示两个变量之间的统计联系。它不涉及因果相互作用。在本节示例中，组间关联被用于在一组相关的参数中保持最少数量的参数，并去除冗余特征。

1. 皮尔逊系数

皮尔逊系数（Pearson 和 Galton，1895）通过假设两个变量的线性变化来描述它们之间的关系，如图 1.29 所示。该系数在 −1 和 1 之间变化（Tufféry，2012；Ben Marzoug，2020）。

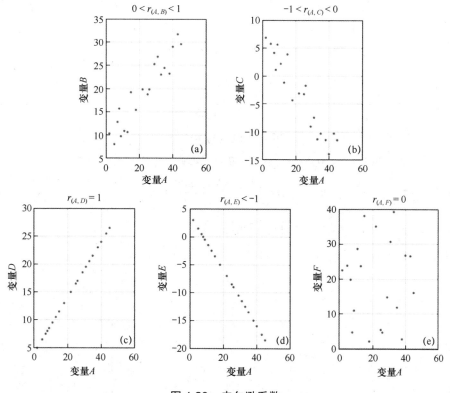

图 1.29　皮尔逊系数

给定成对数据 $\{(X_1, Y_1), \cdots, (X_n, Y_n)\}$，当样本量为 n 时，该系数可按式（1.92）和式（1.93）计算得到。

$$r = \frac{\sigma_{XY}}{\sigma_X \sigma_Y} = \frac{\dfrac{1}{n}\sum_{i=1}^{n}(X_i - \bar{X})(Y_i - \bar{Y})}{\sqrt{\dfrac{\sum_{i=1}^{n}(X_i - \bar{X})^2}{n}}\sqrt{\dfrac{\sum_{i=1}^{n}(Y_i - \bar{Y})^2}{n}}} \tag{1.92}$$

其中，$\overline{X}$ 和 $\overline{Y}$ 分别为点 X_i 和点 Y_i 的样本均值。

$$r = \frac{1}{n}\sum_{i=1}^{n}\left(\frac{(X_i - \overline{X})}{\sigma_X}\frac{(Y_i - \overline{Y})}{\sigma_Y}\right) = \frac{1}{n}\sum_{i=1}^{n}(\text{XCR}_i \cdot \text{YCR}_i) \tag{1.93}$$

2. 斯皮尔曼系数

斯皮尔曼系数（Spearman，1904）识别并量化了所考虑变量之间存在的单调关系（线性或非线性）（Gray，2013；Ben Marzoug，2020）。它涉及所考虑变量的秩。

下面的示例可解释斯皮尔曼系数的计算过程。如果考虑变量 $X = [7, 10, 26, 20, 23, 2, 5]$，$X$ 包含 7 个观测值。变量的秩 rank_X 可从变量 X 升序排序开始。然后，将变量 X 的取值替换为其序号，得到 $\text{rank}_X = [3, 4, 7, 5, 6, 1, 2]$。现在，通过式（1.94）可以计算变量 X 和变量 Y 的斯皮尔曼系数：

$$\rho = 1 - \frac{6 \times \sum_{i=1}^{n} d_i^2}{n^3 - n} \tag{1.94}$$

其中，n 为观测次数，d_i 为 rank_{X_i} 与 rank_{Y_i} 的差值。

斯皮尔曼系数也可以使用式（1.95）计算，即

$$\rho = \frac{\text{cov}(\text{rank}_X, \text{rank}_Y)}{\sigma_{\text{rank}_X} \cdot \sigma_{\text{rank}_Y}} \tag{1.95}$$

其中，σ_{rank_X} 和 σ_{rank_Y} 分别为秩变量的标准差。

图 1.30 显示了皮尔逊系数和斯皮尔曼系数的差异。

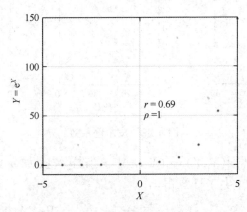

$r = 0.69$
$\rho = 1$

图 1.30　皮尔逊系数和斯皮尔曼系数的差异

1.3.3　信息含量：香农熵

香农熵（Shannon，1948）用于衡量信号中的信息量。信号的熵越大，

其包含的非冗余信息就越多（Gray，2013；Ben Marzoug，2020）。香农熵可用于删除不相关的特征，保留有用的特征。

给定离散随机变量 X，有 m 个可能的结果 $x_1,\cdots,x_m$，其发生概率为 $P_1,\cdots,P_m$，X 的熵可定义为

$$H(X) = -\sum_{i=1}^{m} P_i \cdot \log_2(P_i) \qquad (1.96)$$

例如，考虑 X 为包含 n 个个体的信号，其包含 m 个不同的符号，并且 $m < n$。

示例：$X = (a, b, a, c, a, b, d, c)$。

在本示例中，个体的数量 $n = 8$，在变量 X 中，有 4 个不同的符号（"a" "b" "c" 和 "d"），因此 $m = 4$。

为了测量信息的量，我们必须首先计算每个符号 i，其中，i 在 $[1, m]$ 中出现的概率记为 P_i。在本节示例中，$P = (3/8, 2/8, 1/8)$。对于熵的计算，可以采用式（1.96）。该示例得到的 $H(X) = 1.9056$。

1.3.4　监督聚类的模式大小简化

参数过多会导致计算量增加，在某些情况下，甚至会降低聚类器的性能。

为了减少参数的数量，从而减小显示空间，通常可以使用参数选择方法（Ondel，2006）。

参数选择方法假设学习集的类结构已知，即在监督模式下使用。目标是在最初的 d 中选择最具代表性的参数 d'，尽可能地保留类结构的信息。因此人们从初始空间 E 中构建了一个子空间 E'。

1. 选择准则

用于确定子空间 E' 的准则是，必须能够尽可能地表示假定已知的类。直观地说，这种方法基于：

- 对同一类的点进行分组，最小化类内方差（紧凑性概念）；
- 分离不同的类，最大化类间方差（可分性概念）。

类内方差矩阵和类间方差矩阵涉及两种情况。

类内方差矩阵包括每个类的样本和质心，即

$$\Sigma_w = \frac{1}{N}\sum_{c=1}^{M}\sum_{v=1}^{N_c}(\underline{X}_{cv} - \underline{m}_c)\cdot(\underline{X}_{cv} - \underline{m}_c)^{\mathrm{T}} \qquad (1.97)$$

类间方差矩阵表征类之间的离差情况，即

$$\Sigma_B = \frac{1}{N}\sum_{c=1}^{M}(\underline{m}_c - \underline{m})\cdot(\underline{m}_c - \underline{m})^{\mathrm{T}} \tag{1.98}$$

其中

$\underline{m}$——整体重心;

M——聚类数;

$\underline{m}_c$——聚类 Ω_c 的重心;

$\underline{X}_{cv}$——聚类 Ω_c 的第 v 个变量;

N_c——聚类 Ω_c 中的变量数;

N——学习库中的变量总数。

然后,可通过式(1.99)定义方差-协方差矩阵 Σ:

$$\Sigma = \Sigma_w + \Sigma_B \tag{1.99}$$

可定义两个准则,即

$$J_1 = \mathrm{trace}(\Sigma_w^{-1}\Sigma_B) \tag{1.100}$$

$$J_2 = \frac{\det(\Sigma)}{\det(\Sigma_w)} \tag{1.101}$$

其中,$\mathrm{trace}(X)$ 为矩阵 X 的迹(对角线元素的和)。

Fisher Ratio 准则也可作为其中一个准则。在两类问题情况下,Fisher Ratio 准则可表示为

$$J_3(\alpha) = \frac{m_1(\alpha) - m_2(\alpha)}{N_1\sigma_1^2(\alpha) - N_2\sigma_2^2(\alpha)} \tag{1.102}$$

(1)$m_c(\alpha)$ 为聚类 Ω_c 的重心,其中,$c = 1,2$,考虑唯一的参数 α,有

$$m_c(\alpha) = \frac{1}{N_c}\sum_{v=1}^{N_c}\underline{X}_{cv}(\alpha), \quad c = 1,2 \tag{1.103}$$

(2)$\sigma_c^2(\alpha)$ 为聚类 Ω_c 的参数 α 的方差,有

$$\sigma_c^2(\alpha) = \frac{1}{N_c}\sum_{v=1}^{N_c}[\underline{X}_{cv}(\alpha) - m_c(\alpha)]^2 \tag{1.104}$$

对于 M 类问题的一般情况,$J_3(\alpha)$ 可表示为

$$J_3(\alpha) = \sum_{c=1}^{M}\sum_{r=1}^{M-1}\frac{m_c(\alpha) - m_r(\alpha)}{N_c\sigma_c^2(\alpha) - N_r\sigma_r^2(\alpha)} \tag{1.105}$$

准则函数值越大,类的分离程度越大。

2. 顺序后向特征选择和顺序前向特征选择

特征选择的目的是从 m 个初始参数中选取 d 个参数,其中 $d < m$。如果特征数量太多,就不可能测试所有的参数子集。因此,可能的组合数为

$$组合数=\sum_{k=1}^{m}\frac{m!}{k!(m-k)!} \qquad (1.106)$$

例如，对于 10 个特征，有 1023 个子集；对于 11 个特征，有 2047 个子集。

因此，有必要使用次优方法。以下两个主要的特征选择算法来自 Efroymson（1960）的研究。

（1）顺序后向特征选择（SBS）；

（2）顺序前向特征选择（SFS）。

顺序后向特征选择从 m 个特征的全集开始，用从原始特征中提取的 $m-1$ 个特征计算选择准则函数值，并保留最优准则的组合。在准则断裂之前重复删除阶段。准则断裂之前的最佳组合将提供给最后一个特征。这样，从给定的 m 个特征的全集中依次删除这些特征，得到 d 个特征列表（见图 1.31）。

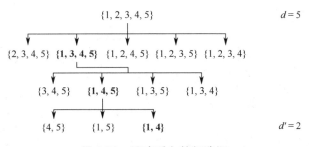

图 1.31　顺序后向特征选择

顺序前向特征选择算法从单例模式开始，在每一步测试原始集合中每个剩余特征与前一个最优子集的所有组合（见图 1.32）。

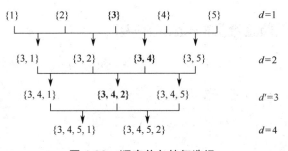

图 1.32　顺序前向特征选择

1.3.5　无监督聚类的模式大小简化：拉普拉斯分数

拉普拉斯分数（He 等，2005）通过评估特征局部特性的保持能力来确定其重要性（Eke，2018）。

考虑初始模式中第 r 个变量的拉普拉斯分数为 I_r，f_{ri} 为第 r 个变量的第

i 个值，其中，$i=1,\cdots,n$。

拉普拉斯分数的建立方法如下。

- 构建具有 n 个节点的最近邻图。第 i 个节点对应点 x^i。如果 x^i 和 x^j 是接近的点，则在节点 i 和节点 j 之间建立边界，即 x^i 是 x^j 的 k 个最近邻之一，或者 x^j 是 x^i 的 k 个最近邻之一（当标记信息可用时，可以在共享相同标记的两个节点之间建立边界）。

- 构建连接节点的权重矩阵 S。如果节点 i 和节点 j 连接，则关联 $S_{ij} = e^{-\frac{\left\| x_i - x_j \right\|^2}{t}}$，其中，$t$ 为合适的常数；在其他情况下，关联 $S_{ij}=0$。权重矩阵 S 为数据表示空间的局部结构模型；S_{ij} 用来计算第 i 个节点和第 j 个节点之间的相似度。

- 对于第 r 个变量，定义

$$\begin{cases} \boldsymbol{f}_r = [f_{r1}, f_{r2}, \cdots, f_{rn}]^T \\ \boldsymbol{1} = [1,1,\cdots,1]^T \\ \boldsymbol{D} = \mathrm{diag}(S_1) \\ \tilde{\boldsymbol{f}}_r = f_r - \dfrac{\boldsymbol{f}_r^T D_1}{\boldsymbol{1}^T D_1}\boldsymbol{1} \\ \boldsymbol{L} = \boldsymbol{D} - \boldsymbol{S} \end{cases} \tag{1.107}$$

然后，计算

$$L_r = \frac{\tilde{\boldsymbol{f}}_r^T \boldsymbol{L} \tilde{\boldsymbol{f}}_r}{\tilde{\boldsymbol{f}}_r^T \boldsymbol{D} \tilde{\boldsymbol{f}}} \tag{1.108}$$

1.3.6　无监督聚类的聚类数选择

在这种情况下，学习库中不同模式的标记和聚类数都是未知的。

1. 用主成分分析选择聚类数

用主成分分析选择聚类数主要采用以下两种方法：

（1）肘形判据；

（2）Kaiser 定律（Kaiser，1960）。

这两种方法都可以计算主成分的轴惯量（惯量度量点云的离散差）。点云的总惯量是点到重心的距离的平方和。平均惯量等于总惯量除以变量个数。

当数据投射到主成分分析的坐标轴上时，可以计算每个主成分的惯量（Gonzalez，2020）。每个主成分 i 的方差（考虑坐标轴上投影点的坐标的方差）等于与之相关的主成分轴承载的惯量（见图1.33）。

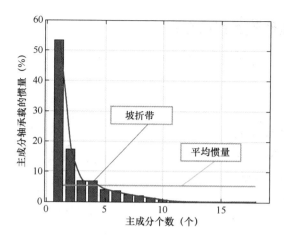

图 1.33　各主成分轴承载的惯量与总惯量的关系

Kaiser 定律建议保留惯量大于或等于平均惯量的所有主成分轴（Beavers 等，2013）。

肘形判据是一种可视化的方法，它绘制各成分的惯量百分比，并保持主成分轴在坡折带之前。

图 1.33 显示了主成分分析中各主成分轴承载的惯量与总惯量的关系。

本示例保留了坡折带前的 4 个主成分轴，考虑 80% 的总惯量。

Herrera 和 Gac（2002）定义了变量投影的质量，即

$$QV_n = \sum_{i=1}^{n} \mathrm{corr}^2(V, A_i) \tag{1.109}$$

其中，QV_n 为变量 V 在主成分分析的 n 个主成分轴上投影的质量指数，corr^2 为皮尔逊相关系数的平方，A_i 为主成分分析中第 i 个主成分的轴承载的数据量。

2. 一般情况

最常用的技术之一是测试数量不断增加的类，并在给定的测试基础上评估假阳性或假阴性的数量。例如，可以构建一个混淆矩阵，如图 1.34 所示。

混淆矩阵可以可视化监督聚类器的性能。矩阵的每一行表示预测类中的实例，而每一列表示真实类中的实例（反之亦然）。

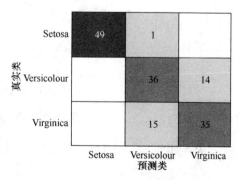

图 1.34　对 Fisher's Iris 数据进行判别分析后的混淆矩阵

1.3.7 其他聚类质量准则

Desgraupes（2017）提出了许多评价聚类质量的指标。本节主要介绍以下几个：

- R^2 指数；
- Calinski-Harabasz 指数；
- Davies-Bouldin 指数；
- Silhouette 指数；
- Dunn 指数。

1. R^2 指数

R^2 指数是基于惯量计算的，惯量是类的方差。

根据 Huygens 关系，如式（1.110）所示，总惯量可以分解为类内惯量和类间惯量，如图 1.35 所示。

$$\sum_{i=1}^{n} d^2(X,G) = \sum_{j=1}^{k}\sum_{l=1}^{m_j} d^2(X_l,G_j) + \sum_{j=1}^{k} m_j d^2(G_j,G) \tag{1.110}$$
$$I_T = I_W + I_B$$

其中，n 为个体总数，k 为聚类总数，m_j 为类 j 中的个体数；X 为个体，G 为全局重心，G_j 为类 j 的重心；I_T 表示总惯量，I_W 表示类内惯量，I_B 表示组中心围绕全局中心的惯量（类间惯量）。

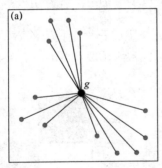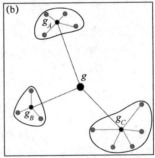

总惯量 = 类内惯量 + 类间惯量

图 1.35 Huygens 关系示意

R^2 给出如式（1.111）所示的惯量所占的比例，即

$$R^2(k) = \frac{I_B}{I_T} \tag{1.111}$$

R^2 的取值总是在 0～1。当只有一个类时，$R^2 = 0$；当类的数量等于个体的数量时，$R^2 = 1$。为了选择最优聚类数，R^2 必须尽可能接近 1，而不需要

有太多的类。在根据聚类数绘制 R^2 的变化曲线时，必须在最后一个重要阶跃后停止（如主成分分析所描述的方法）。

2. Calinski-Harabasz 指数

Calinski-Harabasz 指数（Caliski 和 Harabasz，1974）衡量了所有类之间的离差（Desgraupes，2017）。注意，n 为个体总数，k 为聚类总数。Calinski-Harabasz 指数也称为 PseudoF 指数，表示为

$$\text{PseudoF}(k) = \frac{\dfrac{R^2}{k-1}}{\dfrac{1-R^2}{n-k}} = \frac{\dfrac{I_B}{k-1}}{\dfrac{I_W}{n-k}} \qquad (1.112)$$

3. Davies-Bouldin 指数

Davies-Bouldin 指数（Davies 和 Bouldin，1979）比较了类内离差与类之间距离的关系，它可以度量类之间的相似度。因此，最优聚类数可以通过最小化 Davies-Bouldin 指数（Desgraupes，2017）得到。

Davies-Bouldin 指数表示为

$$\text{DB}(k) = \frac{1}{k}\sum_{i=1}^{k}\max_{a,b\neq a}\left(\frac{S_a + S_b}{d_{ab}}\right) \qquad (1.113)$$

4. Silhouette 指数

Silhouette 指数由 Rousseeuw（1987）定义。

设计数据矩阵

$$\boldsymbol{X} = \begin{bmatrix} x_{11} & \cdots & x_{1p} \\ \vdots & \vdots & \vdots \\ x_{N1} & \cdots & x_{Np} \end{bmatrix} \qquad (1.114)$$

属于第 k 类的点集定义为

$$C_k = \{i \in [1,N] / \text{class}(i) = k\} \qquad (1.115)$$

根据 Wikipedia（2019）、Desgraupes（2017）的研究，Silhouette 指数首先定义在点 i 上，其组为 $k = \text{class}(i)$，即

$$a(i) = \frac{1}{|C_k|-1}\sum_{j \in C_k, j \neq i} d(x_i, x_j) \qquad (1.116)$$

其中，$|C_k|$ 为 C_k 元素的个数。

该点到相邻组的平均距离表示为

$$b(i) = \min_{k' \neq k} \frac{1}{|C_{k'}|}\sum_{i' \in C_{k'}} d(x_i, x_{i'}) \qquad (1.117)$$

点 i 的 Silhouette 指数表示为

$$S_{\text{Silhouette}}(i) = \frac{b(i) - a(i)}{\max(a(i), b(i))} \tag{1.118}$$

可以逐组取平均值来比较它们的同质性：Silhouette 指数最大的则最同质。在整个聚类中，Silhouette 指数表示为

$$S_{\text{Silhouette}}(i) = \frac{1}{K} \sum_{k=1}^{K} \frac{1}{|C_k|} \sum_{i \in C_k} S_{\text{Silhouette}}(i) \tag{1.119}$$

5. Dunn 指数

Dunn 指数（Dunn，1974）表示聚类过程中两个类之间的最小距离，同时考虑到类间元素的分布，如式（1.120）所示。距离越大，聚类越好（Desgraupes，2017；Eke，2018）。

$$\text{ID} = \min_{1 \leq i \leq n} \left(\min_{1 \leq j \leq n, j \neq i} \frac{d(w_i w_j)}{\min_{1 \leq k \leq n} d'(w_k)} \right) \tag{1.120}$$

其中，w_i 和 w_j 为两个不同的类；$d(w_i w_j) = \min_{1 \leq i \leq n, 1 \leq j \leq n} d(x, y)(x \in w_i, y \in w_j)$；$d'(w_k) = \max_{x, y \in C_k} d(x, y)$ 为类内两个元素间的最大距离。

1.4 聚类方法

1.4.1 概论

为了诊断电驱动的不同状态，可采用聚类技术。聚类技术是一个将数据集中具有相似特征的数据成员进行聚类组织的过程。聚类组织的目的是最大化类内紧凑性和类间距离（Raschka 和 Mirjalili，2017；Russell 等，2010；Cornuéjols 等，2018）。

聚类通常包括两个步骤：

（1）学习阶段，根据学习数据库或训练数据库定义不同类的边界；

（2）聚类阶段，将未知数据分配到不同的类。

可拒绝规则主要避免对模糊数据（要么与已聚类的数据距离太远，要么与两个不同类的距离太近）进行聚类。

这些被拒绝的数据还可以用来确定新类的外观，一般聚类过程如图 1.36 所示。

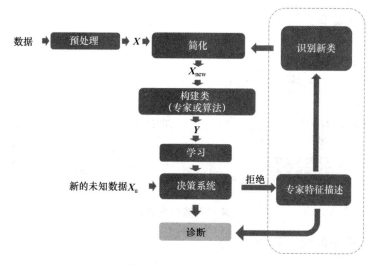

图 1.36 一般聚类过程

1. 监督聚类和无监督聚类

监督聚类使用有标记的学习数据。其用于对已知类中的未知原始数据进行分类或回归（Bishop，2007；Barber，2011；Dreyfus 等，2002）。

图 1.37 给出了一些监督聚类的示例。

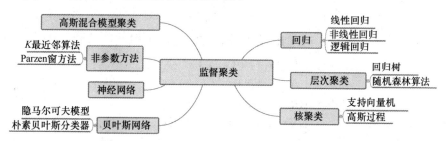

图 1.37 监督聚类方法

1.4.2 节将详细介绍 3 种监督聚类方法：

- K 最近邻（KNN）算法；
- 支持向量机（Support Vector Machine，SVM）；
- 递归神经网络（Recurrent Neural Network，RNN）。

无监督聚类使用无标记但有一定多样性的学习数据。它用于在具有相似特征的数据集中分类组织数据，即数据集中每个观测结果所属的类尚不清楚（Yang，2018；Aldrich 和 Auret，2013）。

图 1.38 给出了一些无监督聚类的示例。

1.4.3 节将详细介绍 3 种无监督聚类方法：

- K 均值聚类算法和基于质心的聚类；

- 层次聚类；
- 自组织映射。

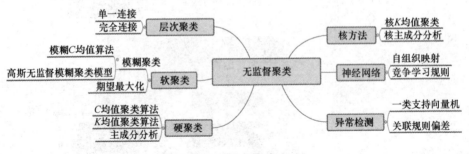

图 1.38　无监督聚类方法

2. 度量相似度：不同的距离

模式识别聚类器基于相似度度量。相似度度量依赖两个模式向量之间的距离。

定义对象集合 E（元素、模式）中的点

$$x_i = \begin{bmatrix} x_{i1} \\ x_{i2} \\ \vdots \\ x_{id} \end{bmatrix} \tag{1.121}$$

距离是一个从 $E \times E$ 到 $\mathbf{R}^+$ 的函数，它满足以下属性：

$$\begin{cases} d(x_i, x_j) = d(x_j, x_i) \\ d(x_i, x_j) \geqslant 0 \\ d(x_i, x_i) = 0 \\ d(x_i, x_j) \leqslant d(x_i, x_k) + d(x_k, x_j) \end{cases} \tag{1.122}$$

聚类器所用的主要距离如表 1.22 所示。

表 1.22　聚类器所用的主要距离

欧氏距离	$d(x_i, x_j) = \left(\sum_{k=1}^{d} (x_{ik} - x_{jk})^2 \right)^{\frac{1}{2}}$
曼哈顿距离	$d(x_i, x_j) = \sum_{k=1}^{d} \left(\lvert x_{ik} - x_{jk} \rvert \right)$
切比雪夫距离	$d(x_i, x_j) = \max_{1 \leqslant k \leqslant d} \lvert x_{ik} - x_{jk} \rvert$
马氏距离	$d(x_i, x_j) = (x_1 - x_2)^T \boldsymbol{\Sigma}^{-1} (x_1 - x_2)$

其中，$\boldsymbol{\Sigma}^{-1}$ 为描述性变量的协方差的逆。

图 1.39 显示了欧氏距离和马氏距离的一些等价的值。可见，马氏距离考虑了类 Ω 各轴上的方差，而欧氏距离无法实现这一点。

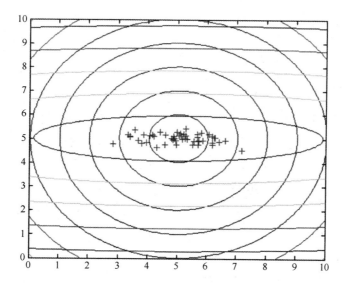

图 1.39 欧氏距离（圆表示）和马氏距离（椭圆表示）与类 Ω 重心的距离等价值

1.4.2 监督聚类

Wu 等（2008）发表了一篇关于数据挖掘算法的综合性论文，该论文就监督聚类的 10 种算法进行了介绍。下面介绍其中的 3 种算法。

1. K 最近邻算法

K 值越大，估计量就越可靠，所以 K 的取值较为敏感，但 K 仍然可以取任意值。实际上，如果 K 值过小，结果可能会对噪声敏感；如果 K 值过大，结果可能包括其他类。如果将一个新的观测值分配给一个已知类，可能会导致诊断错误。所以，最好为其分配一个拒绝类。为此，决策规则可包括两种拒绝可能性，即距离拒绝和模糊拒绝，如图 1.40 所示。

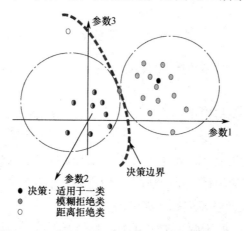

图 1.40 适用于新观测值的 K 最近邻算法规则

如果观测值接近两个类，并处于决策边界的边缘，那么基于模糊拒绝的决策是最安全的。为此，可以将该观测值分配到一个具体的、虚构的模糊拒绝类，而未开发区域的新观测值可以归入一个新的特定类。该观测值是基于距离拒绝的。当然，距离阈值由用户随意定义。

用户可以根据观测值与分配类的重心之间的距离对距离阈值进行定义。但是，这种方法也存在明显的缺点。该方法需要计算与学习集中所有观测值的距离。这会导致计算时间很长，特别是当观测值较大时，计算极为烦琐。此时，我们可以选择基于网格的方法。基于网格的方法需要验证新的观测值在一个类区域中的位置。这样就不再需要使用向量来计算距离，算法就会更便捷。

如果两个类因为距离太近而重叠，那么建议将新的观测值分配给在其近邻中占主导地位的类，如图 1.41 所示。一个非排他性决策规则可能是很有趣的，因为如果一个观测值位于某个类或相邻类或不相邻类的边界上，那么该观测值可能表示类之间的过渡状态。

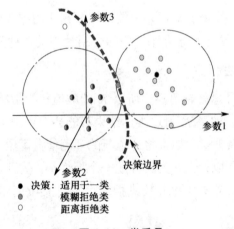

图 1.41　类重叠

从排他性分配到非排他性分配的过渡必须体现出绝对非隶属和完全隶属之间的分级。

一般来说，对象与引用形式的相似性是相对的，因此，可以引入一个隶属函数来表征观测值与类之间的兼容程度。目前，业界还没有一般性的方法来构造一个与给定集合相关的隶属函数。隶属函数的形式往往与上下文密切相关。然而，更有趣的是，新的观测值不仅要考虑与各个类的不同重心之间的距离，还要为包含最多近邻的类提供优势。

在任何情况下，位于两个类之间的新观测值都可以与这种模式的中间状态相对应，可以使用带有拒绝选项的排他性或非排他性决策规则来拒绝该观测值。为此，有必要考虑系统不同运行模式的演变。

即使新的观测值因为反馈不佳而归属于由其类定义的运行模式，人们仍然可以基于模糊性或距离来拒绝该观测值。学习集并不能涵盖所有运行模式。此外，为了建立有效的诊断模式，有必要考虑待诊断系统运行模式的演变。

排他性分类只能说明观测值属于哪一类，但并没有给出关键信息。观测值可以位于类的边缘，也可以位于类的内部。同样，位于两个相邻或不相邻类的边界上的观测值又该如何归类呢？这就需要设法追踪类内部观测值的演变，并与从属于该类的可信度结合起来。要实现从排他性分配到非排他性分配的过渡，需要建立一种归属度，而这种归属度可以根据接近性概念来调节。

使用模糊逻辑中所用的隶属函数代替二元分类，便可以引入一种渐进概念。一种思路是使用 C^∞ 函数，如高斯函数，该函数将以类的重心为中心。基于标准偏差的阈值定义为：一个类的整体隶属度（$\mu = 1$），或者一个类的隶属度（$0 < \mu < 1$），或者一个类的非隶属度（$\mu = 0$）。

2. 支持向量机

支持向量机作为一种分类技术由 Vapnik（1995）引入。支持向量机的优点是具有很好的鲁棒性。

支持向量机旨在通过支持向量找到一个超平面，以此对两个类的数据进行区分。对于一个来源于观测值的新数据而言，可以通过评估该新数据与超平面的距离对其进行分类，从而产生一个标签，这个标签可以根据距离的大小产生两种类型的值。如果距离为正，则标签值为 1；如果距离为负，则标签值为−1。

超平面的方程为

$$\omega x + b = 0 \tag{1.123}$$

其中，ω 为法向量，b 为常数。

边距 d 须定义为两个距离的总和。这两个距离指的是超平面与最近的正数据（观测值）之间的距离，以及与最近的负数据（观测值）之间的距离。支持向量机的训练过程包括边距最大化，也就是说，当所有数据满足以下条件时，$\|\omega\|$ 取最小值：

$$y_i (\omega x_i + b) \geqslant 0 \tag{1.124}$$

用于数据分类的超平面如图 1.42 所示。

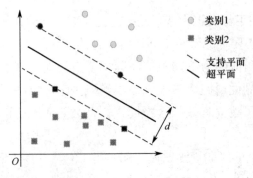

图 1.42　二元支持向量机

超平面可以通过二次优化来获取，因此，人们须使用对偶拉格朗日公式等，即

$$L_D = \sum_{i=1}^{M} \alpha_i + \sum_{i,j=0}^{M} \alpha_i \alpha_j y_i y_j x_i x_j \qquad (1.125)$$

已知的限制条件为

$$C_M \geqslant \alpha_i \geqslant 0$$

且

$$\sum_{i=1}^{M} \alpha_i y_i = 0$$

其中，参数 C_M 为误差容忍度；系数 α_i 为拉格朗日乘数，若数据 x_i 在支持向量范围中，则 $\alpha_i > 0$，否则 $\alpha_i = 0$。

对于非线性边界，人们可以使用一种核。这需要将研究空间投射到另一个更高维度的空间内，在这个空间内边界会形成一个超平面。

如果该核为非线性核，则其表达式为

$$L_D = \sum_{i=1}^{M} \alpha_i - \sum_{i,j=0}^{M} \alpha_i \alpha_j y_i y_j K(x_i x_j) \qquad (1.126)$$

新数据的判别函数基于

$$f(x_{\text{new}}) = \sum_{i=1}^{M} \alpha_i y_i K(s_i x_{\text{new}}) + b \qquad (1.127)$$

其中，$s_i \in [1 \cdots M]$。

人们可以在文献中找到如下核函数（Breuneval 和 Mansouri，2018），这些核函数的表达式与其他核函数不同，即

（1）$K(x_i x_j) = x_i x_j$。

（2）$K(x_i x_j) = (x_i x_j + 1)^p$。

（3）$K(x_i x_j) = \mathrm{e}^{\frac{\|x_i - x_j\|^2}{2\sigma^2}}$。

（4）$K(x_i x_j) = \tan(ax_i x_j + b)$。

3. 递归神经网络

递归神经网络是基于由感知器（数学函数）组成的层而建立的，其结构较为简单。感知器的每个输出都与另一个感知器相连。由 3 层组成的递归神经网络如图 1.43 所示。

第 1 层是由 4 个感知器组成的输入层，第 2 层是由 3 个感知器组成的隐藏层，第 3 层则是由 1 个感知器组成的输出层，如图 1.43 所示。另外，每层所包含感知器的数量取决于用户。

Hayashi 等（2002）使用了一种神经网络，这种神经网络的输入层包含 240 个神经元，隐藏层包含 30 个神经元，输出层包含 1 个神经元。该神经网络主要用于根据机器的振动频谱对机器故障进行诊断。

诊断网络通过监测到的正常数据和异常数据进行学习。这种学习过程通常是基于梯度法（Rumelhart 等，1986）来实现的，也可以使用其他优化算法，如列文伯格-马夸尔特法。这种算法结合了两种策略，即开始优化时加快收敛速度，接近最优值时减缓收敛速度（Korbicz，1997）。如图 1.44 所示，通过过程输出与神经网络输出的对比可以对误差进行评估，进而优化算法，具体为根据该误差对神经网络的所有系数进行修改，从而使误差降至最小。

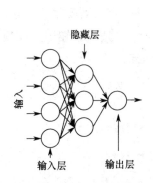

图 1.43 由 3 层组成的递归神经网络

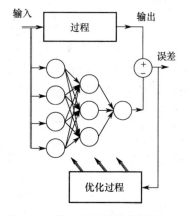

图 1.44 基本神经网络的优化过程

这个过程可以是一个多输入多输出系统。人们可以使用一种能够考虑过去输入的神经网络，可将其表示为

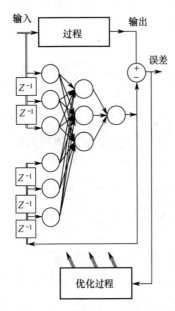

图 1.45　基本递归神经网络

$$u = [u_0 \ u_1 \ u_2 \ \cdots \ u_p]$$

然后，可以根据过去的输出来考虑该系统的动态，过去的输出可表示为

$$y = [y_1 \ y_2 \ y_3 \cdots y_q]$$

因此，神经网络须复制此过程的动态行为，这个过程可能是非线性过程。为了说明问题，分别使用 3 个样本作为输入 u 和输出 y 来表示复制某个过程的神经网络，如图 1.45 所示。

当然，一旦这个学习过程完成，神经网络内的系数（权重）将保持不变，此时一个递归神经网络就完成了。

神经元，即感知器是非线性函数，也叫作 S 型函数。神经元控制方程较为简单，表示为

$$y = f\left(\sum w_i x_i\right) \tag{1.128}$$

其中，w 表示两个连续层的感知器之间的连接权重，x 表示前一个感知器的输出。

S 型函数表示为

$$f\left(\sum w_i x_i\right) = \frac{1}{1 + e^{-\sum w_i x_i}} \tag{1.129}$$

神经网络也可用于检测过程中的缺陷。为此，人们需要将输入表示为残差，如过程的输出与其模型之间的行为差异所构成的残差。

因此，神经网络输入的 x 变量即残差。此外，有必要实施一个学习阶段来训练神经网络，以便对其缺陷进行检测，因此，必须配备知识库和数据库。用于故障检测的基础神经网络示例如图 1.46 所示。

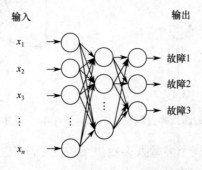

图 1.46　用于故障检测的基础神经网络示例

1.4.3　无监督聚类

目前存在几种无监督聚类方法，也叫作凝聚法。当受到排他性分配限制时，可以采用以下两种方法（Jain 等，1999）：

- 层次聚类（升序或降序）；
- 分区聚类。

1. 层次聚类

层次聚类是指根据连接标准产生一个分层类集。这些嵌套的类既可以通过递归的方式以聚集模式相连，作为升序层次聚类（AHC）；也可以分离模式相连，作为降序层次聚类（DHC）。在升序层次聚类中，可按照以下 4 个步骤反复进行类确定。

第 1 步：聚类算法开始时，将每个观测值视为一类。通过变量对初始化阶段进行定义：

$$\Omega_i^{\ell} = \{x_i\}, \quad \forall i \, 且 \, \ell = 0 \tag{1.130}$$

其中，变量 Ω_i^{ℓ} 表示第 ℓ 次迭代时观测值 x_i 的隶属类，初始化阶段变量 $\ell=0$。

第 2 步：根据连接标准来定义两个类之间的相似性。此连接标准会根据特定的相似性度量对两个类的相似性进行评估。两个类之间的"Sim"相似性定义为

$$\mathrm{Sim}(\Omega_l^{\ell}, \Omega_h^{\ell}) = \beta(\Omega_l^{\ell}, \Omega_h^{\ell}) \tag{1.131}$$

其中，连接标准用函数 β 表示，可以是最小跳跃、最大跳跃和平均距离连接标准，也可以是通过类内惯量连接的 Ward 标准。

由式（1.131）可知，类（l）的所有观测值应与类（h）的观测值进行对比，然后根据连接标准 β 得出两个类之间的相似度。

第 3 步：选择具有极大相似性的成对类 $\mathrm{Sim}(\Omega_l^{\ell}, \Omega_h^{\ell})$。两个类 Ω_{l*}^{ℓ} 和 Ω_{h*}^{ℓ} 的选择为

$$[\Omega_{l*}^{\ell}, \Omega_{h*}^{\ell}] = \underset{l, h \in [1-M]; l \neq k}{\arg\max} \; \mathrm{Sim}(\Omega_l^{\ell}, \Omega_h^{\ell}) \tag{1.132}$$

第 4 步：使用索引 $l*$ 和 $h*$ 将两个类合并，即

$$\Omega_{l*}^{\ell+1} = (\Omega_{l*}^{\ell} \bigcup \Omega_{h*}^{\ell}) \tag{1.133}$$

$$\Omega_{h*}^{\ell+1} = \{\,\} \tag{1.134}$$

重复第 2~4 步，直到所有类合并成一个类（见图 1.47）。在标准情况下，

当符合停止标准时，聚类就会停止。例如，可以根据不同类之间的最大距离及各类中的低分散度观测值来概括得出停止标准。类合并序列可以用树状图来表示。树状图是一种多级层次结构，每一级的两个类都需要进行合并。

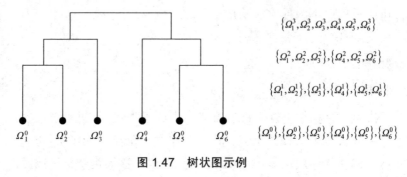

图 1.47　树状图示例

1）连接标准

类的合并是以类间相似性为基础的。这种相似性是根据连接标准计算得出的。

（1）最小跳跃连接标准。

最小跳跃连接标准 $\beta_{\text{jump-min}}$ 是首个需要考虑的标准。

连接标准指的是类 Ω_l^{ℓ} 和类 Ω_h^{ℓ} 中两个观测值 X_i 和 X_j 之间的最大相似性，即

$$\beta_{\text{jump-min}}(\Omega_l^{\ell}, \Omega_h^{\ell}) = \max\{d^{-1}(x_i, x_j)\}, \quad \forall x_i \in \Omega_l^{\ell}, x_j \in \Omega_h^{\ell} \text{ 且 } l \neq h \quad （1.135）$$

其中，变量 x_i 表示第 i 个观测值，x_j 表示第 j 个观测值。文献所述的相似性距离可用于连接标准的计算。然而，如果这些类包含一个拉伸形状，这种拉伸形状会产生如图 1.48 所示的链式效应，那么此时最小跳跃连接标准将不再适用。

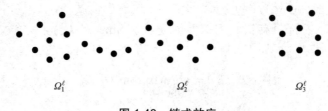

图 1.48　链式效应

（2）最大跳跃连接标准。

最大跳跃连接标准 $\beta_{\text{jump-max}}$ 可根据类 Ω_l^{ℓ} 和类 Ω_h^{ℓ} 中两个观测值之间的最大距离来计算类之间的相异性，即

$$\beta_{\text{jump-max}}(\Omega_l^\ell,\Omega_h^\ell)=\min\{d^{-1}(x_i,x_j)\},\quad \forall x_i\in\Omega_l^\ell, x_j\in\Omega_h^\ell \text{且} l\neq h \qquad (1.136)$$

（3）平均距离连接标准。

平均距离连接标准 $\beta_{\text{dist-avg}}$ 可基于类 Ω_l^ℓ 和类 Ω_h^ℓ 中所有成对观测值之间的平均距离来计算两个类之间的相似性，即

$$\beta_{\text{dist-avg}}(\Omega_l^\ell,\Omega_h^\ell)=\frac{1}{|\Omega_l^\ell|}\frac{1}{|\Omega_h^\ell|}\sum_{x_i\in\Omega_l^\ell}\sum_{x_j\in\Omega_h^\ell}d(x_i,x_j),\ l\neq h \qquad (1.137)$$

其中，$|\Omega_l^\ell|$ 和 $|\Omega_h^\ell|$ 分别表示类 Ω_l^ℓ 和类 Ω_h^ℓ 中观测值的数量。平均距离连接标准可以作为 $\beta_{\text{jump-min}}$ 和 $\beta_{\text{jump-max}}$ 之间的一种折中标准。

（4）Ward 标准。

Ward 标准 β_{ward} 与类内惯量相对应，这种类内惯量是由类 Ω_l^ℓ 和类 Ω_h^ℓ 的合并引起的。Ward 标准可表示为

$$\beta_{\text{ward}}(\Omega_l^\ell,\Omega_h^\ell)=\frac{|\Omega_l^\ell|\cdot|\Omega_h^\ell|}{|\Omega_l^\ell|+|\Omega_h^\ell|}d_{\text{Euc}}^2(g_l,g_h),\quad l\neq h \qquad (1.138)$$

其中，g_l 和 g_h 分别表示类 Ω_l^ℓ 和类 Ω_h^ℓ 的重心，$d_{\text{Euc}}^2(g_l,g_h)$ 表示重心 g_l 和重心 g_h 之间的欧氏距离的平方。

2. K 均值聚类算法和基于质心的聚类

分区聚类是指将一个观测值集合细分为若干个子集，每个子集代表一个类，每个类至少包含一个观测值。每个类可用一个函数（F）来表示，此函数（F）会根据观测值的相似性将其分配到相应的类。假设 $\{\Omega_1^\ell,\Omega_2^\ell,\cdots,\Omega_M^\ell\}$ 是 M 个类的集合，则控制这 M 个类中 N 个观测值集合 x_i（$i\in(1,\cdots,N)$）的函数（F）为

$$F(x_i)=\underset{1\leqslant k\leqslant M}{\arg\min}\{d(x_i,g_k)\} \qquad (1.139)$$

其中，$d(x_i,g_k)$ 表示第 i 个观测值 x_i 与类 Ω_k^ℓ（$k\in(1,\cdots,M)$）的重心 g_k 之间的相似性；变量 ℓ 表示第 ℓ 次迭代。

K 均值聚类算法（Forgy，1965）是分区聚类中应用最广泛的算法。K 均值聚类算法分为 4 个步骤。

第 1 步：在待分区的 N 个观测值集合中选择 M 个观测值，并将其视为 M 个类的重心。

第 2 步：根据式（1.139）将各个观测值 x_i 分配到其最近的重心所在的类。

第 3 步：所有观测值都分配完成后，通过式（1.140）重新计算这 M 个类的重心，即

$$g_k = \frac{1}{\left|\Omega_k^\ell\right|} \sum_{x_i \in \Omega_k^\ell} x_i, \quad 1 \leqslant k \leqslant M \tag{1.140}$$

其中，$\left|\Omega_k^\ell\right|$ 表示类 Ω_k^ℓ 中观测值的数量。

第 4 步：重复第 2 步和第 3 步，直到这 M 个类的重心不再变化。

K 均值聚类算法的执行结果如图 1.49 所示。该算法在每次迭代时将观测值分配到最近的重心所在的类（用颜色表示，使观测值与所分配类的重心的颜色相同）；然后重新计算各个类的重心，作为所属类观测值的平均值的函数。另外，可以用不同的颜色表示两个类，以便更好地区分类，从而实现最终分区。如图 1.49 所示，观测值用点表示，两个类的重心则用 ⊗ 表示。图 1.49（a）表示观测值的集合，图 1.49（b）表示随机选择的重心，图 1.49（c）和图 1.49（d）分别表示 K 均值聚类算法在迭代 4 次和 10 次之后产生的观测值集合的分布情况。

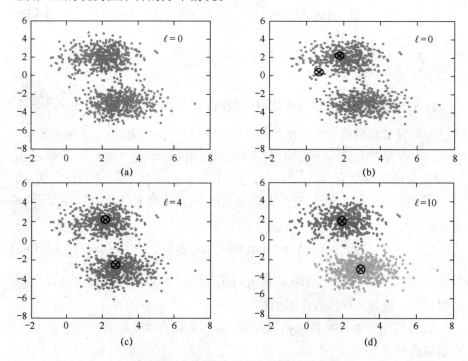

图 1.49 用于类分区的 K 均值聚类算法

3. 自组织映射

神经元模型由 McCulloch 和 Pitts 于 1943 年设计，其来源于生物模型，于 20 世纪 80 年代突飞猛进发展。神经元模型之所以盛行，是因为其处理不完整、不确定或噪声数据的能力较强，而且适用于决策支持、规划、模式识别及分类等领域（Dumolard，1994）。

Kohonen 自组织网络是一种动态竞争网络。从某种意义上说，这种自组织网络一方面倾向于选择一个获胜神经元，并为其创造有利条件；另一方面又创造或破坏神经元。Kohonen 提出的拓扑地图模型是一种自组织过程，该自组织过程将初始数据投射到一个低维度（一般为单维、二维或三维）的离散且规则的空间上。这种空间通常是规则的格状结构，一个神经元占据一个节点。神经元之间的邻域概念可以直接通过此结构推出，此概念可用于对地图的拓扑结构进行定义。通过此自组织过程，人们可以将与初始数据相连的拓扑结构保持在自组织网络的响应水平上（IFTENE 和 Mahi，2003；Kohonen，1989）。

Kohonen 拓扑地图模型由两层组成。

- 输入层仅用于显示待分类的形状，该层所有神经元的状态必须形成输入数据值。
- 适应层由一个神经元网络构成。该神经元网络的几何形状可优先选择。适应层所用的神经元为线性神经元，其中，每个神经元都需要插入输入层的各个元素中。为了实现自组织过程，人们可通过自适应的方式来确定两层之间的连接权重。

1）结构和运行

图 1.50 介绍了一种网络，这种网络组织在单维层中。各个输出神经元 NE_j（$j \in (1, \cdots, K)$）通过各自权重 $\omega_{j,i}$ 的 N 个连接（$K \times N$）与若干个 x_i（$i \in (1, \cdots, N)$）输入神经元相连。输入出现时，该网络会根据神经元与输入之间的最小距离在地图上选出相应的神经元。

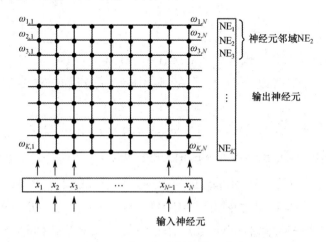

图 1.50 自组织映射架构（单维网络）

2）算法描述

该算法可分为 6 个步骤，具体如下。

第 1 步：

- 将输出神经元的权重初始化（较小随机值）；
- 选择地图形状；
- 将学习参数初始化：

学习速率 $\alpha(t)$ 为

$$\alpha(t) = \frac{\alpha_0}{1 + K_\alpha t}$$

其中，K_α 和 α_0 为正常数。

邻域函数 $v(s, \text{NE}_f, t)$ 是一种随时间演化的高斯函数，表示为

$$v(s, \text{NE}_f, t) = e^{\frac{d^2(s, \text{NE}_f)}{2\sigma^2(t)}}$$

其中，s 为 NE_f（$f \in (1, \cdots, K)$）的神经元邻域。

$\sigma(t)$ 定义为

$$\sigma(t) = \sigma_{\text{initial}} \left(\frac{\sigma_{\text{final}}}{\sigma_{\text{initial}}} \right)^{\frac{t}{t_{\max}}}$$

其中，$t_{\max}$ 表示迭代的总次数。

$d(s, \text{NE}_f)$ 为获胜神经元 NE_f 与其邻域（通过索引 s 确定）之间的距离，定义为

$$d(s, \text{NE}_f) = \left\| \omega_{\text{NE}_f} - \omega_s \right\|$$

第 2 步： 从 $t = 1$ 到 $t = t_{\max}$。

第 3 步： 获取各个输入量 x_i（$i \in (1, \cdots, N)$）。

第 4 步： 根据以下标准，在 x_i 中找到最近的输出神经元 NE_f（$f \in (1, \cdots, K)$），即

$$\text{NE}_f : \left\| \omega_{f,i} - x_i \right\| \leqslant \left\| \omega_{j,i} - x_i \right\|, \quad \forall j \in \{1, \cdots, k\}$$

其中，$\omega_{f,i}$ 表示与输出神经元 NE_f 相关的权重。

第 5 步： 对获胜神经元邻近的所有神经元执行自适应操作：

$$\omega_{j,i}(t+1) = \omega_{j,i}(t) + \alpha(t) \cdot v(s, \text{NE}_f, t) \cdot (x_i - \omega_{j,i}(t))$$

其中，$\alpha(t)$ 是一种学习函数（$0 < \alpha(t) < 1$），该函数随时间呈现缓慢的线性下降趋势，如图 1.51 所示。

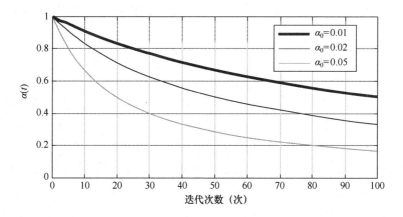

图 1.51　学习函数随时间的变化

第 6 步：调整学习参数。

1.5　预测方法

1.5.1　预测过程

通过预测剩余使用寿命或阻碍性故障进行维修规划一直是许多研究工作的热门话题。本节将对此种预测的理论基础进行介绍。目前，业界已开发了许多剩余使用寿命预测方法，不同预测方法的概述如图 1.52 所示。

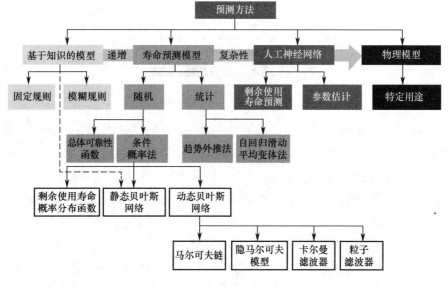

图 1.52　剩余使用寿命预测方法（Soualhi 等，2020）

这些剩余使用寿命（Remaining Useful Life，RUL）预测方法可分为 3 类：

- 基于模型的方法；
- 数据驱动法；
- 混合预测法。

基于模型的方法主要用于老化过程的物理表示。该方法不需要历史数据，只需要准确地表示退化过程即可。基于模型的方法包括卡尔曼滤波器、粒子滤波器等，它尤其适用于机械或电子元件领域。

数据驱动法主要通过历史数据推断出系统未来的行为，这些历史数据通常来自类似组件和工作条件。人们可以使用数据驱动法来确定剩余使用寿命。数据驱动法不需要使用任何特定的物理知识或模型，只需要根据历史数据提取对故障敏感的参数。此类参数必须能够随着设备/元件老化而单调变化。人们可以对这些参数进行推断，并在此基础上对未来状态进行诊断，从而达到预测剩余使用寿命的目的（见图 1.53）。

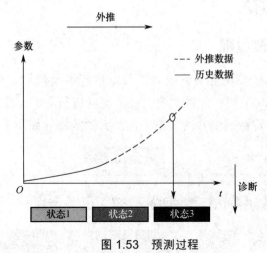

图 1.53　预测过程

数据驱动法通常以信度规则（Zhou 等，2014）、神经网络（Soualhi 等，2018；Cui 等，2017）、贝叶斯网络及其衍生物（Bartram 和 Mahadevan，2013；Medjaher 等，2012）、基于相似性-实例的方法（Khelif 等，2014）、支持向量机等核心方法（Tao 和 Zhao，2016；Satishkumar 和 Sugumaran，2016）为基础。

混合预测法集基于模型的方法和数据驱动法为一体（见图 1.54）。

在串行混合预测法中，人们需要通过数据驱动法（Mangili，2013）来估计物理模型的参数。在平行混合预测法中，人们需要结合物理模型和数据驱动法的输出对剩余使用寿命进行估计（Sachin Kumar 等，2008）。

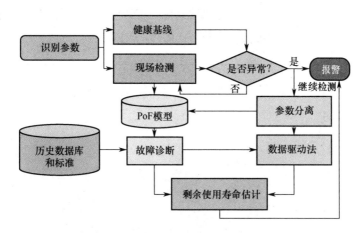

图 1.54　混合预测法（Pecht 和 Jaai，2010）

下面将对部分方法进行详细介绍，包括：

- 时间序列外推法（见 1.5.2 节）；
- 贝叶斯网络（见 1.5.3 节）；
- 马尔可夫链（见 1.5.4 节）；
- 隐马尔可夫模型（见 1.5.5 节）；
- 雨流算法（见 1.5.6 节）。

1.5.2　时间序列外推法

时间序列可对变量随时间的变化进行评估，目的是找到一个最能描述或最能代表数据的模型，包括提取信号结构和消除噪声，并对过程的行为进行预测。可以基于前 T 个时刻的时间序列观测值（$X_1, - X_T$）对 $T+h$ 时刻的观测值 X_{T+h}（$h > 0$）进行预测。

1. 定义

时间序列是指按时间顺序索引的一系列数据点（Chatfield 和 Xing，2019）。一个时间序列代表一个随机过程，如

$$X : \varOmega \, X \, T \rightarrow \mathbf{R} \tag{1.141}$$

其中，$\varOmega$ 表示一个事件集，$T \subset \pmb{R}$ 表示一个离散集或 $\mathbf{R}$ 的一个区间。

需要注意的是，X_t 表示时间 $t \in T$ 的事件，是一个时间序列（或时序数列）。该时间序列是一种以升序排列的事件序列。随机变量的测量值集合是随机变量 X 的实现，即

$$(X_i)_{1 \leqslant i \leqslant T} \tag{1.142}$$

图 1.55 给出了一个来自时序数据库的时间序列。所有函数都是用 MATLAB（2020 版）编写的。这些函数也可用于 R 核心团队。

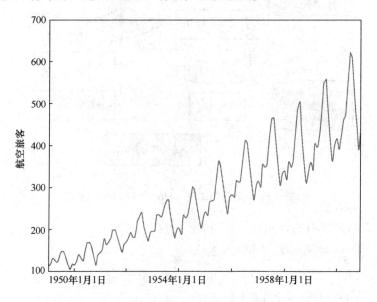

图 1.55　航空旅客数时间序列示例（Hyndman，2005）

一个时间序列可以用一个加性模型表示，可以将其分成 3 项，即

$$X_t = m_t + S_t + \varepsilon_t \tag{1.143}$$

式（1.143）中 3 项的含义如下：

（1）m_t 是一个确定性函数（趋势），主要用于描述线性、指数、对数增大或减小等"长期"行为；

（2）S_t 是一个周期性的确定性函数（季节性），周期为 m，即

$$\sum_{i=1}^{m} S_{t+i} = 0, \quad \forall t \in T$$

（3）ε_t 是时间序列中的随机变化，这种随机变化可能是自我相关的（$\mathrm{cov}(\varepsilon_t, \varepsilon_{t+h}) \neq 0$）。

如图 1.56 所示为如图 1.55 所示时间序列示例的线性趋势和季节性成分（Hyndman，2005）。

当满足以下条件时，时间序列呈现平稳状态，即

$$\forall (t_1, \cdots, t_n) \in T^n, \quad \forall h \in \mathbf{N}$$
$$F_X(X_{t_1}, X_{t_2}, \cdots, X_{t_n}) = F_X(X_{t_1+h}, X_{t_2+h}, \cdots, X_{t_n+h}) \tag{1.144}$$

其中，$F_X(X_{t_1}, X_{t_2}, \cdots, X_{t_n})$ 为累积分布函数。

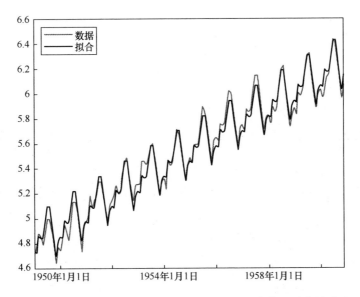

图 1.56 如图 1.55 所示时间序列的线性趋势和季节性成分

当满足以下条件时，时间序列呈现弱平稳状态，即

$$E(X_t) = \mu$$
$$\text{cov}(X_t, X_{t+h}) = v_k \qquad (1.145)$$

其中，μ 为常数，v_k 与时间 t 无关。

要研究时间序列，则须执行以下操作：

（1）编写一个统计模型（消除趋势和周期性，并测试该模型是否为平稳模型）；

（2）估计该模型的参数；

（3）进行统计检验以确认/拒绝假设；

（4）从 $X_1, X_2, \cdots, X_n$ 中预测一系列事件 $X_{1+T}, X_{2+T}, \cdots, X_{n+T}$。

2. 趋势估计（Weber，2001）

1）无季节性时间序列

无季节性时间序列可以将趋势和时间序列区别开来。

方法 1：假设趋势是已知函数的线性组合，然后对其进行评估，即

$$m_t = \sum_{i=1}^{n} \alpha_i m_t^{(i)} \qquad (1.146)$$

式中，α_i 表示未知系数，$m_t^{(i)}$ 表示具有已知结构的时间函数。

① 线性趋势：$m_t = a_0 + a_1 t$；

② 多项式趋势：$m_t = a_0 + a_1 t + \cdots + a_n t^n$；

③ 指数趋势：$m_t = c_0 + c_1 a^1$；

④ 龚珀兹趋势：$m_t = c_0 e^{c_1 e^{c_2 t}}$ 或 $m_t = \dfrac{1}{c_0 + c_1 e^{c_2 t}}$；

⑤ 不同函数的组合。

另外，可以通过最小二乘法确定未知系数。

方法 2：可以通过移动平均滤波来估计趋势。移动平均可以用算子来定义，即

$$Y_t = \sum_{i=-m_1}^{m_2} \theta_i Y_{t+i} \tag{1.147}$$

式中，$(m_1, m_2) \in \mathbf{N} \times \mathbf{N}$，$\theta_i \in \mathbf{R}$。

移动平均计算式为

$$Y_t = \frac{1}{2l+1} \sum_{i=-l}^{l} Y_{t+i} \tag{1.148}$$

移动平均是趋势的非参数估计量，也就是说，趋势没有先验结构。

图 1.57 给出了一个时间序列移动平均滤波示例。

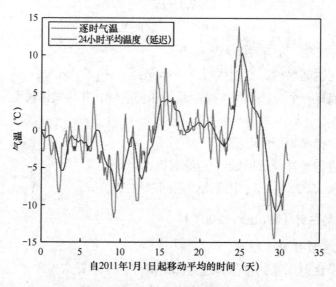

图 1.57 时间序列移动平均滤波示例——洛根机场干球温度（来源：NOAA）

方法 3：为了消除时间序列的第 k 阶多项式趋势，可以对第 k 阶进行微分。微分算子定义为

$$\Delta Y_t = Y_t - Y_{t-1} \tag{1.149}$$

第 k 阶微分算子表示为

$$\Delta^k Y_t = \Delta(\Delta^{k-1} Y_t) \tag{1.150}$$

2）趋势和季节性时间序列

在有趋势和季节性的情况下，上述方法可以进行扩展。在方法 1 中，时间序列可表示为

$$X_t = \sum_{i=1}^{n} \alpha_i m_t^{(i)} + \sum_{j=1}^{p} \beta_j s_t^{(j)} + \varepsilon_t, \quad E(\varepsilon_t) = 0 \tag{1.151}$$

其中，$s_t^{(j)}$ 是具有已知结构的周期性时间函数。

3）自回归模型

通过以下自回归过程可以对很多时间序列进行建模：

（1）移动平均过程；

（2）自回归移动平均过程；

（3）自回归求和移动平均过程；

……

自回归模型可以根据式（1.152）进行定义，即

$$X_t = \sum_{r=1}^{q} \Phi_r X_{t-r} + \varepsilon_t \tag{1.152}$$

其中，$\{\varepsilon_t\}$ 表示遵循正态律 $\varepsilon_t \sim N(0,\sigma^2)$ 的不相关随机变量，Φ_r 表示常数。

部分自回归过程描述如下。

（1）MA：移动平均过程。

$$X_t = \sum_{s=0}^{q} \theta_s \varepsilon_{t-s} \tag{1.153}$$

其中，$\{\varepsilon_t\}$ 表示遵循正态律 $\varepsilon_t \sim N(0,\sigma^2)$ 的不相关随机变量，θ_s 表示常数，且 $\theta_0 = 1$。

（2）ARMA：自回归移动平均过程。

$$X_t = \sum_{r=1}^{p} \phi_r X_{t-r} + \sum_{s=0}^{q} \theta_s \varepsilon_{t-s} \tag{1.154}$$

其中，$\{\varepsilon_t\}$ 为白噪声。如果 θ_s 和 ε_t 取值适当，那么此过程应该是平稳的。

（3）ARIMA：自回归求和移动平均过程。

如果 X_t 不平稳，则可以令 $Y_t = \nabla X_t = X_t - X_{t-1}$，或者令 $Y_t = \nabla^2 X_t = X_t - 2X_{t-1} + X_{t-2}$，或者进行高阶微分。

如果微分过程平稳，那么 X_t 就可以称作自回归求和移动平均过程。

图 1.58 给出了一个有线性趋势的标量时间序列的自回归求和移动平均过程。

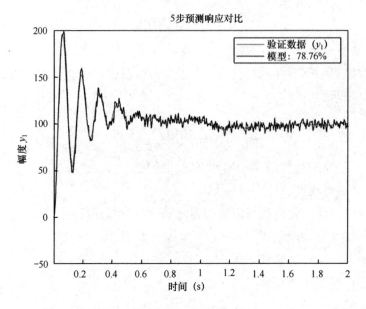

图 1.58　自回归求和移动平均过程示例［MATLAB（2020 年版）］

4）其他方法

许多其他方法也可以用来预测时间序列的行为，如有状态模型的扩展卡尔曼滤波器（见 1.2.3 节）、递归神经网络（见 1.4.2 节）等。这些方法也可以与聚类方法相关联（Maharaj 等，2019）。

1.5.3　贝叶斯网络

贝叶斯网络于 20 世纪 80 年代由 Judea Pearl 提出，是众多概率分析模型之一。贝叶斯网络为复杂系统的建模提供了数学形式体系和坚实的理论基础。贝叶斯网络由两部分构成。

（1）图形部分：由一个无回路的有向图构成，节点表示域的相关变量，弧表示变量之间的依赖关系。

（2）数字部分：包括各个节点有父节点时的一组条件概率分布。

贝叶斯网络始终是有向无环图，有向弧表示直接依赖关系（在大多数情况下为因果关系）。因此，从变量 X 移动到变量 Y 的弧代表 Y 直接依赖 X。

如果没有弧，说明不存在直接依赖关系。参数表示赋予这些关系的权重，即变量知道其父节点的条件概率（如 $P(Y|X)$），或者当变量无父节点时的先验概率。

贝叶斯网络有助于提高聚类器的工作效率（Friedman，1989；Langley 等，1992；Pernkopf，2005）。贝叶斯聚类器具有特殊性，其为有 p 个观测值

（变量）的问题设定 $p+1$ 个节点。所有贝叶斯聚类器都通过一个叫作"类节点"（记为 Ω）的离散节点对类的隶属性进行建模，其中，Ω 表示具有 k 个模态的多项离散节点，k 表示该问题涉及类的数量（$\Omega_1,\Omega_2,\cdots,\Omega_k$）。此类节点没有父节点。其他 p 个编号的节点代表聚类问题的观测值，记为 O_i。贝叶斯聚类器主要包括两种类型：朴素贝叶斯网络和树增强朴素贝叶斯网络。

朴素贝叶斯网络又叫作贝叶斯聚类器，其结构最简单。之所以称其为朴素贝叶斯网络，是因为该网络有一个极强的假设，即假设每个观测值都有条件地从属于一个类，并且与其他观测值无关。这种观测值独立性假设使获取每个类的后验概率变得更容易，后验概率为

$$P(\Omega_i \mid O_i) = P(\Omega_i)\prod_{j=1}^{N}P(O_j \mid \Omega_i) \qquad （1.155）$$

其中，N 表示观测值的数量。

朴素贝叶斯网络的结构如图 1.59 所示：

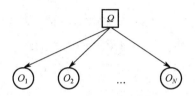

图 1.59　朴素贝叶斯网络的结构

为了改进朴素贝叶斯网络在观测值不完全独立情况下的性能，Friedman（1989）提出在朴素贝叶斯聚类器的不同描述性观测值之间添加弧，即从朴素贝叶斯网络开始，在共享最重要相互信息的观测值之间增加一个弧。然而，为了保持树形的拓扑结构，该贝叶斯网络不允许一个节点有两个以上父节点（也就是说，除类节点外还有一个父节点）。为此，Friedman（1989）提出了一种完整的贝叶斯网络结构，即树增强朴素贝叶斯网络，以将所有节点都考虑在内。

树增强朴素贝叶斯网络结构如图 1.60 所示。

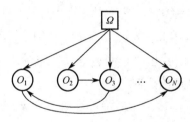

图 1.60　树增强朴素贝叶斯网络结构

1.5.4　马尔可夫链

在马尔可夫链中，如果满足以下特性（马尔可夫性），那么有限状态空间 E 中的一系列随机状态 $X = \{X_t, X_{t-1}, \cdots, X_0\}$ 就形成了马尔可夫链，即

$$P(X_t | X_0, \cdots, X_{t-1}) = P(X_t = j | X_{t-1} = i), \ i, j \in E \qquad (1.156)$$

该定义概括了确定性动态系统的概念：当前状态 X_t 的概率分布仅取决于刚刚过去的状态 X_{t-1}。由此可见，马尔可夫链是状态 X 的序列，其特征如下。

初始状态概率 $\boldsymbol{\pi} = (\pi_i)$，即

$$\pi_i = p(X_0 = i), \ i \in E \qquad (1.157)$$

转移矩阵 $\boldsymbol{A} = (A_{ij})$，有

$$A_{ij} = P(X_t = j | X_{t-1} = i), \ i, j \in E \qquad (1.158)$$

因此，在初始状态概率为 $\boldsymbol{\pi}$、转移矩阵为 $\boldsymbol{A}$ 的状态序列 X 中，马尔可夫链的概率分布为

$$
\begin{aligned}
P(X_0, \cdots, X_{t-1}, X_t) &= P(X_t | X_0, \cdots, X_{t-1}) P(X_0, \cdots, X_{t-1}) \\
&= A_{ij}^t P(X_0, \cdots, X_{t-1}) \\
&= \pi_i^0 A_{ij}^0, \cdots, A_{ij}^{t-1}, A_{ij}^t
\end{aligned}
\qquad (1.159)
$$

1.5.5　隐马尔可夫模型

在隐马尔可夫模型中，人们无须直接观测序列 X_t，只需要获取一些观测值 o_t，这些观测值需要在有限观测空间 O 或 R^d 范围内取值。假设状态 X_t 在一定条件下与观测值 o_t 是相互独立的，同时，各观测值 o_t 只依赖状态 X_t。此特性表示为

$$P(o_0, \cdots, o_T | X_0, \cdots, X_T) = \prod_{t=0}^{T} P(o_t | X_t) \qquad (1.160)$$

由此可见，(X_t, o_t) 的隐马尔可夫模型具有以下特征。

（1）初始状态概率：$\boldsymbol{\pi} = (\pi_i)$，$\pi_i = P(X_0 = i)$，$i \in E$。

（2）转移矩阵：$\boldsymbol{A} = (A_{ij})$，$A_{ij} = P(X_{t+1} = j | X_t = i)$，$i, j \in E$。

（3）观测概率：$\boldsymbol{b} = (b_0, \cdots, b_t)$，$b_t = P(o_t | X_t)$。

因此，一个局部数据就足以全面表征一个隐马尔可夫模型（两个连续时刻之间的转移概率，以及给定时间的发射概率）。

(X_t, o_t) 的概率分布，其中，初始状态概率为 $\boldsymbol{\pi}$，转移矩阵为 $\boldsymbol{A}$，观测概率为 $\boldsymbol{b}$，则有

$$P(X_0 = i, \cdots, X_t = j, o_0, \cdots, o_t) = \pi_i^0 A_{ij}^0 \cdots A_{ij}^t b_0 \cdots b_t \qquad (1.161)$$

可以用 $\lambda = (\boldsymbol{\pi}, \boldsymbol{A}, \boldsymbol{b})$ 来表示隐马尔可夫模型的特征参数,在使用时需要注意以下 3 点。

(1)评估模型 λ:包括根据模型参数计算得出一系列观测值($o_0, \cdots, o_t$)的概率分布(或似然函数)。

(2)估计观测序列的状态:可以在给定一系列观测值($o_0, \cdots, o_T$)的情况下估计当前状态 X_T 或中间状态 X_t($t = 0, \cdots, T$),或者基于给定的模型 λ 全面估计状态序列($X_0, \cdots, X_T$)。第 1 个问题可以通过 Baum 前向方程和后向方程来解决,此类方程可以在已知观测值($o_0, \cdots, o_T$)的情况下计算得出状态 X_T 的条件概率分布。第 2 个问题可以通过动态规划算法,即维特比算法来解决,该算法可以实现状态序列($X_0, \cdots, X_T$)条件概率分布的最大化。

(3)识别模型 λ:在给定一系列观测值($o_0, \cdots, o_T$)的情况下计算得出该模型未知参数的极大似然估计值。这个问题可以用 Baum-Welsh 重估公式来解决,该重估公式通过定义一种迭代算法来实现似然函数的最大化。

为了证明引入 Baum 前向方程和后向方程的合理性,人们提出了一种方法来计算观测值($o_0, \cdots, o_T$)的概率分布。

观测值($o_0, \cdots, o_T$)的概率分布为

$$P(o_0, \cdots, o_T) = \sum_{i,j \in E} \pi_i^0 A_{ij}^0 \cdots A_{ij}^T b_0 \cdots b_T \qquad (1.162)$$

使用式(1.161)可以计算得出观测值($o_0, \cdots, o_T$)的概率分布,即

$$P(o_0, \cdots, o_T) = \sum_{i,j \in E} P(X_0, \cdots, X_T, o_0, \cdots, o_T)$$
$$= \sum_{i,j \in E} \pi_i^0 A_{ij}^0 \cdots A_{ij}^T b_0 \cdots b_T \qquad (1.163)$$

该方法给出了一个表达式,此表达式可以表示在已知观测值($o_0, \cdots, o_T$)的情况下状态序列($X_0, \cdots, X_T$)的条件概率分布,即

$$P(X_0, \cdots, X_T | o_0, \cdots, o_T) = \frac{\pi_i^0 A_{ij}^0 \cdots A_{ij}^T b_0 \cdots b_T}{\sum_{i,j \in E} \pi_i^0 A_{ij}^0 \cdots A_{ij}^T b_0 \cdots b_T} \qquad (1.164)$$

模型的似然函数通过一系列观测值($O = o_0, \cdots, o_T$)获得,即

$$P(O | \lambda) = L_T = \sum_{i,j \in E} \pi_i^0 A_{ij}^0 \cdots A_{ij}^T b_0 \cdots b_T \qquad (1.165)$$

另外,如果根据给定式(1.141)计算观测值($o_0, \cdots, o_T$)的概率分布,则需要执行的操作量相当大。从马尔可夫链的状态 i 到状态 j 的每个可能轨

迹都需要执行 $2(T+1)$ 次乘法运算，而不同的可能轨迹有 $|E|^{T+1}$ 个。因此，需要执行的基本运算（加法和乘法）总量为 $2(T+1)|E|^{T+1}$ 次。这个运算总量会随着观测值数量 T 的增加而成指数增长。

1. 前向方程

将前向变量 $\alpha_t(i)$ 定义为

$$\alpha_t(i) = P(o_0, \cdots, o_t, X_t = i \mid \lambda) = P(X_t = i \mid o_0, \cdots, o_t)L_t, \quad i \in E \tag{1.166}$$

序列 α_t 满足以下递推方程：

$$\alpha_{t+1}(j) = b_j^{o_{t+1}} \sum_{i \in E} A_{ij} \alpha_t(i) \tag{1.167}$$

初始条件： $\alpha_0(i) = \pi_i b_0$ ， $i \in E$ 。

2. 后向方程

在 $X_t = i$ 条件下，序列 $X_{t+1}, X_{t+2}, \cdots$ 是一条马尔可夫链，其中，初始状态概率为 π_i ，转移矩阵为 A 。由此可推断得出给定的观测值（ $o_{t+1}, \cdots, o_T$ ）的概率分布，即

$$P(o_{t+1}, \cdots, o_T, X_i \mid \lambda) = \sum_{i,j \in E} A_{ij}^{t+1} \cdots A_{ij}^T b_{t+1} \cdots b_T \tag{1.168}$$

然后，将后向变量定义为模型的似然函数（通过一系列观测值 $o_{t+1}, \cdots, o_T$ 获得），即

$$\beta_t(i) = \sum_{i,j \in E} A_{ij}^{t+1} \cdots A_{ij}^T b_{t+1} \cdots b_T \tag{1.169}$$

其中

$$\beta_{T-1}(i) = \sum_{j \in E} A_{ij}^T b_T \tag{1.170}$$

$$\beta_t(i) = \sum_{j \in E} A_{ij}^t b_{t+1} \beta_{t+1}(j) \tag{1.171}$$

初始条件： $\beta_T(i) = 1$ ， $i \in E$ 。

3. 维特比算法（动态规划算法）

由维特比算法可得，通过之前研究的前向方程和后向方程可以计算得出当前状态 X_T 的条件概率分布，也可以在已知观测值（ $o_0, \cdots, o_T$ ）的情况下计算得出中间时刻的状态 X_t 的条件概率分布，定义为

$$P(X_T = i \mid o_0, \cdots, o_T) = \frac{1}{L_T} \alpha_T(i) \tag{1.172}$$

$$P(X_T = i \mid o_0, \cdots, o_T) = \frac{1}{L_T} q_t(i) \qquad (1.173)$$

其中

$$L_T = \sum_{i \in E} \alpha_T(i) = \sum_{i \in E} \alpha_t(i)\beta_t(i) = \sum_{i \in E} q_t(i) \qquad (1.174)$$

此时，可以对后验最大估计值进行定义，该估计值可以在给定当前状态观测值（$o_0, \cdots, o_T$）的情况下将估计误差概率降至最小，即

$$X_T^{\text{LMAP}} = \underset{i \in E}{\arg\max}\, P(X_T = i \mid o_0, \cdots, o_T) = \underset{i \in E}{\arg\max}\, \alpha_T(i) \qquad (1.175)$$

中间时刻的状态定义为

$$X_t^{\text{LMAP}} = \underset{i \in E}{\arg\max}\, P(X_t = i \mid o_0, \cdots, o_t) = \underset{i \in E}{\arg\max}\, q_t(i) \qquad (1.176)$$

然而，由此产生的序列 $X_0^{\text{LMAP}}, \cdots, X_T^{\text{LMAP}}$ 可能与模型不一致，具体为：将连续两次得到 $X_t^{\text{LMAP}} = i$ 且 $X_{t+1}^{\text{LMAP}} = j$，并且同一对（$i, j$）的 $A_{ij} = 0$。这意味着该模型不可能实现从状态 i 到状态 j 的过渡。因此，人们需要改用另一个估计量，其定义为

$$(X_0^{\text{LMAP}}, \cdots, X_T^{\text{LMAP}}) = \underset{i_0, \cdots, i_T \in E}{\arg\max}\, P(X_0, \cdots, X_T \mid o_0, \cdots, o_T) \qquad (1.177)$$

此估计值可在已知观测值（$o_0, \cdots, o_T$）的情况下将隐藏状态序列的估计误差概率降至最小。其有效计算可以通过动态规划算法，即维特比算法来实现。

如果序列 $i_0^*, \cdots, i_t^*$ 要达到函数的最大值，即

$$(i_0^*, \cdots, i_t^*) \to P(X_0 = i_0, \cdots, X_t = i_t \mid o_0, \cdots, o_t) \qquad (1.178)$$

那么 i_0^* 需要达到函数的最大值，即

$$i \to \underset{i_0, \cdots, i_{t-1}}{\max}\, P(X_0 = i_0, \cdots, X_{t-1} = i_{t-1}, X_t = i \mid o_0, \cdots, o_t) \qquad (1.179)$$

因此，需要定义

$$V_t^i \to \underset{i_0, \cdots, i_{t-1}}{\max}\, P(X_0 = i_0, \cdots, X_{t-1} = i_{t-1}, X_t = i \mid o_0, \cdots, o_t)L_t \qquad (1.180)$$

通过递推方程式（1.181）检验序列 V_t：

$$V_{t+1}^j = b_j^{o_{t+1}} \underset{i \in E}{\max}[A_{ij}\ V_t^i] \qquad (1.181)$$

初始条件：$V_0^i = \pi_i b_i^{o_0}$。

由此推断，最佳轨迹最终出现的状态为 $X_T^{\text{LMAP}} = \underset{i \in E}{\arg\max}\, V_T^i$。

4. Baum-Welch 重估公式

由式（1.165）可知，模型参数 $\lambda = (\boldsymbol{\pi}, \boldsymbol{A}, \boldsymbol{b})$ 的似然函数可表示为

$L_T = \sum\limits_{i,j \in E} \pi_i^0 A_{ij}^0 \cdots A_{ij}^T b_0 \cdots b_T$。建议研究一种迭代算法，以使模型参数 $\lambda = (\boldsymbol{\pi}, \boldsymbol{A}, \boldsymbol{b})$

的似然函数 L_T 最大化。

建立另一种模型 $\lambda' = (\boldsymbol{\pi'}, \boldsymbol{A'}, \boldsymbol{b'})$，该模型的似然函数已经评估得到，即

$$L_T' = \sum_{i,j \in E} \pi_i'^0 A_{ij}'^0 \cdots A_{ij}'^T b_0' \cdots b_T' \tag{1.182}$$

模型 λ 和 λ' 之间的似然比可写为

$$\frac{L_T}{L_T'} = \frac{\sum\limits_{i,j \in E} \pi_i^0 A_{ij}^0 \cdots A_{ij}^T b_0 \cdots b_T}{\sum\limits_{i,j \in E} \pi_i'^0 A_{ij}'^0 \cdots A_{ij}'^T b_0' \cdots b_T'}$$

$$= \frac{\sum\limits_{i,j \in E} \pi_i'^0 A_{ij}'^0 \cdots A_{ij}'^T b_0' \cdots b_T' \dfrac{\pi_i^0 A_{ij}^0 \cdots A_{ij}^T b_0 \cdots b_T}{\pi_i'^0 A_{ij}'^0 \cdots A_{ij}'^T b_0' \cdots b_T'}}{\sum\limits_{i,j \in E} \pi_i'^0 A_{ij}'^0 \cdots A_{ij}'^T b_0' \cdots b_T'} \tag{1.183}$$

对数似然检验为

$$Q_T = \log \frac{L_T}{L_T'} = \log \frac{\sum\limits_{i,j \in E} \pi_i^0 A_{ij}^0 \cdots A_{ij}^T b_0 \cdots b_T}{\sum\limits_{i,j \in E} \pi_i'^0 A_{ij}'^0 \cdots A_{ij}'^T b_0' \cdots b_T'}$$

$$\geq \frac{\sum\limits_{i,j \in E} \pi_i'^0 A_{ij}'^0 \cdots A_{ij}'^T b_0' \cdots b_T' \log\left[\dfrac{\pi_i^0 A_{ij}^0 \cdots A_{ij}^T b_0 \cdots b_T}{\pi_i'^0 A_{ij}'^0 \cdots A_{ij}'^T b_0' \cdots b_T'}\right]}{\sum\limits_{i,j \in E} \pi_i'^0 A_{ij}'^0 \cdots A_{ij}'^T b_0' \cdots b_T'} \tag{1.184}$$

如果模型 λ 与 λ' 重合，Q_T 将会消失。因此，如果模型 λ 参数 $(\boldsymbol{\pi}, \boldsymbol{A}, \boldsymbol{b})$ 的 Q_T 达到最大值，那么 Q_T 达到最大值的模型 λ' 的似然性 L_T' 将大于模型 λ' 的似然性 L_T'。利用 Baum-Welch 重估公式可找出模型 λ' 的参数 $(\boldsymbol{\pi'}, \boldsymbol{A'}, \boldsymbol{b'})$，并将其作为模型 λ' 参数 $(\boldsymbol{\pi'}, \boldsymbol{A'}, \boldsymbol{b'})$ 的函数。

通过重复此过程，人们可以构建一系列增强似然模型，在理想情况下，这一系列模型会收敛到一个实现极大似然函数的模型中。

在已知观测值 $(o_0, \cdots, o_T)$ 的情况下，用于模型参数极大似然估计的迭代算法可以通过重估公式来实现，即

$$\pi_i' = \frac{\alpha_0'(i)\beta_0'(i)}{L_T'} \tag{1.185}$$

$$A_{i,j}' = A_{i,j} \frac{\sum\limits_{t=1}^{T} \alpha_{t-1}'(i) b_t' \beta_{t-1}'(j)}{\sum\limits_{t=1}^{T} \alpha_{t-1}'(i) \beta_{t-1}'(i)} \tag{1.186}$$

$$b_t = \frac{\displaystyle\sum_{t=0 \cap y_t=\ell}^{T} \alpha_t'(i)\beta_t'(i)}{\displaystyle\sum_{t=0}^{T} \alpha_t(i)\beta_t'(j)} \tag{1.187}$$

所有 $i,j \in E$，其中序列 a_t' 和 β_t' 分别为参数值（$\boldsymbol{\pi}'$, $\boldsymbol{A}'$, $\boldsymbol{b}'$）的前向方程和后向方程的解。

1.5.6　雨流算法

雨流算法（也叫作塔顶法）是 T. Endo 和 M. Matsuishi 于 1968 年提出的（Matsuichi and Endo，1968）。雨流算法通常结合 Miner 法则（Miner，1945）用于材料疲劳的研究。

雨流算法主要从负载时间历程/应力中提取反转数，最终作为负载变化的局部最小值和最大值。雨流算法建立了半循环，其中雨流由一系列塔顶流下。

雨流算法还考虑到了有峰和谷的应力曲线（Ariduru，2004），具体如下。

（1）提取一个有峰和谷的代表性应力曲线。该应力曲线从应力最大值点开始，在应力相同的点停止。

（2）将此应力曲线当作一张硬片。将图顺时针旋转 90°，使时间的原点处于顶端，这样就得到了一个垂直的时间轴。

（3）可以设想，雨流从各个连续的极值点开始流动。

（4）如果雨流从某一个峰值点开始流动，则有

① 当遇到比起始峰值更大的峰值时，雨流将停止流动，如图 1.61（a）所示；

② 当雨流穿过先前确定的另一雨流经过的路径时，雨流将停止流动，如图 1.61（b）所示；

③ 根据以上两条规则，雨流可以落在另一个屋顶上，然后继续滑落。

（5）如果雨流从某一谷值点开始流动，则有

① 当遇到比起始谷值更大的谷值时，雨流将停止流动，如图 1.61（c）所示；

② 当雨流穿过先前谷值流动的路径时，雨流将停止流动，如图 1.61（d）所示；

③ 根据以上两条规则，雨流可以落在另一个屋顶上，然后继续滑落。

（6）从第（3）步开始重复，直至到达应力曲线的终点。

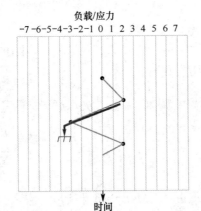

(a) 雨流从某一峰值点开始流动，当遇到比起始峰值更大的峰值时停止流动

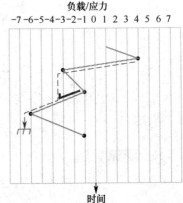

(b) 雨流从某一峰值点开始流动，当穿过先前确定的另一雨流经过的路径时停止流动

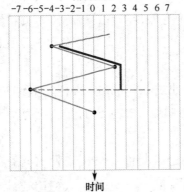

(c) 雨流从某一谷值点开始流动，当遇到比起始谷值更大的谷值时停止流动

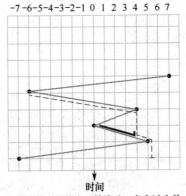

(d) 雨流从某一谷值点开始流动，当穿过先前谷值流动的路径时停止流动

图 1.61 雨流算法的不同案例

（7）将幅度相同（方向相反）的半循环进行配对，算出全循环的数量。通常来说，会剩余一些半循环。

人们可以考虑以下示例（见图 1.62），该算法的步骤如下。

（1）从 A_1 点开始，此点幅度较大（峰值最大）；在 A_2 点停止，此点幅度与 A_1 点幅度相同。

（2）找出较大反转 A_1D；在谷值最小的 D 点停止。

（3）找出较大反转 DA_2；从 A 点开始，在应力曲线的终点 A_2 停止（此点与描述全周期时的 A_1 点是同一个点）。

（4）在循环 A_1D 中找出从 B 点开始到 C 点停止的 BC 反转（D 点的最大值比 B 点大）。

（5）在循环 A_1D 中找出从 C 点开始到 B 点停止的 CB 反转（该雨流在 B

点遇到先前的雨流）。

（6）在循环 DA_2 中（A_1 和 A_2 合并）找到从 E 点开始到屋顶 H 点停止的 EH 反转。

（7）在循环 DA_2 中找出从 H 点开始到 E 点停止的 HE 反转（该雨流在 E 点遇到先前的雨流）。

（8）在循环 DA_2 中找出从 F 点开始到 G 点停止的 FG 反转（H 点的最大值比 F 点大）。

（9）在循环 DA_2 中找出从 G 点开始到 F 点停止的 GF 反转（该雨流在 F 点遇到先前的雨流）。

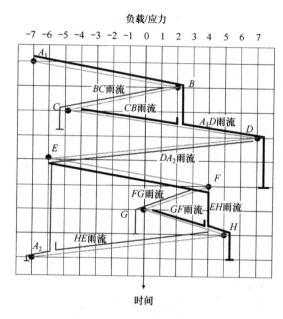

图 1.62 雨流算法示例（Lee 和 Tjhung，2012）

综上所述，可以得出以下雨流反转（半循环），如表 1.23（Lee 和 Tjhung，2012）所示。

表 1.23 雨流反转

反 转 量	起 点	终 点	起点负载	终点负载	范 围	平 均 值
1	A	D	-7	7	14	0
1	D	A	7	-7	14	0
1	B	C	2	-5	7	-1.5
1	C	B	-5	2	7	-1.5
1	E	H	-6	5	11	-0.5

（续表）

反 转 量	起 点	终 点	起点负载	终点负载	范 围	平 均 值
1	H	E	5	-6	11	-0.5
1	F	G	4	0	4	2
1	G	F	0	4	4	2

将雨流反转配对后，可以得出如表 1.24 所示的雨流循环（Lee 和 Tjhung，2012）。

表 1.24　雨流循环

反 转 量	起 点	终 点	起点负载	终点负载	范 围	平 均 值
1	A	D	-7	7	14	0
1	B	C	2	-5	7	-1.5
1	E	H	-6	5	11	-0.5
1	F	G	4	0	4	2

隐半马尔可夫模型（Levy，1954）是隐马尔可夫模型的一个泛化模型。在隐半马尔可夫模型中，每个状态可以发出一系列观测值，如图 1.63 所示。每个状态的持续时间都是可变的，在给定状态下发出的观测值数量取决于该状态的持续时间。

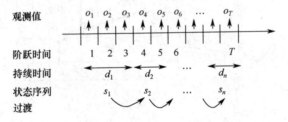

图 1.63　隐半马尔可夫模型

有关隐半马尔可夫模型的详细描述，可以参阅 Yu（2010）的研究，本节不再赘述。

原著参考文献

Chris Aldrich and Lidia Auret. Unsupervised Process Monitoring and Fault Diagnosis with Machine Learning Methods. Springer Publishing Company, Incorporated, 2013.

A. Amrane, A. Larabi, and A. Aitouche. Fault detection and isolation based on nonlinear analytical redundancy applied to an induction machine. In 2017 6th International Conference on Systems and Control (ICSC), 2017, 255-260.

Jérôme Antoni. Cyclostationarity by examples. Mechanical Systems and Signal Processing, 2009, 23(4): 987-1036.

Seçýl Ariduru. Fatigue life calculation by rainflow cycling method. Master Thesis, Graduate School of Natural and Applied Sciences of Middle East Technical University, 2004.

Georges Asch. Les capteurs en instrumentation industrielle (8th Edition). Technique et Ingenierie. Dunod, dunod edition, 2017.

Francois Auger and C. Doncarli. Quelques commentaires sur des representations temps-frequence proposees recemment. Traitement du Signal, 9: 3-25, 01 1992.

Kevin Balanda and H. Macgillivray. Kurtosis: A critical review. The Americal Statistician, 42: 111-119, 05 1988.

David Barber. Bayesian Reasoning and Machine Learning. Cambridge University Press, 2011.

G. Bartram and S. Mahadevan. Dynamic Bayesian networks for prognosis. PHM 2013-Proceedings of the Annual Conference of the Prognostics and Health Management Society 2013, 167-184, January 2013.

Amy S. Beavers, John W. Lounsbury, Jennifer K. Richards, Schuyler W. Huck, Gary J. Skolits, and Shelley L. Esquivel. Practical considerations for using exploratory factor analysis in educational research. PARE, 18(6), 2013.

Mohamed Ben Marzoug. Apport des cycles d'usage representatifs synthetiques pour les etudes de vieillissement de batteries dans les nouveaux usages de mobilite. PhD thesis, Universite Claude Bernard Lyon 1, Villeurbanne, 2020.

H. Berriri, M. W. Naouar, and I. Slama-Belkhodja. Parity space approach for current sensor fault detection and isolation in electrical systems. In Eighth International Multi-Conference on Systems, Signals Devices, 1-7, 2011.

Christopher M. Bishop. Pattern Recognition and Machine Learning. Springer, New York, 2007.

Frédéric Bonnardot. Comparaison entre les analyses angulaire et temporelle des signaux vibratoires de machines tournantes. Etude du concept de cyclostationnarité floue. Theses, Institut National Polytechnique de Grenoble-INPG, December 2004.

Abdelhakim Boukar and Nacer Hamzaoui. Evaluation des indicateurs de surveillance par analyse vibratoire: Application aux engrenages et roulements. International Journal of Innovation and Applied Studies, 25(2): 800-808, 2019.

Babak Nahid-Mobarakeh Breuneval R., Clerc G. and Badr Mansouri. Classification with automatic detection of unknown classes based on svm and fuzzy mbf: Application to motor diagnosis. AIMS Electronics and Electrical Engineering, 2 (ElectronEng-02-03-059): 59, 2018.

T. Caliski and J. Harabasz. A dendrite method for cluster analysis. Communications in Statistics, 3(1): 1-27, 1974.

C. Chatfield and Haipeng Xing. The analysis of time series: An introduction. 6th Edition. Chapman & Hall/CRC texts in statistical science. CRC Press, 2019.

E. Chow and A. Willsky. Analytical redundancy and the design of robust failure detection systems. IEEE Transactions on Automatic Control, 29(7): 603-614, 1984.

G. Clerc and J.-C. Marques. Induction Machine Diagnosis Using Observers. In Electrical machines diagnosis, 93-129. Wiley edition, September 2011.

Guy Clerc. Contribution à l'étude du contacteur statique autoprotégé et de sa strategie de commande. PhD thesis, Ecole Centrale de Lyon, Ecully, France, January 1989.

Leon Cohen. Time-Frequency Analysis: Theory and Applications. Prentice-Hall, Inc., USA, 1995.

M. Comanescu. A family of sensorless observers with speed estimate for rotor position estimation of im and pmsm drives. In IECON 2012-38th Annual Conference on IEEE Industrial Electronics Society, 3670-3675, 2012.

Antoine Cornuejols, Laurent Miclet, and Vincent BARRA. Apprentissage artificial-3 edition: Deep Learning, Concepts et algorithmes. Eyrolles, May 2018.

Q. Cui, Z. Li, J. Yang, and B. Liang. Rolling bearing fault prognosis using recurrent neural network. In 2017 29th Chinese Control And Decision Conference (CCDC), 1196-1201, 2017.

D. L. Davies and D. W. Bouldin. A Cluster Separation Measure. IEEE Transactions on Pattern Analysis and Machine Intelligence, PAMI-1(2): 224-227, 1979.

Gérard Dreyfus, J. M. Martinez, M. Samuelides, M. B. Gordon, Fouad Badran, Sylvie Thiria, and L. Herault. Réseaux de neurones-Méthodologie et applications. Eyrolles, January 2002.

Pierre Dumolard. Les réseaux de neurones. Hermès, 23(3): 287-288, 1994.

J. C. Dunn. Well-separated clusters and optimal fuzzy partitions. Journal of Cybernetics, 4(1): 95-104, 1974.

M. A. Efroymson. Multiple Regression Analysis. Mathematical Methods for Digital Computers. Wiley, 1960.

Samuel Eke. Transformer condition assesment strategy: Outline solutions for aging transformers integrated management. Theses, Universite de Lyon, June 2018.

P. Ewert. Use of axial flux in the detection of electrical faults in induction motors.In 2017 International Symposium on Electrical Machines (SME), 1-6, 2017.

P. Flandrin. Time-frequency/time-scale analysis. Elsevier Science, 1998.

E. Forgy. Cluster analysis of multivariate data: Efficiency versus interpretability of classification. Biometrics, 21(3): 768-769, 1965.

Jerome H. Friedman. Regularized discriminant analysis. Journal of the American Statistical Association, 84(405): 165-175, 1989.

J. P. Gauthier and I. A. K. Kupka. Observability and observer for nonlinear systems. SIAM J. Control Optim., 32: 975-994, 1994.

Pierre-Louis Gonzalez. L'analyse en composantes principales, 2020.

Robert Gray, M. Entropy and Information Theory. Springer-Verlag, 2013.

L. I. Gudzenko. On periodic nonstationary processes. Radio Engineering and Electronic Physics, 4: 220-224, 1959.

S. Hayashi, T. Asakura, and Sheng Zhang. Study of machine fault diagnosis system using neural networks. In Proceedings of the 2002 International Joint Conference on Neural

Networks. IJCNN'02 (Cat. No.02CH37290), volume 1, 956-961, Vol.1, 2002.

Xiaofei He, Deng Cai, and Partha Niyogi. Laplacian Score for Feature Selection. In Proceedings of the 18th International Conference on Neural Information Processing Systems, NIPS'05, 507-514, Cambridge, MA, USA, MIT Press, 2005.

R. R. Herrera and D. S. L. Gac. Initiation à l'anafyse factorielle des données: Fondements mathématiques et interpretations, cours et exercices corrigés. Ellipses, 2002.

F. Hlawatsch and G. F. Boudreaux-Bartels. Linear and quadratic time-frequency signal representations. IEEE Signal Processing Magazine, 9(2): 21-67, 1992.

H. Hotelling. Analysis of a complex of statistical variables into principal components. Journal of Educational Psychology, 24(6): 417-441, 1933.

M. Hwang and J. H. Seinfeld. Observability of nonlinear systems. Journal of Optimization Theory and Applications, 10(2): 67-77, August 1972.

Rob Hyndman. Time Series Data Library, 2005.

TAHAR IFTENE and Habib Mahi. Approche de classification par rÉseaux de kohonen pour Établir des cartes d'occupation du sol de la rÉgion d'oran (algÉrie). Teledetection, 3: 325-336, 01 2003.

J. J. A. Moors. The meaning of kurtosis: Darlington reexamined. The American Statistician, 40(4): 283-284, 1986.

A. K. Jain, M. N. Murty, and P. J. Flynn. Data clustering: A review. ACM Comput. Surv., 31(3): 264-323, September 1999.

Simon J. Julier and Jeffrey K. Uhlmann. New extension of the Kalman filter to nonlinear systems. In Ivan Kadar, editor, Signal Processing, Sensor Fusion, and Target Recognition VI, volume 3068 of Society of Photo-Optical Instrumentation Engineers (SPIE) Conference Series, 182-193, July 1997.

Henry F. Kaiser. The application of electronic computers to factor analysis. Educational and Psychological Measurement, 20(1): 141-151, 1960.

R. E. Kalman. A new approach to linear filtering and prediction problems. Journal of Basic Engineering, 82(1): 35-45, March 1960.

R. Khelif, S. Malinowski, B. Chebel-Morello, and N. Zerhouni. Rul prediction based on a new similarity-instance based approach. In 2014 IEEE 23rd International Symposium on Industrial Electronics (ISIE), 2463-2468, 2014.

Thameur Kidar. Diagnostic des defauts de fissures d'engrenages par l'analyse cyclostationnaire. Theses, Universite Jean Monnet-Saint-Etienne, March 2015.

T. Kohonen. Self-Organization and Associative Memory. 3rd Edition. Springer-Verlag, Berlin, Heidelberg, 1989.

J. Korbicz. Neural networks and their application in fault detection and diagnosis. In IFAC Proceedings, volume 30, 367-372, 1997.

A. Lalami and R. Wamkeue. Parity-space approach for time-domain synchronous generator diagnosis. In 2012 25th IEEE Canadian Conference on Electrical and Computer

Engineering (CCECE), 1-4, 2012.

Pat Langley, Wayne Iba, and Kevin Thompson. An analysis of bayesian classifiers. In Proceedings of the Tenth National Conference on Artificial Intelligence, 223-228. AAAI Press, 1992.

Abdesselam Lebaroud. Diagnostic des défauts des machines asynchrones: Approche signal etsystème. PhD thesis, 2007.

V. L. Lebedev. On random processes having nonstationarity of periodic character. Nauchnye Doklady Vysshchei Shchkoly. Seria Radiotekhnika i Elektronika, 2: 32-34, 1959.

Yung-Li Lee and Tana Tjhung. Chapter 3: rainflow cycle counting techniques. In Yung-Li Lee, Mark E. Barkey, and Hong-Tae Kang, editors, Metal Fatigue Analysis Handbook, 89-114. Butterworth-Heinemann, Boston, 2012.

P. Levy. Systems semi-Markoviens à au plus infinité d énombrable d'états possibles. volume 2, 294, 1954.

Y. Liu, Z. Q. Zhu, and D. Howe. Instantaneous torque estimation in sensorless direct-torque-controlled brushless dc motors. IEEE Transactions on Industry Applications, 42(5): 1275-1283, 2006.

P. J. Loughlin and B. Tacer. Instantaneous frequency and the conditional mean frequency of a signal. Signal Processing, 60(2): 153- 162, 1997.

Elizabeth Ann Maharaj, Pierpaolo D'Urso, and Jorge Caido. Time series clustering and classification. Computer science and data analysis. CRC Press, Australia, 1st edition, 2019.

Masoud Malekzadeh, Mustafa Gul, Il-Bum Kwon, and Necati Catbas. An integrated approach for structural health monitoring using an in-house built fiber optic system and non-parametric data analysis. Smart Structures and Systems, 14: 917-942, 11, 2014.

Francesca Mangili. Development of advanced computational methods for prognostics and health management in energy components and systems. PhD thesis, Politecnico di milano, Milan (Italie), March 2013.

M. Matsuichi and T. Endo. Fatigue of metals subjected to varying stress. Japan Society of Mechanical Engineering, 1968.

K. Medjaher, D. A. Tobon-Mejia, and N. Zerhouni. Remaining useful life estimation of critical components with application to bearings. IEEE Transactions on Reliability, 61(2): 292-302, 2012.

M. A. Miner. Cumulative Damage in Fatigue. Journal of Applied Mechanics, 12(3): 159-164, 1945.

Sidharth Mishra, Uttam Sarkar, Subhash Taraphder, Sanjoy Datta, Devi Swain, Reshma Saikhom, Sasmita Panda, and Menalsh Laishram. Principal Component Analysis. International Journal of Livestock Research, 1, 2017.

A. Mohammed, J. I. Melecio, and S. Djurovi. Stator winding fault thermal signature monitoring and analysis by in situ fbg sensors. IEEE Transactions on Industrial Electronics, 66(10): 8082-8092, 2019.

Sing Kiong Nguang, Ping Zhang, and Steven Ding. Parity relationbased fault estimationfor non linear systems: A lmi approach. IFAC Proceedings Volumes, 39 (13): 366-371, 2006.

Olivier Ondel. Diagnosis by Pattern Recognition: application on a set inverter - induction machine. Theses, Ecole Centrale de Lyon, October 2006.

Karl Pearson. On lines and planes of closest fit to systems of points in space. The London, Edinburgh, and Dublin Philosophical Magazine and Journal of Science, 2(11): 559-572, 1901.

Karl Pearson and Francis Galton. Note on regression and inheritance in the case of two parents. Proceedings of the Royal Society of London, 58: 240-242, 1895.

Michael Pecht and Rubyca Jaai. A prognostics and health management roadmap for information and electronics-rich systems. Microelectronics Reliability, 50(3): 317-323, 2010.

Franz Pernkopf. Bayesian network classifiers versus selective K-NN classifier. Pattern Recognition, 38(1): 1-10, 2005.

D. Alexander Poularikas. The Transforms and Applications Handbook. CRC, 2000.

R Core Team. R: A language and environment for statistical computing. manual, Vienna, Austria, 2020.

C. Radhakrishna Rao. The use and interpretation of principal component analysis in applied research. Sankhy: The Indian Journal of Statistics, Series A (1961-2002), 26(4): 329-358, 1964.

S. Raschka and V. Mirjalili. Python machine learning. Packt Publishing, 2017.

M. Rayyam, M. Zazi, and Y. Hajji. Detection of broken bars in induction motor using the extended kalman filter (EKF). In 2015 Third World Conference on Complex Systems (WCCS), 1-5, 2015.

Paulo Roriz, Susana Silva, Orlando Frazao, and Susana Novais. Optical Fiber Temperature Sensors and Their Biomedical Applications. Sensors (Basel, Switzerland), 20(7): 2113, April 2020.

Peter J. Rousseeuw. Silhouettes: A graphical aid to the interpretation and validation of cluster analysis. Journal of Computational and Applied Mathematics, 20: 53-65, 1987.

Rumelhart, D., Hinton, and R. G., Williams. Learning representations by back-propagating errors. Nature, 323: 533-536, 10 1986.

S. Russell, P. Norvig, and F. Popineau. Intelligence artificielle: Avec plus de 500 exercices. Pearson education. Pearson, 2010.

Sachin Kumar, M. Torres, Y. C. Chan, and M. Pecht. A hybrid prognostics methodology for electronic products. In 2008 IEEE International Joint Conference on Neural Networks (IEEE World Congress on Computational Intelligence), 3479-3485, 2008.

S. A. Saleh and M. A. Rahman. Modeling and protection of and three-phase power transformer using wavelet packet transform. IEEE Transactions on Power Delivery, 20(2): 1273-1282, April 2005.

R. Satishkumar and V. Sugumaran. Estimation of remaining useful life of bearings based on support vector regression. Indian journal of science and technology, 9, 2016.

Claude Elwood Shannon. A Mathematical Theory of Communication. The Bell System Technical Journal, 27: 379-423, October 1948.

A. Soualhi, M. Makdessi, R. German, F. R. Echeverria, H. Razik, A. Sari, P. Venet, and G. Clerc. Heath monitoring of capacitors and supercapacitors using the neo-fuzzy neural approach. IEEE Transactions on Industrial Informatics, 14(1): 24-34, 2018.

Abdenour Soualhi, Kamal Medjaher, Guy Celrc, and Hubert Razik. Prediction of bearing failures by the analysis of the time series. Mechanical Systems and Signal Processing, 139: 106607, 2020.

C. Spearman. The proof and measurement of association between two things. The American Journal of Psychology, 15(1): 72-101, 1904.

Claasen TA and Wolfgang Mecklenbrauker. The wigner distribution-A tool for time-frequency signal analysis. iii. relations with other time-frequency signal transformations. Philips Jl Research, 35: 372-389, 01 1980.

T. Tao and W. Zhao. A support vector regression-based prognostic method for li-ion batteries working in variable operating states. In 2016 Prognostics and System Health Management Conference (PHM-Chengdu), 1-5, 2016.

C. Torrence and G. P. Compo. A practival guide to wavelet analysis. Bulletin ofthe American Metereological Society, 79(1): 61-78, Jan. 1998.

Stéphane Tufféry. Data mining et statistique décisionnelle. Technip, Paris, France, 4ème edition edition, 2012.

C. H. van der Broeck, T. Polom, R. D. Lorenz, and R. W. De Doncker. Thermal monitoring of power electronic modules using device self-sensing. In 2018 IEEE Energy Conversion Congress and Exposition (ECCE), 4699-4706, 2018.

Vladimir N. Vapnik. The Nature of Statistical Learning Theory. Springer-Verlag, Berlin, Heidelberg, 1995.

J. Ville. Théorie et applications de la notation de signal analytique. cables et transmission. In Theory and applications of the notion of complex signal, Tech. Rept. T-92, The RAND Corporation, volume 2A, 61-74, 1948.

E. A. Wan and R. Van Der Merwe. The unscented kalman filter for nonlinear estimation. In Proceedings of the IEEE 2000 Adaptive Systems for Signal Processing, Communications, and Control Symposium (Cat. No.00EX373), 153-158, 2000.

Wang Chenchen and Li Yongdong. A novel speed sensorless field-oriented control scheme of im using extended kalman filter with load torque observer. In 2008 Twenty-Third Annual IEEE Applied Power Electronics Conference and Exposition, 1796-1802, 2008.

John G. Webster. Measurement, Instrumentation, and Sensors Handbook. CRC Press, 1998.

E. Wigner. On the Quantum Correction For Thermodynamic Equilibrium. Physical Review, 40(5): 749-759, 1932.

B. Wu, M. Wang, B. Wu, Y. Luo, and C. Feng. Cyclostationarity analysis and diagnosis method of bearing faults. In 2009 IEEE International Conference on Automation and Logistics, 576-581, 2009.

X. Wu, J. Kumar, V. and Ross Quinlan, J. Ghosh, Q. Yang, H. Motoda, G. J. McLachlan, A.

Ng, B. Liu, P.S. Yu, Z Zhou, M. Steinbach, D.J. Hand, and D. Steinberg. Top 10 algorithms in data mining. Knowl Inf Syst, 14:1-37, 01 2008.

K. Xue, Z. Wu, H. Li, and G. Yang. Research on identification method of aero-engine bearing fault using acoustic emission technique based on wavelet packet and rough set. In 2017 IEEE 2nd Advanced Information Technology, Electronic and Automation Control Conference (IAEAC), 1499-1503, 2017.

Yun Yang. Temporal data mining via unsupervised ensemble learning. Elsevier, July 2018.

Shun-Zheng Yu. Hidden semi-markov models. Artificial Intelligence, 174(2): 215-243, 2010.

Z. Zheng, Y. Li, and M. Fadel. Sensorless control of pmsm based on extended kalman filter. In 2007 European Conference on Power Electronics and Applications, 1-8, 2007.

M. Zhong, S. X. Ding, Q. Han, and Q. Ding. Parity space-based fault estimation for linear discrete time-varying systems. IEEE Transactions on Automatic Control, 55(7): 1726-1731, 2010.

Zhi-Jie Zhou, Chang-Hua Hu, Xiao-Xia Han, Hua-Feng He, Xiao-Dong Ling, and Bang-Cheng Zhang. A model for online failure prognosis subject to two failure modes based on belief rule base and semi-quantitative information. Knowledge-Based Systems, 70: 221-230, 2014.

H. Zhu, D. Kung, M. Cowell, and S. Cherukupalli. Acoustic monitoring of stator winding delaminations during thermal cycling testing. IEEE Transactions on Dielectrics and Electrical Insulation, 17(5): 1405-1410, 2010.

D. Zurita, M. Delgado, J. A. Ortega, and L. Romeral. Intelligent sensor based on acoustic emission analysis applied to gear fault diagnosis. In 2013 9th IEEE International Symposium on Diagnostics for Electric Machines, Power Electronics and Drives (SDEMPED), 169-176, 2013.

第 2 章

应用与具体细节

2.1 电机驱动概述

电驱动在世界各地得到广泛应用，在工业、陆路运输和航空领域占据日益重要的地位。与液压驱动或热驱动相比，电驱动的功率质量比更高，更容易维护。复杂性增大和运行条件都可能导致电驱动故障，因此必须尽早发现潜在故障，迅速维护避免生产停工或发生安全问题，并在可能的情况下预测故障，以优化维护工作。

电驱动的组成如图 2.1 所示，其主要组成为：

（1）直流电源或交流电源及交流整流器；

（2）带电流源的存储电容器或带电压源的存储感应器；

（3）逆变器；

（4）交流电机，如感应电机/发电机、同步电机（绕线磁场式或永磁式）。

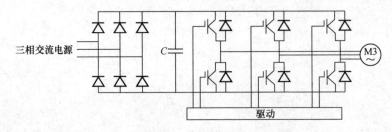

图 2.1　电驱动的组成

在正常或非正常操作中，部件都会受到各种电应力和热应力的影响。这可能导致电驱动性能下降，甚至导致电驱动意外关闭。需要注意的是，更多不同的故障在不同的子系统之间相互作用，可能导致整个系统全面崩溃。

因此，要尽早发现故障，预测电驱动的功能丧失情况。为此，上文提到的各种技术已应用于众多工业项目和研究工作中（见图 2.2）。

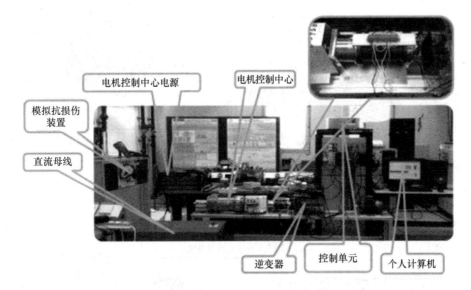

图 2.2　绿色实验室同步电机诊断试验台（洛林大学）

本节将重点讨论以下设备的故障诊断和预测。

（1）交流电机：包括感应电机、同步电机等，主要介绍其相关物理特性和各类故障（短路、退磁、齿轮失效等）。

（2）存储电容器：其型号、技术各不相同，通过跟踪串联电阻或电容等开展健康监测。

（3）逆变器：探讨对静态部件（绝缘栅双极晶体管、半场效应管、二极管）及转换器的健康监测。

2.2　电机

作为电动机或发电机运行的电机是电驱动系统的主要组成部分。电动机或发电机的型号和选用方案不计其数，可以适应各种应用要求、材料和生产可用性及成本需求。

本节主要介绍两种通用型电机，即同步电机和异步电机（又称感应电机）。在同步电机方面，本节将研究转子永磁电机、内置式永磁电机、表贴式永磁电机及励磁线圈式电机。它们被认为可能替代中型电驱动系统中的永磁交流电机（Permanent Magnet AC，PMAC）。在异步电机方面，本节将研究笼型转子和绕线式磁场转子。

电动汽车中应用的电机基本部件如图 2.3 和图 2.4 所示。

转子轮毂

轴承支撑架总成

棒绕线

端环

转子叠层铁心

铝条

定子叠层铁心

图 2.3　雪佛兰火花电动汽车感应电机

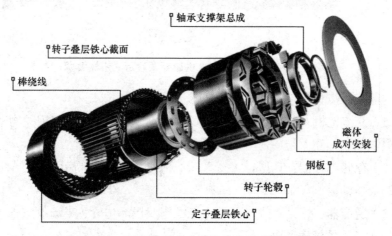

轴承支撑架总成

转子叠层铁心截面

棒绕线

磁体
成对安装

钢板

转子轮毂

定子叠层铁心

图 2.4　雪佛兰火花电动汽车永磁交流电机

在如图 2.3 所示的感应电机中，我们能清楚地看到带三相绕组的叠片定子及带铝棒和端环的转子。在如图 2.4 所示的永磁交流电机中，叠片定子也安装了三相绕组，转子则具有双层磁体。

图 2.4 中显示不清的是绝缘和轴承。在设计时要特别注意，它们很容易受到大部分电驱动故障的影响，后文会有详细介绍。

在讨论故障及其检测、诊断和预测之前，本章首先简单介绍这些电机操作的基础知识。

2.2.1　基本原理

在电机中，主要变量是电流和磁通。电流在绕组中流动，磁通在磁钢、磁体和空气中形成。磁通变化会产生电压和涡流，电流和磁通变化还会产生损耗和热量，从而导致温度升高，给材料造成不利影响。

根据安培定律，磁通和电流有关，即

$$\nabla \times \boldsymbol{H} = \boldsymbol{J}\boldsymbol{B} = \mu \boldsymbol{H}$$

其积分形式是

$$\oint \boldsymbol{H}\mathrm{d}l = \int_S \boldsymbol{J}\mathrm{d}S \tag{2.1}$$

其中，$\boldsymbol{H}$ 是磁场强度，$\boldsymbol{J}$ 是电流密度，$\boldsymbol{B}$ 是磁通密度，μ 是磁导率。磁通变化会产生电场，方程为

$$\nabla \times \mathcal{E} = -\frac{\partial \boldsymbol{B}}{\partial t}$$

其积分形式为

$$\oint_{\partial S} \mathcal{E}\mathrm{d}l = -\frac{\partial \boldsymbol{B}}{\partial t} \tag{2.2}$$

对于单匝线圈，磁通 $\boldsymbol{\Phi}$ 是指通过该线圈的磁通密度的积分，由此产生的电压为

$$\boldsymbol{\Phi}_B = \int_A \boldsymbol{B}(t)\mathrm{d}A \tag{2.3}$$

$$\mathcal{E} = -\frac{\mathrm{d}\boldsymbol{\Phi}_B}{\mathrm{d}t} \tag{2.4}$$

由此产生的电场和绕组电压与变化的磁链 λ 有关，即

$$\lambda = \sum_i \boldsymbol{\Phi}_i \tag{2.5}$$

$$u = \frac{\mathrm{d}\lambda}{\mathrm{d}t} \tag{2.6}$$

力或转矩是通过与磁场相关的磁通势（NI）产生的。它们是电机输出（或发电机输入），可以使用麦克斯韦应力张量或导数法（如共能量）直接或间接确定。除了所需分量或基本分量，力或转矩通常还包括不需要的转矩脉动，这种情况可能会因为故障进一步加剧。

2.2.2　磁钢和磁体

在讲述永磁体之前，本节先来了解一下磁钢的磁滞现象及其影响，感兴趣的请参考 Bertotti（1988）提出的理论及详细资料。这里思考的是在均质钢介质中电流和磁通之间的关系，或者更确切地说，是磁场强度 $\boldsymbol{H}$ 和磁通密度 $\boldsymbol{B}$ 之间的关系。

以一段简单的均匀磁路为例，我们给它安排一个绕组，以便该磁路能形成一个均匀磁场，假设我们可以测量或计算磁场强度 H 和磁通密度 B，从零磁场开始，即 $H=0$，$B=0$。在理想情况下，当没有磁滞和涡流时，磁通密度 B 随着磁场强度 H 的增大相应增大，H 较小时接近线性增大，然后逐渐减小。这种非线性饱和特性会影响含磁体电机的运行，但它也可用于评估其运行状况。

在达到饱和状态后，实验电流和磁场强度 H 开始减小。磁通密度 B 随之单调递减，并仍然呈现非线性变化；但 B 没有遵循原来的路径返回，更确切地说，当 $H=0$ 时，B 并不等于 0。此时，B 就是剩余磁化强度 B_r。电流逐渐减小到负值，并且在 H 的相反方向，B 仍然为正，直到 H 达到 $-H_c$（矫顽场强），此时磁通密度为零。一个完整的循环包含能阐明磁滞现象的回路。表面积分表达式 $w=\int H\mathrm{d}B$ 给出了电路中因磁滞现象产生的损耗密度。此外，值得一提的是"小磁滞回环"，即曲线随着 H 变化方向的逆转出现短时间改变，如图 2.5 所示。

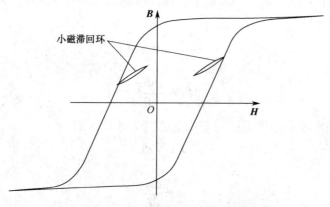

图 2.5　包含"小磁滞回环"的磁滞曲线

在 B-H 曲线的第二象限，重点观察归类为永磁体的材料情况。在这种材料中，当 H 负向变小再增大时，"小磁滞回环"就会形成。永磁体中有完整的"小磁滞回环"，如图 2.5 所示。图 2.6 显示了稀土磁体退磁特性，其中存在气隙或载流线圈：L_1（高磁导率负载）、L_2（高磁导率负载和退磁电流）和 L_3（低磁导率负载）的工作点分别是 P_1 点、P_3 点和 P_2 点。

磁体温度升高时，B_r 和 H_c 减小，B-H 线 BH_1 变为 BH_2，如图 2.7 所示。低磁导率退磁的工作点移动到曲线的"膝部"以下。通过减小气隙和/或消除退磁电流来增大磁导率，在磁通密度较低时创建新的回复线 R_2 和新的工作点 P_3。降低温度并不一定让运行状态回到先前的回复线和工作点。在工作点已经移动到曲线的"膝部"以下后，直到到达新的回复线 R_1 上的某一点，这样磁通密度就会永久下降。这种情况可能偶有发生，会导致永磁电机磁通密度减小且性能下降。

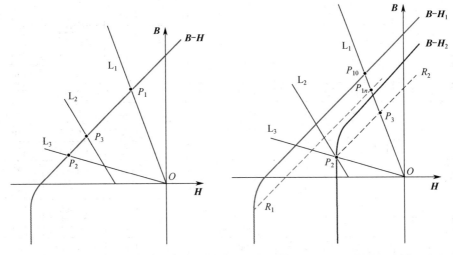

图 2.6　稀土磁体退磁特性　　　　图 2.7　钕铁硼退磁特性

这种退磁现象会引起感应电压（电动势）降低和转矩减小，结果导致控制器电流增大，反过来造成更高损耗。

磁体特性因其成分构成和制造方法而有所不同。稀土磁体由钕铁硼和钐钴制成，其特性如表 2.1 和表 2.2 所示。钕基磁性材料比钐钴基磁性材料更容易受到高温的影响。铁氧体磁铁的磁能明显较低；它们容易退磁，但不受高温影响。

表 2.1　钕基磁性材料特性：阿诺德磁材

牌　号	B_r 典型值（mT）	H_cB 最小值（kA/m）	H_cJ 最小值（kA/m）	B-H 最大值典型值（kJ/m³）	可逆温度系数		最大温度（℃）
					B_r（%/℃）	H_cJ（%/℃）	
N30H	1105	796	1353	235	−0.12	−0.605	120
N33H	1175	836	1353	267	−0.12	−0.605	120
N35H	1210	868	1353	283	−0.12	−0.605	120
N38H	1260	899	1353	307	−0.12	−0.605	120
N40H	1285	923	1353	322	−0.12	−0.605	120
N42H	1300	955	1353	330	−0.12	−0.605	120
N45H	1350	971	1353	354	−0.12	−0.605	120
N48H	1390	1011	1353	378	−0.12	−0.605	120
N50H	1415	1035	1274	390	−0.12	−0.605	120
N30SH	1125	811	1592	243	−0.12	−0.535	150

（续表）

牌 号	B_r 典型值（mT）	H_cB 最小值（kA/m）	H_cJ 最小值（kA/m）	B-H 最大值典型值（kJ/m³）	可逆温度系数		最大温度（℃）
					B_r（%/℃）	H_cJ（%/℃）	
N33SH	1175	844	1592	267	−0.12	−0.535	150
N35SH	1210	876	1592	283	−0.12	−0.535	150
N38SH	1260	907	1592	307	−0.12	−0.535	150
N40SH	1285	939	1592	322	−0.12	−0.535	150
N42SH	1310	955	1592	330	−0.12	−0.535	150
N45SH	1350	979	1592	354	−0.12	−0.535	150
N48SH	1390	995	1512	374	−0.12	−0.535	150
N28UH	1075	764	1990	227	−0.12	−0.465	180
N30UH	1125	812	1990	243	−0.12	−0.465	180
N33UH	1175	852	1990	267	−0.12	−0.465	180
N35UH	1210	860	1990	283	−0.12	−0.465	180
N38UH	1260	876	1990	307	−0.12	−0.465	180
N40UH	1285	915	1990	318	−0.12	−0.465	180
N42UH	1310	955	1990	330	−0.12	−0.465	180
N45UH	1350	955	1910	358	−0.12	−0.465	180
N28EH	1085	780	2388	227	−0.12	−0.42	200
N30EH	1125	812	2388	243	−0.12	−0.42	200
N33EH	1165	820	2388	267	−0.12	−0.42	200
N35EH	1200	836	2388	279	−0.12	−0.42	200
N38EH	1235	899	2388	303	−0.12	−0.42	200
N40EH	1270	915	2388	314	−0.12	−0.42	200
N42EH	1310	971	2308	326	−0.12	−0.42	200
N28AH	1075	780	2706	223	−0.12	−0.393	220
N30AH	1120	812	2706	239	−0.12	−0.393	220
N33AH	1140	812	2706	231	−0.12	−0.393	220
N35AH	1195	883	2706	275	−0.12	−0.393	220
N38AH	1240	923	2626	299	−0.12	−0.393	220

表 2.2 钐钴基磁性材料特性：阿诺德磁材

牌 号	B-H 最大值（kJ/m³）	B_r（T）	H_cB（kA/m）	H_cJ（kA/m）	可逆温度系数（磁感）（%/K）	最大工作温度（℃）
18	143	0.87	650	2400	−0.045	250
20	160	0.90	700	2400	−0.045	250
22	175	0.94	730	2400	−0.045	250
25	200	1.00	775	2400	−0.050	250

（续表）

牌　号	B–H 最大值（kJ/m³）	B_r（T）	H_cB（kA/m）	H_cJ（kA/m）	可逆温度系数（磁感）（%/K）	最大工作温度（℃）
24HE	195	1.02	765	2000	− 0.035	350
26	205	1.04	765	2000	− 0.035	350
26HE	215	1.07	800	2000	− 0.035	350
28	225	1.10	800	2000	− 0.035	350
28HE	225	1.10	805	2000	− 0.035	350
30	230	1.12	820	1600	− 0.035	250
30HE	230	1.12	830	2000	− 0.035	350
30S	235	1.12	845	2150	− 0.035	350
32	240	1.15	835	1350	− 0.035	250
32S	245	1.15	850	1790	− 0.035	250
33E	251	1.16	865	2100	− 0.035	350
35E	265	1.19	880	1800	0.035	300

钢体和磁铁内的磁通密度不断变化，产生涡流，导致损耗增大、温度升高。这些损耗与磁通密度和频率的平方成正比，即

$$w_{eddy} \propto \sum_{n=1}^{\infty} f_n^2 B_n^2 \tag{2.7}$$

涡流损耗会引起局部发热，并降低效率，还可能会导致磁体退磁。

2.2.3　绕组和绝缘

嵌在定子槽内的定子绕组由铜制成，如果是笼型转子感应电机，其转子绕组可能由铝制成。定子绕组涂有绝缘材料，通常采用的是有机绝缘材料，线圈与线圈之间、线圈与机架之间均采用绝缘片进行绝缘处理。

在低温情况下，电线采用聚氨酯绝缘，温度可达 180℃；电线采用聚酯绝缘，温度可达 200℃；电线采用聚酰胺绝缘，温度可达 250℃。

图 2.8 是交流电机中两个分布式定子绕组的类型示意。如图 2.8（a）所示的三相分布式定子绕组，每个线槽均有一个线圈边；绕组分布在定子内，其磁动势（Magneto-Motive Force，MMF）在空间上呈现或接近正弦分布。如图 2.8（b）所示的定子绕组分布在各线槽内，使定子绕组的磁动势分布更接近正弦分布。每种指示性绕组分布都有不同的特点，因此在线槽数量、线圈间距和分布方面有多种方案。

图 2.9 是集中式定子绕组的基本示意图。在图 2.9（a）中，集中式定子绕组围绕一个齿显示，但同一个线槽被两个线圈边占用。在图 2.9（b）中，

每个线槽仅被一个线圈边占用。另外，通过机械分离和热分离来分离线圈是可选方案。

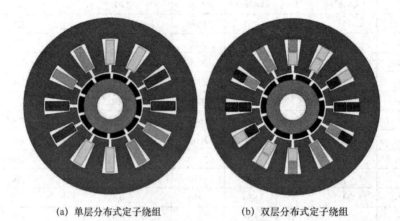

(a) 单层分布式定子绕组　　　　　　(b) 双层分布式定子绕组

图 2.8　分布式定子绕组的类型

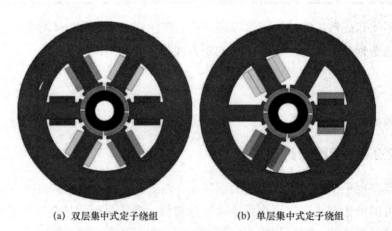

(a) 双层集中式定子绕组　　　　　　(b) 单层集中式定子绕组

图 2.9　集中式定子绕组的类型

　　定子绕组具有许多不同的特性，请参阅各种合适的电机设计类书籍，如Pyrhönen 等（2014）的研究。

　　（1）分布式定子绕组的电枢磁动势更加平滑，转矩脉动较小，特别是在感应电机中。

　　（2）集中式定子绕组引起转矩脉动，但其端部绕组较短，因此损耗更低。另外，集中式定子绕组可采用分数槽绕组、磁极绕组、相绕组等。

　　（3）每极每相槽数非整数的绕组让设计者在设计拓扑速度和转矩方面拥有更多的自由，但也可能引起较大的转矩脉动。

　　定子槽可以全开，也可以半闭合，如图 2.10 所示。这些设计不仅关系到制造的难易程度，还会影响电机的磁通密度和电感，导致在短路故障下呈现不同的工作特性和性能。

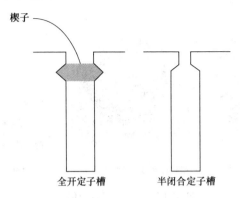

图 2.10　定子槽设计

　　永磁电机的设计存在很多可能性。图 2.11 展示了内置式永磁电机和表贴式永磁电机两种典型电机。在较高转速下，这些电机在电感和性能方面的特性各有不同。例如，一些内表面磁体允许采用磁通密度减弱的工作模式。

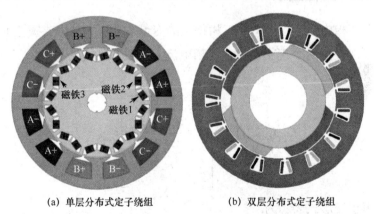

（a）单层分布式定子绕组　　　　（b）双层分布式定子绕组

图 2.11　内置式永磁电机和表贴式永磁电机

　　在感应电机中，转子可以分布式绕组，就像双馈电机一样。在这种情况下，转子绕组通过滑环和电刷连接到固定（非旋转）电路。比较普遍的是转子棒绕组，它们通常由铸铝、铸铜或钎焊到端环的棒制成。图 2.12（b）展示的就是这种笼型转子。转子槽也有很多类型，如闭合转子槽和半闭合转子槽，如图 2.12（c）所示。

　　对于各种电机，轴承主要用于承受转子质量、轴向力、速度，以及因电机本身或电机与机械设备连接而可能产生的任何振动。轴承由内圈、外圈、滚动体及润滑脂或润滑油组成。轴承会因工作环境受到（机械或化学）污染、高温运行和电流流入而产生退化。这种退化会引起振动、噪声、温度升高，甚至故障。

  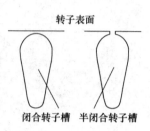

(a) 笼型转子感应电机　　(b) 带铝棒和端环的笼型转子　　(c) 感应电机中的闭合及半闭合转子槽

图 2.12　感应电机及其转子

2.3　电机型号、运行与控制

2.3.1　三相绕组

对于三相电机，赋予每个三相绕组的变量（电流、电压、磁链）通过克拉克变换变换为两个正交变量。将相电流 $\boldsymbol{i}_{s,abc}$ 变换为 $\boldsymbol{i}_{s,\alpha\beta\gamma}$，即

$$\boldsymbol{i}_{s,\alpha\beta\gamma}(t) = \frac{2}{3}\begin{bmatrix} 1 & -\dfrac{1}{2} & -\dfrac{1}{2} \\ 0 & \dfrac{\sqrt{3}}{2} & -\dfrac{\sqrt{3}}{2} \\ \dfrac{1}{2} & \dfrac{1}{2} & \dfrac{1}{2} \end{bmatrix}\boldsymbol{i}_{s,abc} \tag{2.8}$$

也可以用正交形式表示为

$$\boldsymbol{i}_{s,\alpha\beta\gamma}(t) = \sqrt{\frac{2}{3}}\begin{bmatrix} 1 & -\dfrac{1}{2} & -\dfrac{1}{2} \\ 0 & \dfrac{\sqrt{3}}{2} & -\dfrac{\sqrt{3}}{2} \\ \dfrac{1}{2} & \dfrac{1}{2} & \dfrac{1}{2} \end{bmatrix}\boldsymbol{i}_{s,abc} \tag{2.9}$$

当绕组中性点未接通时，电流的第三分量（单极性分量）为零。在一个与绕组物理位置相关的静止坐标系中，电流还可以写成复数形式：

$$i_{\alpha,\beta} = i_\alpha + \mathrm{j}i_\beta \tag{2.10}$$

另外，采用派克变换，可以将 $\boldsymbol{i}_{\alpha\beta\gamma}$ 等变量变换到定子和转子共用的同步旋转坐标系中。在此情况下，$\boldsymbol{i}_{\alpha\beta\gamma}$ 变换为

$$\boldsymbol{i}_{dqz} = \begin{bmatrix} \cos(\theta) & \sin(\theta) & 0 \\ -\sin(\theta) & \cos(\theta) & 0 \\ 0 & 0 & 1 \end{bmatrix} \boldsymbol{i}_{\alpha\beta\gamma}(t) \qquad (2.11)$$

式中，θ 表示旋转坐标系和静止坐标系的相对位置。

2.3.2　感应电机

定子磁链和转子磁链是由定子绕组和转子绕组中的电流引起的。如果定子与转子的相对位置为 ϵ，定子磁链和转子磁链分别为 λ_S 和 λ_R，且定子绕组和转子绕组中的感应电压在自然坐标系中为 $\boldsymbol{u}_S$ 和 $\boldsymbol{u}_R$（物理量），则有

$$\lambda_S(t) = L_S \underline{i}_S(t) + M \underline{i}_R(t) \mathrm{e}^{\mathrm{j}\epsilon(t)} \qquad (2.12)$$

$$\lambda_R(t) = L_R \underline{i}_R(t) + M \underline{i}_S(t) \mathrm{e}^{-\mathrm{j}\epsilon(t)} \qquad (2.13)$$

$$\boldsymbol{u}_S(t) = R_S \underline{i}_S(t) + \frac{\mathrm{d}\lambda_S(t)}{\mathrm{d}t} = R_S \underline{i}_S + L_S \frac{\mathrm{d}\underline{i}_S}{\mathrm{d}t} + M \frac{\mathrm{d}\underline{i}_R}{\mathrm{d}t} \mathrm{e}^{\mathrm{j}\epsilon} + \mathrm{j}\omega M \underline{i}_R \mathrm{e}^{\mathrm{j}\epsilon} \qquad (2.14)$$

$$\boldsymbol{u}_R(t) = R_R \underline{i}_R + L_R \frac{\mathrm{d}\underline{i}_R}{\mathrm{d}t} + M \frac{\mathrm{d}\underline{i}_S}{\mathrm{d}t} \mathrm{e}^{-\mathrm{j}\epsilon} - \mathrm{j}\omega M \underline{i}_S \mathrm{e}^{-\mathrm{j}\epsilon} \qquad (2.15)$$

$$T_e = \frac{2}{3} M \, \mathrm{Im}[\underline{i}_S(t)(\underline{i}_R(t)\mathrm{e}^{\mathrm{j}\epsilon})^*] \qquad (2.16)$$

式中，$\omega = \mathrm{d}\epsilon/\mathrm{d}t$。

据此，我们必须定义与感应电机有关的各种速度和其他参数：

p——极对数，$p = P/2$；

ω——$\mathrm{d}\epsilon/\mathrm{d}t$，两对极等效电机转子转速，为电动转速；

ω_S——两对极等效电机变速定子转速，$\omega_S = 2\pi f_S$，f_S 为定子频率；

ω_m——机械转子转速，$\omega_m = \omega_S/p$；

ω_R——两对极等效电机变速转子角速度，$\omega_R = \omega_S - \omega$；

s——转差，$s = (\omega_S - \omega)/\omega_S$。

变量如下：λ_S 为 d 轴和 q 轴定子磁链，$\lambda_S = \lambda_{dS} + \mathrm{j}\lambda_{qS}$；$\lambda_R$ 为 d 轴和 q 轴转子磁链，$\lambda_R = \lambda_{dR} + \mathrm{j}\lambda_{qR}$；$\boldsymbol{u}_S$ 为 d 轴和 q 轴定子电压复向量，$\boldsymbol{u}_S = u_{dS} + \mathrm{j}u_{qS}$。$L_S$ 为定子电感，L_R 为转子电感，M 为定子和转子互感，$\sigma = 1 - M^2/(L_S L_R)$；$\omega_S$ 为电机变速定子转速（p 乘以机械转子转速，其中，p 为极对数）。

在平衡对称正弦供电的稳态下，新的变量（电流、电压、磁链）都是恒定的。使用变换变量，转矩可以变换到非正交坐标系中，即

$$T = \frac{3}{2} p \frac{M}{L_R} (\lambda_{dR} i_{qS} - \lambda_{qR} i_{dS}) \tag{2.17}$$

在稳态运行期间,在正弦供电且定子电压、电流角频率为 f_S 的情况下,主磁场转速为 ω_S,转子转速为 ω(一般不是 ω_S)。这种转速上的差异由频率 $f_R = f_S - p\omega$ 的转子电压和电流引起,从而产生转矩。这是通过电磁感应实现的,即磁场以不同于转子导体的速度移动,从而在频率为 f_R 的转子中产生电压和电流。对于一个给定的磁通,这些电流随转差的增大而增大,因此在启动时电流较大,即 $\omega = 0$,$\omega_R = \omega_S$。

如果是绕线磁极式感应电机,定子(或转子)连接到电网,工作频率为 f_S,而转子(或定子)由电压和频率受控的电源供电。这样就可以在转子处用低功率转换器(功率为定子功率的 1/3 左右)来控制定子功率。

λ_S 和 λ_R 分别由主磁通、定子磁通和漏磁通构成。总磁通可视为由 3 部分组成,包括穿过气隙的磁化磁通,以及连接定子绕组或转子绕组的漏磁通。

1. 感应电机转子磁场定向

在转子磁场定向感应电机中,转子磁通与同步旋转坐标系(转速为 ω_S)的 d 轴对齐,使得 q 轴分量为零,即 $\lambda_{Rq} = 0$。在同步旋转坐标系中,笼型电机($u_R = 0$)的方程为

$$Mi_{dS} = \lambda_{dR} + \frac{L_R}{R_R} \frac{\mathrm{d}}{\mathrm{d}t} \lambda_{dR} \tag{2.18}$$

$$T = \frac{3}{2} p \frac{M}{L_R} \lambda_{dS} i_{qS} \tag{2.19}$$

这样就引出了一种想法:操作电机,让转子磁通保持恒定,直到达到基本速度(或者在速度大于基本速度后成反比递减),而转矩主要通过 d 轴定子电流控制。这种技术需要准确知道转子磁通的幅度和位置,有两种实现方法。

(1)直接转子磁场定向需要测量转子磁通,或者计算定子电流、电压。这两种方式都有问题,第 1 种方式存在附加的硬件要求,第 2 种方式低速时会出现崩溃或需要测量转子电流。转子磁通采用闭环方式调节。

(2)间接转子磁场定向通过估计器或观测器掌握转子磁通的幅度和位置,自转子转差速度估计器开始,采用位置传感器或估计器。其主要缺点是严重依赖是否知道转子时间常数,而转子时间常数取决于饱和度和温度。在许多情况下,转子磁通在无反馈的开环中计算。

另外,通过外加电压来控制转子磁通。必须说明的是,这个模型十分简

化。实际情况是，间隙中的磁通密度分布不同于正弦分布，再加上磁化饱和等现象，产生的转矩不是恒定转矩，而可能存在转矩脉动。

感应电机磁场定向转矩控制示意如图 2.13 所示。

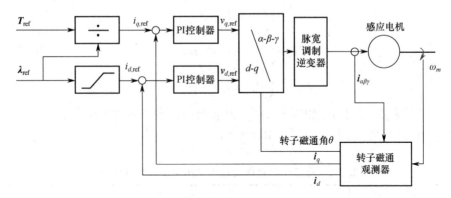

图 2.13　感应电机磁场定向转矩控制示意

2. 直接转矩控制

对于前文提及的转矩，可以将电流代入电压，即

$$\lambda_S = L_S \boldsymbol{i}_S + M\boldsymbol{i}_R \qquad (2.20)$$

$$\lambda_R = L_R \boldsymbol{i}_R + M\boldsymbol{i}_S \qquad (2.21)$$

由此得到转矩方程为

$$\boldsymbol{T}_e = \frac{3}{2} p \frac{M}{L_S L_R} |\lambda_R| |\lambda_S| \sin\gamma \qquad (2.22)$$

式中，γ 是 λ_R 与 λ_S 之间的夹角。控制定子磁通、转子磁通及其夹角，可以直接产生预设转矩。这个过程是直接通过控制定子电压完成的。由于转子时间常数较大，因此转子磁通是观测得出的，而不能直接控制。在每个阶跃时间，调整定子电压以改变定子磁通的幅度或方向。两个控制变量，即定子磁通幅度和转矩，都是通过滞环控制器进行控制的。每个指令都界定了一个滞环，其宽度代表转矩 $\boldsymbol{H}_T$ 和定子磁通 $\Delta\lambda_S$。

Niu 等（2016）采用了不同电压向量构成的开关表。即使直接定向控制（DTC）方案中包含调速回路，该方案也不需要磁场定向控制（FOC）所必需的转子位置检测来保证其正常运行。

虽然直接定向控制相对比较简单，但在稳态和动态条件下其均能获得满意的转矩控制效果。从好的方面讲，直接定向控制对电机参数估计精度的敏感性不高。但是，直接定向控制存在多个缺点。例如，由于可控性下降、转矩脉动大、开关频率可变等原因，直接定向控制的性能在低速时会有所降低。

该方法直接利用定子电压控制定子磁通和转矩。控制器包含 2 个 PI 调节器（1 个用于调节磁通，1 个用于调节转矩）和 1 个正弦波调压器。将定子磁通变化和转矩误差作为输入，生成逆变器控制信号。

$$\delta T = \begin{cases} 1, & \Delta T > H_T \\ 0, & -H_T < \Delta T < H_T \\ -1, & \Delta T_e < -H_T \\ 1, & \Delta \lambda_S > H_\lambda \\ -1, & \Delta T_e < -H_\lambda \end{cases} \quad (2.23)$$

参考表 2.3 选出最优电压向量，这依赖预设定子磁通变化、预设转矩变化和实际定子磁通所处扇区（见图 2.14）。

表 2.3　感应电机直接转矩控制用电压向量选择表

$\Delta \lambda_S$	ΔT_e	扇　区					
1	1	U_{S2}	U_{S3}	U_{S4}	U_{S5}	U_{S6}	U_{S1}
	0	U_{S0}	U_{S7}	U_{S0}	U_{S7}	U_{S0}	U_{S7}
	-1	U_{S6}	U_{S1}	U_{S2}	U_{S3}	U_{S4}	U_{S5}
-1	1	U_{S3}	U_{S4}	U_{S5}	U_{S6}	U_{S1}	U_{S2}
	0	U_{S7}	U_{S0}	U_{S7}	U_{S0}	U_{S7}	U_{S0}
	-1	U_{S5}	U_{S6}	U_{S1}	U_{S2}	U_{S3}	U_{S4}

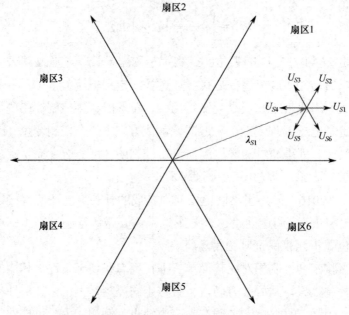

图 2.14　直接转矩控制下磁通和电压扇区示意

随后，根据式（2.24）和式（2.25）得出参考电压，即

$$u_{Sd}^* = (K_{p\lambda} + K_{I\lambda}/s)(\lambda_S^* - \lambda_S) \qquad (2.24)$$

$$u_{Sq}^* = (K_{pT} + K_{IT}/s)(T_e^* - T_S) + \lambda_S \omega_{\lambda S} \qquad (2.25)$$

转矩为

$$T_e = \frac{3}{2}p\frac{L_M}{L_\sigma^2}\lambda_S\lambda_R\sin\theta \qquad (2.26)$$

式中，T_e 为产生的转矩，λ_S 和 λ_R 为定子和转子磁通密度幅度，θ 为定子和转子磁通向量（λ_S 和 λ_R）的夹角，p 为极对数，$L_\sigma^2 = L_S L_R - L_M^2$，$L_S$、$L_R$ 和 L_M 分别为定子电感、转子电感和磁化电感。

图 2.15 是感应电机直接转矩控制概念示意。磁通控制依赖更改电压的实部分量 u_{Sd}，即电压向量的磁通分量。这是通过生成逆变器控制信号的正弦波调压器控制施加于定子的电压实现的。它接收定子磁通坐标系下的参考电压。正弦波调压器的原理是，在一个切换周期内，两个相邻的活动面积向量与一个零向量之间相互切换。

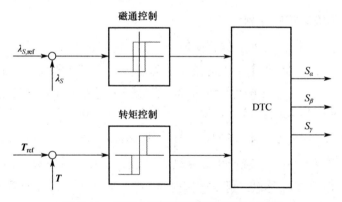

图 2.15　感应电机直接转矩控制概念示意

2.3.3　永磁交流电机

永磁交流电机（Permanent Magnet AC，PMAC），又名永磁同步电机（PMSM），其种类繁多。永磁交流电机的一种分类方式是分为内嵌式永磁同步电机和表贴式永磁同步电机，如图 2.16 所示。其他的分类方式包括按定子绕组为分布式或集中式分类，或者按照每相每极整数槽或分数槽进行分类。

通常，派克变换使用转子磁铁轴线作为转子基准。在该坐标系中，描述电机的一般方程式为

$$T = \lambda_f i_{Sq} + (L_{Sd} - L_{Sq}) i_{Sd} i_{Sq} \qquad (2.27)$$

$$v_{dq} = v_d + \mathrm{j} v_q = R_S i_{S,dq} + \frac{\mathrm{d}\lambda_{S,dq}}{\mathrm{d}t} + \mathrm{j}\omega_S \lambda_{S,dq} \qquad (2.28)$$

$$\lambda_{S,dq} = L_{Sd}(i_{Sq} + \mathrm{j} L_{Sq}) + \lambda_f \qquad (2.29)$$

式中，λ_f 为转子磁铁引起的定子磁链，L_{Sd}、L_{Sq} 为定子 d 轴和 q 轴电抗。

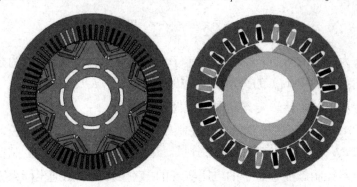

(a) 内嵌式永磁同步电机　　　　　　(b) 表贴式永磁同步电机

图 2.16　永磁同步电机典型分类

1. 转子磁场定向控制

　　永磁同步电机在概念上与感应电机类似。两者的区别有两个方面：一方面转子磁场由磁链而非定子电流决定（除通过饱和模式和弱磁模式外），另一方面内置式永磁同步电机的转子为凸极转子。另外，在两个转矩分量中，一个对应磁链和电枢电流 $\lambda_f i_{Sq}$，另一个来自电机可变磁阻和电枢电流，$(L_{Sd} - L_{Sq}) i_{Sd} i_{Sq}$。在与如图 2.16（b）所示电机类似的内置式永磁同步电机中，$L_{Sd} > L_{Sq}$，需要负的 i_{Sd} 来产生磁阻转矩。反之，在有些永磁同步电机中，$L_{Sd} < L_{Sq}$，可以在标称转速下采用弱磁模式。对于表贴式永磁同步电机，$L_{Sd} \approx L_{Sq}$，故第二转矩最小，而第一转矩与定子 d 轴的电流成正比。

　　在有效电压受限时，在高速下利用定子 d 轴的电流来削弱磁铁产生的磁场，并快速限制所需电压。对于内置式永磁同步电机，d 轴电流为负是产生磁阻转矩的必要条件；在内置式永磁同步电机中，无论是铁氧体磁体还是高温稀土磁体，退磁定子电流都会加大永磁退磁风险。因此，对于具有反凸极性（$L_{Sd} < L_{Sq}$）的电机，可以在不超出电磁约束的情况下进行弱磁。

2. 直接转矩控制

　　通常来说，转子磁通由磁铁确定，转矩控制变得更加简单，如表 2.4 所示。

表 2.4　永磁同步电机直接转矩控制用电压向量选择表

$\Delta \lambda_S$	ΔT_e	扇　区					
1	1	U_{S2}	U_{S3}	U_{S4}	U_{S5}	U_{S6}	U_{S1}
	-1	U_{S6}	U_{S1}	U_{S2}	U_{S3}	U_{S4}	U_{S5}
-1	1	U_{S3}	U_{S4}	U_{S5}	U_{S6}	U_{S1}	U_{S2}
	-1	U_{S5}	U_{S6}	U_{S1}	U_{S2}	U_{S3}	U_{S4}

有限元模型给出磁场、损耗、转矩和转矩脉动的详细分析。对于故障诊断和识别而言，其主要用途是深入认识和洞察各种潜在现象，而不是介绍变量和信号特性。

2.4　电机故障

检测故障、确认故障类型、确定故障严重程度，以及预测随发展性故障变化的剩余使用寿命对于驱动系统的安全运行至关重要。基于此，可采取适当的措施，尽量减小故障对人员健康和成本的影响。

这些进程都依赖对操作变量的监测和处理，这些变量可以通过传感器直接获取，也可以根据数字信号处理器（DSP）、微处理器等设备上的遥感变量进行估计。通常，很少能预测一个或多个故障，因此，即便采用相对普通的方式，也要适当配备一个能够检测故障并对其进行分类的监控系统，然后进行精确分类。

电机出现故障可能是以下原因引起的：

（1）轴承；

（2）偏心率；

（3）逆变器或绕组开路或短路；

（4）绝缘弱化；

（5）笼型感应电机发生断条；

（6）永磁同步电机磁体退磁。

图 2.17 和图 2.18 概括了交流电机的不同故障，其中一些故障的表现方式类似。很多技术可用于解决多项故障，讨论内容包括故障的分隔、严重程度估计及预测。轴承和绝缘中的发展性故障不同于其他故障，它们不易管理，必须加强监测以准确预测，基于此，它们需要进行单独讨论。

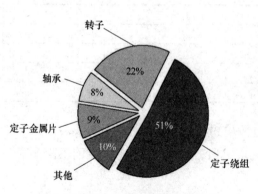

图 2.17 中小功率电机的故障分布
来源：France（1988）。

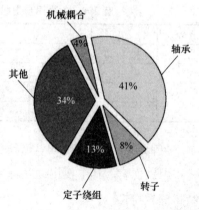

图 2.18 石化行业大功率电机的
故障分布
来源：Thorsen 和 Dalva（1995）。

2.4.1 操作变量及其测量

电力驱动电机的故障主要表现在操作变量上。最好尽量减少除控制器以外的其他测量要求，这样既可以保持低成本，又能控制部件数量、降低系统的复杂性。

电流是最容易使用的操作变量，因为电流总是作为控制器的一部分被测量的。尽管如此，控制器用标准电流传感器的带宽相对较窄，无法经常用于处理某些故障导致的快速瞬变和高频。

大量故障诊断技术都基于各种电机电流特征分析（MCSA）工具。很多控制方案都依赖电压源和电流控制逆变器，因此基于电流特征的故障诊断方案正被基于电压特征的故障诊断方案所取代。

为了有效施加所需电流，进而掩盖对所用电流的影响，控制器带宽通常比较宽。当相关信号频率较低时，通常会出现偏心、退磁、稳态绕组故障等。这时，故障与工作频率及其谐波和/或磁槽相关的磁通脉动有关。

电压并不是随时都可以测量的，但在多数情况下，当采用电流控制电压型逆变器时，电压是可以控制的。由于延时和切换，实际电压可能与预期电压有所不同，还会有高频分量。在这种情况下，可以用参考电压来估计实际电压。

转子转速或转子位置很常用，其用编码器或旋转变压器测量得到。如果条件允许，还可以换成精确度不高的观测器进行测量。

实际功率、无功功率或视在功率不能直接测量，但有时功率可能比电压或电流更可取，它可以通过电压或电流计算得到。在这种情况下，必须特别注意使电压和电流测量同步进行。

转矩作为信号，虽然非常有用，但很少测量，原因是转矩传感器体积庞大、价格昂贵，并且带宽相对较窄。转矩可以通过直接观测或估计得出。

振动不容易估计，其测量有助于确定轴承的运行状况或其他部件的故障。振动的测量常与其他变量的测量联合进行。

磁通密度和磁链是测定电机运行状况的重要变量，不能直接测量。绕组中的磁链可以通过绕组中的感应电压计算得出。漏磁场或杂散磁场的磁通密度近来被作为与故障相关的最有应用前景的变量而进行测量，如图 2.19 所示。

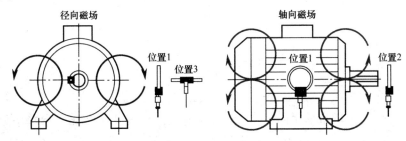

图 2.19　杂散磁通及其测量位置（Ceban 等，2012）

Jiang 等（2017）概括介绍了杂散磁通测量仪器，即探测线圈、霍尔效应传感器，以及在灵敏度、线性度和频率响应方面表现较好的巨磁电阻传感器。

2.4.2　监控、检测和故障分类

虽然近年来研究人员已经提出较为成熟的故障检测方法，这在后文将进行详细讨论，但仍需要采用精准的监控工具来检测电机中的问题，以确认故障，并确定故障严重程度（若有可能）。为此，研究人员已经基于不同的方法开发了一些工具。

Lebaroud 和 Clerc（2008）提出一种基于时频模糊平面上最优时频表示（TFRs）的聚类技术来提取特征向量。他们采用基于隐马尔可夫模型（HMM）的决策准则，目标是实现对轴承故障、定子故障、感应电机断条等问题的准确诊断（见图 2.20）。其中，λ_i 是故障 i 的特定 HMM。因此，每个故障都与一个 HMM 关联。

对于给定的信号，时频表示可以在专为各聚类任务设计的核中找到唯一映射。使用合适的核，即聚类最优核，对模糊平面进行平滑处理，得到聚类

最优表示——时频表示。于是，时频表示设计问题等同于聚类最优核设计问题。该方法用于设计内核及 TFRs，优化了预定义类之间的区分度。

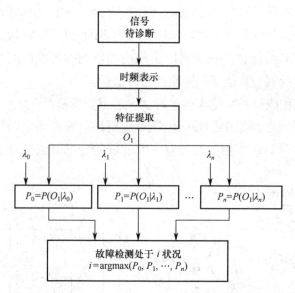

图 2.20　Lebaroud 和 Clerc（2008）提出的基于时频表示（TFRs）的聚类技术

由此得出的核不限于任何预定义函数，而是呈现任意形状。该方法确定采用必要的平滑处理来实现最佳提取特征。核确定时频表示及其属性。核函数是作用于信号生成时频表示的母函数。在聚类过程中，C-1 核专用于 C 类聚类系统，在本书所述方法中，$C = 4$。通过训练典型信号可以完成核函数设计。

训练完 HMM 后，首先在不同负载条件下从预处理信号中提取特征向量；然后考虑先前所建数据库中的所有 HMM，计算特征向量的概率；最后由概率最大的 HMM 判定故障类型。

该方法针对轴承故障、感应电机断条和定子失衡故障进行了测试，并在 10 个负载电平下完成训练，展示了隐马尔可夫模型相对马氏距离在准确聚类 3 种故障（与负载电平无关）方面的优越性。

另外，Medoued 等（2011）采用了类似方法设计最优核，利用人工神经网络设计聚类器，并应用了列文伯格–马夸尔特方法（Levenberg-Marquardt Algorithm）。

Zhang 等（2020）设计了一种用于纯电动汽车电动机系统故障隔离和预测的集成监控系统。他们的设计基于一个电气模型，并采用阶层式方法。首先检测电驱动系统的性能退化情况，然后进入下一层，即检测并隔离部件故障。通过这种方法，Zhang 等得出了多个健康度指标，并根据计算得到的健康度指标提出了一种规则策略，即借助各健康度指标的不同故障特征来检测和隔离故障。

考虑到故障会增加损耗并降低电动机性能，他们利用根据功率平衡计算得到的转矩与根据电磁模型估计的转矩之间的误差，来表现电驱动系统并确定系统运行状况，其中涉及以下 3 个方面：

（1）电流传感器故障对电驱动系统级健康度指标的影响；

（2）旋转变压器故障对电驱动系统级健康度指标的影响；

（3）电机绕组故障对电驱动系统级的影响。

图 2.21 介绍了故障传感器（任意一个三相电流传感器或转子位置传感器）的检测及隔离方法，其中 4 个残差产生器并行计算，用于检测和隔离电流传感器故障或转子位置传感器（旋转变压器）故障。RG1、RG2 和 RG3 利用基于电动机的逆变 d-q 模型的 3 个估计器（采用滑模观测器）来估计 d-q 坐标系下的电压。

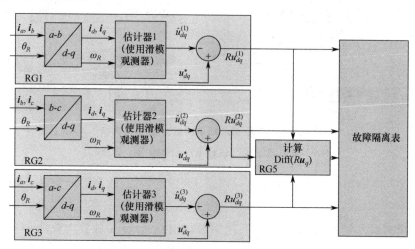

图 2.21　传感器故障指示（Zhang 等，2020）

3 个估计器采用不同的相电流检测，其中，RG1 采用 A 相和 B 相电流检测（i_a；i_b），RG2 采用 B 相和 C 相电流检测（i_b；i_c），RG3 采用 A 相和 C 相电流检测（i_a；i_c）。其概念是通过 3 次电流检测中的任意两次得出 d 轴和 q 轴电流，然后利用在 d-q 坐标系下电机逆变模型的估计器来估计电机输入电压（u_d，u_q）。因为这些估计器采用不同的相电流检测，所以可以识别存在特定故障的电流传感器。

图 2.22 介绍了电驱动系统采用的分层预测算法。在对传感器量程/性能

进行初始检查后，如果传感器的性能在预定阈值（Th_0）内，则电驱动系统分层预测算法会先通过检查电驱动系统级健康度指标情况，对电驱动系统进行健康评估。如果电驱动系统的健康状态（SoH）低于某一阈值，则进行部件级预测。并行测试一组部件的健康度指标。基于规则的逻辑流程按故障隔离算法执行，以识别电流传感器中因偏压/偏移或增益误差，或者旋转变压器中因偏移/内部失衡，或者因定子绕组绝缘故障引起电机退化而造成的故障部件。由于每个健康度指标都有针对故障的独特模式，因此故障隔离算法可以通过检查各健康度指标的情况来确定故障部件。

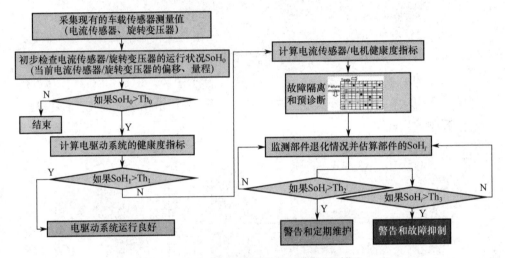

图2.22　电驱动系统采用的分层预测算法

（SoH表示健康状态估计值；Zhang等，2020）

Ali等（2019）另辟蹊径，采用基于机器学习的故障诊断方法。该方法以一台感应电机为研究对象，利用定子电流和振动数据来检测故障。特征提取采用离散小波变换（DWT）、匹配追踪（MP），以及3种分类算法——SVM算法、K近邻算法（KNN算法）和集成算法。诊断故障包括轴旋转失衡（UNB）、轴承故障（BF）、轴旋转失衡与轴承故障组合故障、轴承故障与感应电机断条组合故障、三相电源的轴承故障、轴旋转失衡与电压不平衡组合故障，以及一处、两处、三处断条（BRB）故障。

该方法的实施包含6个步骤：

（1）在健康状态、单一故障状态和多故障状态下对感应电机进行试验；

（2）同步记录定子电流和振动数据，其中，测量工作需要使用振动传感器和电能质量分析仪；

（3）选择合适的信号处理方法进行特征提取；

（4）为机器学习提取特征；

（5）使用选定聚类器对电气故障和机械故障进行聚类；

（6）创建曲线拟合方程以计算特征与电机负载。

Rocchi 等（2014）使用了更简易的算法和仪器。幅度是诊断和预测电机故障的唯一测量值。他们通过指数模型建模，即

$$y(t_k) = w_1 e^{w_2 t} \qquad (2.30)$$

式中，t_k 是时间步长；w_1、w_2 是模型参数，采用带遗忘因子（RLSFF）的指数加权递归最小二乘算法进行估计。在模型有效的情况下，假设机器磨损时加速度信号包络增大，退化模型应该可以显示振动信号。

为了试验测试所提出的方法，他们在电机中设置了故障和退化，如覆盖轴承的橡胶件退化和强制过热等。

2.4.3 轴承

轴承故障是大功率电驱动系统中最常见的故障。由于在运行期间几乎无法采取措施减轻轴承故障，但机械工作需要完整的电驱动系统，甚至包括负载，因此轴承故障的诊断和预测至关重要。基于此，再加上轴承故障诊断和预测在技术方面既有趣又富有挑战性，所以大量研究都致力于这一课题。为了推进这些领域的研究，凯斯西储大学等已经开放了相关测试数据库为研究人员所用，具体见 Nectoux 等（2012）的工作。

Howard（1994）在一篇综述文章中详细讨论了轴承故障的诸多方面，以及其在振动方面的表现。对于负载转动的滚动轴承，其正常使用寿命由工作面的材料疲劳度和磨损情况决定。轴承过早失效的原因有很多，最常见的有材料疲劳、磨损、塑性变形、腐蚀等。除了处在初始阶段的故障，大多数故障是无法分离的，一个故障的出现反而会加速另一个故障的影响。

环境条件、负载和疏忽可能导致工作面腐蚀；润滑不足和不当可能会引起钢体温度升高、强度减小。

轴承疲劳故障的表现是，轴承座圈或滚动体出现点蚀、剥落或片状剥落。如果轴承继续使用，由于缺陷周边的局部应力增大，其损伤范围还会扩大。表面损伤会干扰滚动体的活动，导致短时冲击在适当的滚动体缺陷频率下反复发生。这些缺陷频率通过共振可以引起显著效应，并且可以被检测到。随着损伤范围继续扩大，再加上脉冲明显，各种响应都会以随机变动的复现率接踵而来。

另外，脉冲连续产生，每个脉冲都引起响应，都会引发难以识别的振动，

并最终导致故障。随着剥落边缘的磨损，冲击锐度也会降低，从而改变振动规律。

轴承退化的原因多种多样，由于缺乏可估计的测量值或参数，因此温度、润滑剂状态和污染情况最难评估。快速开关逆变器日益成为引起轴承故障（轴承电流）的一个主要原因。为此，研究人员对产生轴承电流和引起退化的放电现象发生率和特性进行了估计，同时对放电能量进行了估计，并利用相关估计结果预测轴承故障。轴承故障的表现形式包括座圈和滚动体表面出现坑点、总体粗糙度增大、振动过大等。Stack 等（2004）在一篇早期综述论文中讨论了轴承故障的基本形式。

当轴承表面局部缺陷引起的故障仍然是单点故障时，电流放电可能会导致轴承座圈或滚动体出现剥落或凹坑。这种单点（周期性）故障会在滚珠和滚道之间造成冲击，引起可以检测到的振动。振动频率是可以预测的，取决于故障所在的轴承表面、轴承几何尺寸及转子转速 f_R：

$$外滚道：f_O = N/2f_R(1-d/D\cos\alpha)$$
$$内滚道：f_I = N/2f_R(1+d/D\cos\alpha)$$
$$滚珠：f_B = D/2df_R(1-(d/D)^2\cos^2\alpha) \quad\quad (2.31)$$
$$保持架：f_C = 1/2f_R(1+d/D\cos\alpha)$$

式中，N 是滚珠数量，d 是滚珠直径，D 是轴承节圆直径，α 是滚珠接触角（见图 2.23）。

当此类故障数量不多时，它们会使转子相对于定子的径向偏移量发生短暂变化，进而引起速度和/或转矩变化、明显振动及特性噪声。我们可以通过期望频率来识别周期性故障，如式（2.31）所示。这些周期性故障会引起速度或转矩的小幅度变化，可能出现在定子电流或电压中。Frosini 等（2019）已经尝试通过杂散磁场探测这些故障。每次因明显缺陷出现此类故障，就会有一个瞬态现象，如图 2.24 所示，其可以根据含频量检测出来。其中，基频和短时瞬变均可用于故障检测。

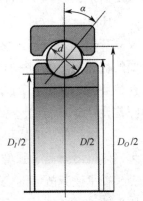

图 2.23　轴承几何形状

内力和应力在轴承结构中传播，在每个界面处衰减，依靠结构的内部阻尼减弱，由系统的频率响应修正。当它们保持确定时，应力波阵面的短时冲击持续时间和急剧上升时间意味着可以在结构中激发出各种固有频率和振动类型。高频应力波（幅度较小）衰减最大。这些传输路径效应确保了利用传感器最终测得的振动是原内力函数的复制，尤其是对于从电源到传感器的复杂路径。

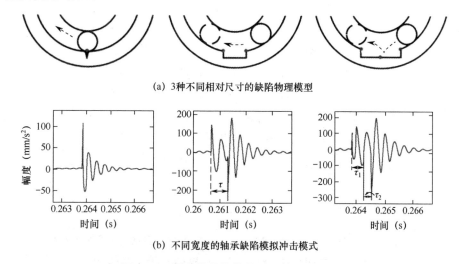

(a) 3 种不同相对尺寸的缺陷物理模型

(b) 不同宽度的轴承缺陷模拟冲击模式

图 2.24 瞬态信号的作用（Li 等，2020）

在利用振动来检测和诊断轴承故障过程中，主要的难题在于，随着机械条件的改变，振动信号的性质也会迅速改变。每发生一次剥落，就会产生一系列的影响。随着剥落边缘的磨损，冲击锐度也会降低，从而改变振动规律。滚动体或滚道几何形状每次发生变化，都能明显改变振动信号。为了解决这一难题，研究人员提出了基于能量分布动态估计并关联故障状态的技术，由此得出了一套较为成功的故障检测和预测方法。

除了振动自身快速变化的特性，另一个复杂的因素是，从有缺陷的轴承采集的实测振动信号受到背景噪声的影响。旋转电机在正常运行时，其振动信号通常为高斯信号。一旦旋转电机偏离正常运行状态，其振动信号会变为非高斯信号。在故障检测过程中存在的问题是，静态随机噪声和非周期离散噪声叠加在振动上。如果噪声水平较高，则故障诱发的脉冲响应会遭到严重破坏，特别是在轴承故障的开始阶段。背景噪声让故障特征提取变得更具挑战性。因此，我们需要采用有效的去噪方法来凸显脉冲响应。Zeng 和 Chen 等（2020）付出巨大努力，提出了更加复杂的技术，并取得了良好的效果，如图 2.25 所示。

电压逆变器配有共模电压源。该共模电压源的高频（HF）分量与电机电容相互作用，可能产生电压逆变器感应轴承电流。Muetze 等（2014）介绍了 4 种不同的电压逆变器感应轴承电流。前两种与共模电压 V_{com} 对轴承电压的影响有关；后两种是由高 dυ/dt 的共模电压 V_{com} 和定子绕组与电机架之间的电容 $C_{\omega f}$ 相互作用产生的接地电流引起的。

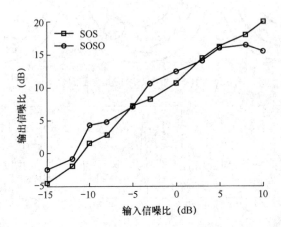

图 2.25　基于 SOS 的去噪算法和基于 SOSO 的去噪算法对不同噪声级模拟
含噪信号去噪后的信噪比（Zeng 和 Chen 等，2020）

（1）在轴承温度较低（$T_b \approx 25℃$）且电机转速 $n \geqslant 100\text{rpm}$ 时，轴承上的 dυ/dt 会使轴承电容 C_b 产生较小的电容电流，其中，$i_{bcap,max} = 5\sim10\text{mA}$。在轴承温度 T_b 升高和/或电机转速 n 较小时（此时轴承主要作为欧姆电阻发挥作用），共模电压 V_{com} 会产生较小的轴承电流，其中，$i_{bcap,max} \leqslant 200\text{mA}$。与其他类型的轴承电流相比，这种类型的轴承电流幅度要小得多。

（2）在润滑油膜完好的情况下，轴承电压 υ_b 通过电容分压器轴承电压比反映定子端子处的共模电压 V_{com}。如果轴承电压 υ_b 超过滚珠与工作面之间润滑油膜的阈值电压（$5\sim30\text{V}$），则带电的润滑油膜就会被击穿。润滑油膜击穿后，就会产生放电加工（EDM）电流脉冲。EDM 电流脉冲的峰值 $i_{ibEDM,max} \leqslant 0.5\sim3\text{A}$。

（3）电机端子处的 dυ/dt 较高，这主要是定子绕组与电机架间的电容 $C_{\omega f}$ 导致产生额外的高频接地电流 i_g（"共模电流"）。该共模电流会激发电机轴周围的圆形磁通。该磁通沿着电机轴及两个轴承之间感应出轴电压 υ_{sh}。如果该电压大到足以击穿轴承的润滑油膜，并破坏其绝缘性能，则会在"定子架—非驱动端—电机轴—驱动端"回路中产生环路型轴承电流 i_{bcir}。其峰值因电机尺寸而异，当功率小于 500kW（$P_r \leqslant 500\text{kW}$）时，$i_{bcir,max}$ 为 $0.5\sim20\text{A}$。

（4）如果转子以远低于定子机壳的阻抗连接到地电位（通过机械负载等），则总接地电流 i_g 中的部分电流可以作为转子接地电流 i_{Rg} 通过轴承。随着电机尺寸的增大，转子接地电流引起的轴承电流可能达到较高幅度，并在短时间内损坏轴承。这些电流在流动时会加到可能存在的环路型轴承电流中，通常后者的主导幅度会大很多。但是，在这种情况下，润滑油膜不再具备绝缘性能，这会妨碍 EDM 电流的产生。因此，这类逆变器感应轴承电流通常就是主导电流。

如前文所述，轴承退化引起的振动会通过电机的机械结构传递到其表面，但是会受到由机架、负载、座架、转子等组成的整个机械系统的影响。受共振、阻尼等影响，这些振动不同于滚动体和滚道相对运动的原始信号。它们仍然最接近信号源，虽然其测量需要增设传感器，但它们是迄今为止轴承故障检测中使用最广泛的变量。在使用定子电流和杂散磁通方面，研究人员已经做出大量努力，却收效有限，不过高频电磁信号测量已经用于检测和判别轴承电流的影响（Muetze 等，2014）。

轴承故障的检测、识别和预测都遵循标准流程。所用特征同时在时域和时频域存在，并且通常可能会利用对潜在物理状态的理解。但是，轴承故障检测和预测并未采用基于模型的方法；相反，基于信号的方法和人工智能方法都很受欢迎。相对于其他故障检测，轴承故障检测的不同之处是熵的使用。无监督学习和监督学习均用于故障聚类，而预测工具包括隐马尔可夫模型、隐半马尔可夫模型、卡尔曼滤波器及其变形等。

Kim 等（2012）提出了一种考虑电机退化过程中健康状态离散概率的预测模型，其能够有效展示电机故障的动态随机退化。

健康状态概率估计是通过探索电机整个故障退化过程来实现的，具体方法是从故障萌芽阶段到最终阶段，随时间选择健康状态退化的最佳数量。在退化过程中频繁用到健康状态会导致聚类性能的过拟合问题。另外，健康状态数量不足可能会导致欠拟合问题。因此，这两种情况都会显著影响聚类器的性能，还会影响剩余使用寿命预测的准确性。在这项工作中，研究人员结合若干健康状态案例，通过聚类结果调查，确定了健康状态的最佳数量。

Kim 等（2012）使用时域数据计算了 10 个统计参数，包括平均值、均方根、形状因数、偏度、峰度、波峰因数、熵估计、熵估计误差、直方图下限和直方图上限。除了这些统计参数，他们还计算了频域中的 4 个参数（均方根频率、频率中心、均方根方差频率、均方根峰值）。根据远距离评价标准，我们可以从原始特征集中选出最优特征。为了选择有效的退化特征，他们定义了一个数值大于 1.3 的归一化距离评价标准。其中，1.3 是基于该特定应用的历史记录确定的。通过上述结果，他们选择了峰度、熵估计和熵估计误差 3 个特征值进行健康状态估计。所选特征值的变化趋势如图 2.26 所示。

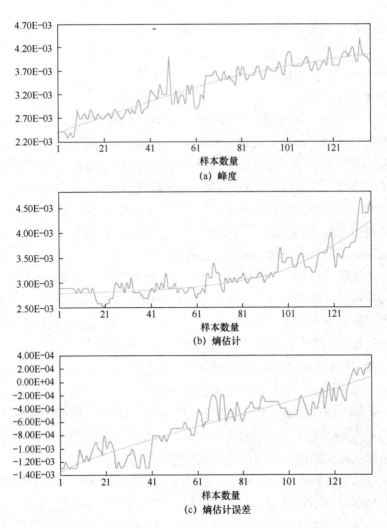

(a) 峰度

(b) 熵估计

(c) 熵估计误差

图 2.26 所选特征值的变化趋势（Kim 等，2012）

为了选择最佳数量的健康状态来表示轴承退化过程，利用训练测试数据集及预测测试数据集，对若干健康阶段进行了调查。将多项式函数作为支持向量机的基本核函数；采用了"一对一"的多类聚类方法，对轴承退化进行聚类。为了验证健康状态的最佳数量，在不同健康状态下进行了若干测试，使用到达 5 个健康状态的相同测试数据集，范围从 2 个状态到 10 个状态。每种健康状态的概率分布如图 2.27 所示。

在根据每种健康状态的概率分布估计当前健康状态后，进行了剩余使用寿命预测。对于电机剩余使用寿命的预测，该模型使用了两个参数，即每种健康状态在某一时间 t 上的概率和每种经训练的健康状态下的剩余使用寿命。

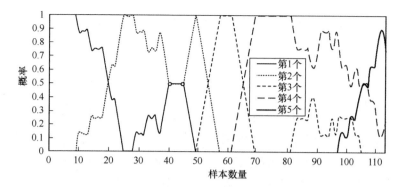

图 2.27　每种健康状态的概率分布（Kim 等，2012）

每种健康状态在某一时间 t 的概率为剩余使用寿命预测提供了电机失效过程中的实时失效指标。电机的剩余使用寿命预测公式为

$$\mathrm{RUL}(T_t) = \sum_{i=1}^{m} P_r(S_t = i \mid x_t, \cdots, x_{t+u-1} \cdot \tau_i) \qquad (2.32)$$

式中，S_t 是每种健康状态在时间 t 的当前概率，τ_i 是每种经训练的健康状态 i 的剩余使用寿命，m 是健康状态的数量，x 是观测值。

实际剩余使用寿命与估计剩余使用寿命的比较如图 2.28 所示。

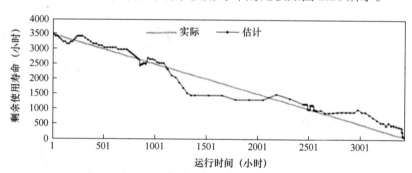

图 2.28　实际剩余使用寿命和估计剩余使用寿命的比较（Kim 等，2012）

Soualhi 等（2014）综合运用数据驱动方法和基于经验的方法：将从振动信号中提取的时域特征作为跟踪轴承退化的健康度指标。

采用基于经验的方法，通过人工蚂蚁聚类（AAC）这种无监督聚类技术对轴承故障进行检测和诊断。

采用数据驱动方法，借助基于隐马尔可夫模型的预测方法检测轴承"即将出现的下一个退化状态（INDS）"。此外，采用多步时间序列预测与自适应神经模糊推理系统（ANFIS）相结合的方法，估计"出现下一个退化状态前的剩余时间（RTNDS）"。

聚类器通常需要输入已识别的带标签数据，但这一要求通常无法满足。基于此，Soualhi 等（2014）采用了一种基于人工蚂蚁聚类的无监督聚类技术，将相似的数据归入同一类中，将不同的数据归入不同的类中。另外，类数量未知。

在故障诊断过程中，使用相似函数，以便随时将轴承退化状态确定为相似度最高的类。在故障预测过程中，利用聚类器的结果调整 HMM 的参数。应用隐马尔可夫模型，将当前状态下可能出现的下一个状态确定为概率最高的状态。这些都是根据当前状态的转换概率、正向变量和新观测的发生概率确定的。隐马尔可夫模型虽然可以确定下一个可能出现的（即将发生的）状态，但无法确定达到该状态的时间。为此，研究人员在自适应神经网络框架下构建了一个模糊推理系统（见图 2.29）。该模糊推理系统使用了振动信号的均方根、平均值和平均功率，结果显示在非平稳运行状态下时频域特征往往更合适。

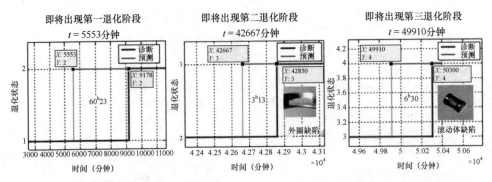

图 2.29　基于自适应神经网络和隐马尔可夫模型的故障预测（Soualhi 等，2014）

熵作为检测时间序列动态变化的指标，已广泛应用于旋转电机的故障诊断中。在轴承健康状态下采集的振动信号因不规则性较高而熵较大，而在轴承故障状态下采集的振动信号因不规则性较低而熵较小。因此，熵可以用来识别轴承故障类型及其严重程度，熵在轴承故障诊断中得到越来越广泛的应用。

Singleton 等（2015）采用了一种随机数据驱动方法，该方法不依靠故障严重程度诊断，而是根据新的数据样本不断更新估计剩余使用寿命。为此，他们使用了一种基于扩展卡尔曼滤波器（Extended Kalman Filter，EKF）的方法，首先从训练数据中了解所提取特征的退化趋势，然后将这种趋势应用于测试数据，以预测剩余使用寿命，最后给出预计剩余使用寿命的置信界限。

第 1 步，考虑用时域特征和时频域特征跟踪轴承退化情况。在时域中，使用方差特征作为轴承即将失效的可靠性指标。在时频域中，采用一种新的熵特征，可以同时捕捉信号在时域和时频域中的复杂性。针对振动和熵这两种不同类型的特征，通过曲线拟合得到了时变退化模型。对于方差特征，ae^{bt} 形式的指数曲线最适合；而对于时频域的熵特征，$a+be^{ct}$ 形式的曲线更适合。

他们注意到，一旦第一个故障迹象出现，熵就会增大，这与轴承的物理失效密切相关，其中，最初的局部故障（熵低）变成了熵高的粗糙度问题，如图 2.30 所示。

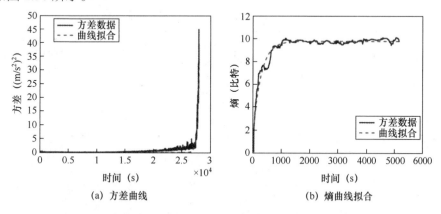

(a) 方差曲线　　　　　　　　(b) 熵曲线拟合

图 2.30　方差特征和熵特征的曲线拟合（Soualhi 等，2014）

第 2 步，考虑用不同的分析模型模拟轴承剩余使用寿命，并建立了对应于每种情况的状态向量。这种想法有助于充分了解不同特征在轴承剩余使用寿命期限内的演变过程，以及各种模型假设在最终剩余使用寿命估计中的作用。主要观测结果是，过程的起始点和持续时间是影响剩余使用寿命估计准确性的重要因素，如图 2.31 所示。

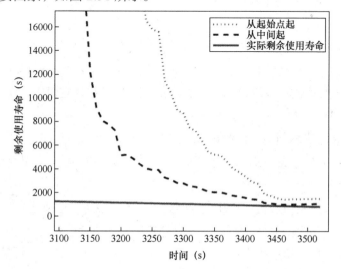

图 2.31　不同 EKF 跟踪开始时间下轴承的剩余使用寿命估计（Singleton 等，2015）

第 3 步，他们利用扩展卡尔曼滤波器（Extended Kalman Filter，EKF）计算得出的预测误差，给出了剩余使用寿命估计的置信区间，如图 2.32 所示。在预测及可靠性方面，不仅要预测剩余使用寿命，还要增加其置信度。在测试阶段，利用误差协方差矩阵 P 计算剩余使用寿命预测的置信区间。在每个步骤结束时更新误差协方差矩阵，给出预测状态和真实状态之间的未确知测度。

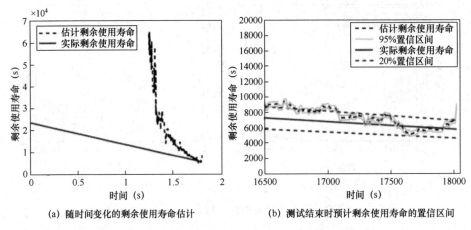

(a) 随时间变化的剩余使用寿命估计   (b) 测试结束时预计剩余使用寿命的置信区间

图 2.32　基于方差特征的剩余使用寿命估计（Singleton 等，2015）

由于状态变量的第 1 个值是实际特征值，即熵或方差，所以协方差矩阵的第 1 个元素 $P(1,1)$ 包含预测状态的不确定性。考虑到这种不确定性，可以在估计值及其上下限周围设置一个 95%置信区间。与原有剩余使用寿命估计类似，这些值也可以外推到故障阈值上，得出针对剩余使用寿命预测的置信区间上下限。

Ma 等（2020）使用隐半马尔可夫模型（Hidden Semi-Markov Model，HSMM），将时间分量添加到隐马尔可夫模型（Hidden Markov Model，HMM）中，以解决 HMM 在马尔可夫特性方面的局限性，并且它可以直接用于预测。他们认识到，HSMM 的应用存在 3 个问题。

（1）退化状态判定。传统研究工作假设退化状态是已知的。如果这些退化状态是预先确定的，那么在缺乏相关先验知识的情况下，退化状态数量不一定准确。

（2）退化特征选择。常用的是小波包分解方法及许多扩展方法。

（3）基于 HSMM 的预测。在 HSMM 的基础上，粒子滤波（Particle Filter，PF）方法和蒙特卡罗（Monte Carlo，MC）方法是最常用的剩余使用寿命估计方法。

Ma 等（2020）提出了一种基于隐半马尔可夫模型和稀疏表示（SR）的新特征。这里提到的稀疏表示是指，借助所学词典，找到与退化信号结构匹配的小波包变换子带的高层次简明表示。

HSMM 分段模型中的状态称为宏状态，每个宏状态由若干个微状态组成。只有宏状态之间的转移遵循马尔可夫原理。HSMM 的基本框架如图 2.33 所示。HSMM 的描述和隐马尔可夫模型类似。

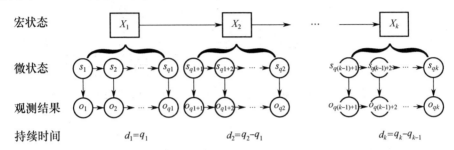

图 2.33 HSMM 的基本框架及观测结果、微状态和宏状态（Ma 等，2020）

（1）宏状态数为 k，时刻 t 的分段为 s_t，终点为 q_i。所有宏状态可以表示为 $X = \{x_1, x_2, \cdots, x_k\}$。

（2）初始态分布为 $\pi = \{\pi_i \mid \pi_i = P(x_i = i)，i = 1,2,\cdots,k\}$，状态转移概率分布为

$$A = \{a_{i,j} \mid a_{i,j} = P(s_t = x_j \mid s_{t-1} = x_i)\} \tag{2.33}$$

（3）观测模型 $Y = \{y_1, y_2, \cdots, y_L\}$，含 T 个元素的观测序列 $O = \{o_1, o_2, \cdots, o_T\}$，状态 i 下的观测概率分布 $B = \{b_i(v)\}$，其中

$$B = \{b_i(v) \mid b_t(v) = P(o_v \mid s_t = x_i)\} \tag{2.34}$$

如图 2.34 所示，Ma 等（2020）提出的高斯混合模型-稀疏表示-隐半马尔可夫模型（GMM-SR-HSMM）方法分为 3 个步骤。

（1）利用高斯混合模型（Gaussian Mixture Mode，GMM）聚类判定退化状态。

（2）通过稀疏表示特征提取方法构建 HSMM；

（3）基于 HSMM 进行退化状态识别和剩余使用寿命估计，参考式（2.35）和图 2.35。

$$RL_i = KU_i + \sum_{j=i+1}^{a} U_j \tag{2.35}$$

式中，U_i 是状态 i 持续时间的统一变量，K 是自适应计算得出的权重。

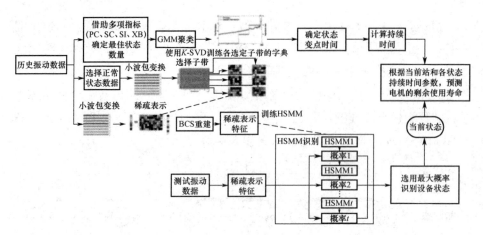

图 2.34　GMM-SR-HSMM 方法框架（Ma 等，2020）

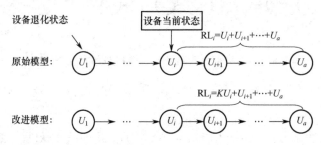

图 2.35　各状态下的剩余使用寿命计算（Ma 等，2020）

　　按照这种方法，使用稀疏表示和雷尼熵（Rényi，1961）预测剩余使用寿命，结果证明稀疏表示方法更可取，如图 2.36 所示。

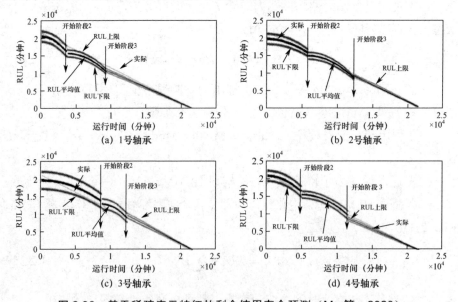

图 2.36　基于稀疏表示特征的剩余使用寿命预测（Ma 等，2020）

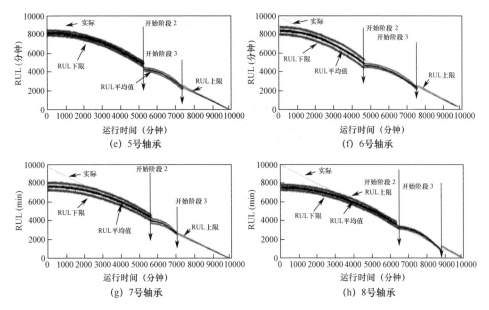

图 2.36 基于稀疏表示特征的剩余使用寿命预测（Ma 等，2020）（续）

不同于其他类型的故障，对轴承故障而言，更重要的是计算轴承剩余使用寿命，这是因为几乎无法采取任何措施减轻轴承故障，因此需要进行充分的警告。无论是使用基于模型的方法、基于信号的方法，还是基于数据的方法，任何方法都需要进行充分训练。这个问题意义重大，研究人员已经提出了数百种技术、发表了数百篇技术论文，并得出以下 3 个要点。

（1）如果所用模型基于测量信号中遇到的预期频率（Kim 等，2017；Chen 等，2020c），则需要进行的训练最少。由于这些频率是由局部故障引起的，并且随着故障数量的增加而增大，因此，除非对类似条件和类似轴承进行广泛的预测试，否则不能使用该模型。

（2）各种统计方法均已应用，主要基于隐马尔可夫模型（Ma 等，2020），并结合人工智能工具（Soualhi 等，2014）或扩展卡尔曼滤波器。这些方法比较复杂，有时与物理特性无关。

（3）所有方法都需要大量的数据。不过，研究人员已经开发出能运用和测试相关技术（Nectoux 等，2012）的老化数据训练集，它们对验证相关方法很有用（Singleton 等，2015）。

2.4.4 绝缘

Chapman 等（2008）介绍了低压电机中的绝缘系统，确定了各部件的特性和选型，如图 2.37 所示。

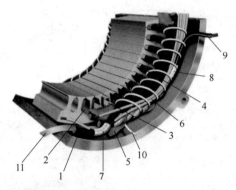

1—线匝绝缘；2—槽衬；3—分槽器；4—槽楔；5—分相器；6—铅套管；
7—线圈鼻端带；8—连接带；9—电缆；10—绑扎带；11—支撑

图 2.37　低压电机中的绝缘系统材料概览（Chapman 等，2008）

　　Maussion 等（2015）论述了逆变器驱动电机的绝缘特性、标准和测试。国际电工委员会（IEC）针对无局部放电的 I 型设备和抗适度局部放电的 II 型设备分别发布了具体适用标准（IEC 60034-18-42 TS）。根据定义，II 型设备是指，"受到重复冲击电压（脉宽调制转换器等）且预计运行期间抗适度局部放电的单相或多相交流电机的定子/转子绕组系统。"此类国际标准规定了证明材料符合该标准所需进行的测试，选择若干测试电压得出 100～3000 小时内的平均故障时间；还给出了稳态电压与稳态频率之间的剩余使用寿命计算关系式。尽管温度的影响显而易见，但温度并不在考虑范围内。将频率公式和压敏老化公式相结合，可以得到包含绝缘预期剩余使用寿命基本计算方法的通用表达式。

　　在低压电机中，匝间绝缘通常是一层薄薄的瓷漆，相间绝缘是 Nomex 型隔板，相地绝缘是 Nomex 型衬垫。它们都会因受到热应力、机械应力和电应力的影响，而出现老化且工作电压处理能力下降，造成匝间、相间或绕组与钢壁间短路。绕组绝缘在使用期限内受到 4 个因素的影响：材料随时间分解，分解速率取决于工作温度；电致损伤；周围环境污染；因热循环、反向洛伦兹力和振动引起的机械损伤。特别是小型设备可能会受到显著的机械应力，但很少有试验证据表明这些应力的实际作用。Maussion 等（2015）进行了一系列系统试验，利用试验设计方法和响应面方法确定电压和温度是影响 II 型绝缘剩余使用寿命的最重要因素。

　　除局部放电外，许多参数已被用于检测绝缘老化情况：随着绝缘老化，绝缘电阻降低，所以测量绝缘电阻就可以确定故障是否存在，并估计故障的严重程度。线匝与接地壁之间，或者线匝与其他线匝之间的电容也由绝缘质量决定，并且电容直接或间接成为这种故障的衡量标准。

热退化可以看成影响电气特性和机械特性的化学反应。阿伦尼乌斯方程描述了温度升高导致的寿命损耗 L，即

$$L = L_0 e^{\frac{E_\alpha}{R}\left(\frac{1}{T} - \frac{1}{T_0}\right)} \tag{2.36}$$

式中，T 为热力学温度；E_α 为反应活化能；R 为通用气体常数。

随着绝缘性能下降，绝缘承受机械应力的能力也会下降，可能遭到击穿而形成短路。在这之前，绝缘电气强度（耐电压和耐瞬变电压的能力）也会下降。有迹象表明，随着绝缘性能下降，其电阻和电容也可能会减小。

最经典的绝缘故障检测方法是测量直流电阻、极化指数（Polarization Index，PI）和耗散因子（Dissipation Factor，DF），即施加在绝缘上的交流电压（绕组之间，或绕组与机架之间）与通过该绝缘的电流之间夹角 δ 的正切值。问题是这些测量工作只能在设备离线的情况下进行。为了解决绝缘状态在线检测这一问题，研究人员在测量或估计绕组到绝缘的漏电流和/或其特性的基础上，已经做出了许多努力。

Younsi 等（2010）开发了一种在线评估绝缘健康状态的测试方案。他们指出，等效电容、绝缘电阻和耗散因子的表达式分别为

$$\begin{cases} C_{eq,AC} = C_{pg} + 2C_{pp} \\ R_{eq,AC} = R_{pg}R_{pp} / (2R_{pg} + R_{pp}) \\ DF = \dfrac{|\tilde{I}_R|}{|\tilde{I}_c|} = \dfrac{1}{\omega R_{eq,AC}C_{eq,AC}} = \dfrac{2R_{pg} + R_{pp}}{\omega R_{pg}R_{pp}(C_{pg} + 2C_{pp})} \end{cases} \tag{2.37}$$

式中，R_{pp} 为相间电阻，R_{pg} 为相间接地电阻，C_{pp} 为相间电容，C_{pg} 为相间接地电容。

根据中性线电压（$V_{abc,g}$）和绝缘电流（$I_{abc,1}$）的测量结果，可以在线计算三相中每一相的等效绝缘状态指标（C_{eq}、R_{eq} 和 DF），即

$$\begin{cases} C_{eq,abc} = (2|\tilde{I}_{abc,1}||\cos\delta_{abc}|) / (\omega|\tilde{V}_{abc,g}|) \\ R_{eq,abc} = |\tilde{V}_{abc,g}| / (2|\tilde{I}_{abc,1}||\sin\delta_{abc}|) \\ DF_{abc} = \tan\delta_{abc} \times 100 = \tan[90° - \angle(\tilde{V}_{abc,g} / \tilde{I}_{abc,1})] \times 100 \end{cases} \tag{2.38}$$

式中，δ_{abc} 为电容电流 $I_{abc,C}$ 与 $I_{abc,1}$ 之间的相位角。根据式（2.37）计算出的绝缘状况指标，与根据式（2.38）离线测量得出的结果有所不同。C_{eq}、DF 和 R_{eq} 的在线测量结果和离线测量结果存在 3 个主要区别：

（1）施加到绝缘上的平均电压幅度；

（2）线路到绕组中性端的电压分布；

（3）邻相电压对相端绕组绝缘的影响。

Younsi 等（2010）的方法是使用研发的高灵敏度电流互感器，精确、无创地测量电机接线盒中各相绕组的差动电流。

老化过程共分为 5 个阶段：

（1）初期发热时的短期反应；

（2）总绝缘电流持续增大且损耗角不变；

（3）总绝缘电流达到峰值后急剧下降，该峰值是由挥发物蒸发和树脂逐渐失重与热激发导电极化相互竞争引起的；

（4）老化是电容损耗和电阻增大的主要过程；

（5）电机因电击穿而报废。

除此之外，相关测量也可以通过绝缘对开关瞬变的响应来实现。Babel和 Strangas（2014）提出利用函数发生器对运行设备施加瞬变，并采用低值电阻测量漏电流，保持电流带宽。他们使用外部仪器测量相关响应，并用开关瞬时的峰值电流判定绝缘状态。他们还在模型中设置了超调量：

$$I_{\text{leakage}} = \alpha e^{\beta t} \tag{2.39}$$

$$\alpha = I_{\text{healthy}} \tag{2.40}$$

$$\dot{I}_{\text{leakage}} = \alpha e^{\beta t} + (\beta + t\dot{\beta}) + e^{\beta t}\dot{\alpha} \tag{2.41}$$

式中，参数 α 和 β 变化缓慢。该动态模型用于扩展卡尔曼滤波器，以进行老化监测。

Nussbaumer 等（2015）、Zoeller 等（2017，2016）利用切换式 SiC 电压源逆变器产生的快速瞬变来代替施加的脉冲。切换命令中的时间瞬点作为预触发，用于精确检测切换瞬间。因此，数据收集在实际切换瞬间之前就开始了。虽然这种反应所包含的频率分量高于工业用电流传感器的带宽（带宽为数十千赫兹到数百千赫兹），但不需要特殊传感器。在这些研究中，所用电流传感器的截止频率为 300kHz。健康度指标利用运行良好的电机和被测电机中经傅里叶变换后的信号，推导出一个健康度指标 ISI。将均方根偏差（Root-Mean-Square Deviation，RMSD）设为比较值，各相的 ISI 为

$$\text{ISI}_{p,k} = \text{RMSD}_{p,k}(x_1, x_2)$$

$$= \frac{\sqrt{\sum_{g=n_{\text{low}}}^{n_{\text{high}}} (Y_{\text{ref},p}(g) - |Y_{\text{con},p,k}(g)|)^2}}{n_{\text{high}} - n_{\text{low}}} \tag{2.42}$$

式中，经傅里叶变换后的信号 Y_{ref} 和 Y_{con} 分别表示设备的健康状态（参考值）和后续健康状态评估；指数 p 表示研究的相（U、V、W）；n_{high} 和 n_{low} 表示经比较的频率范围，取决于采样速率和研究的时窗长度。根据定义，经比较的频率范围可以隔开其他影响，例如，可能改变驱动高频谱特性的布线或接地，由于单次测量的持续时间在 $100\mu s$ 范围内，因此这个过程可重复 m 次，以提高准确度；而指数 k（取值为 1、2、3）表示连续测量的次数；g 为离散频率，根据采样频率、样本数量和时窗长度计算得出。

Jensen 等（2018）、Guedes 和 Silva（2020）研究了与电力电子器件快速切换相关的脉冲测试响应，正如前面讨论到的，电力电子器件本身可能就是绝缘失效的原因。这种响应可以在线监测，由表示绝缘状态的分布式阻容电路的各种参数决定。

Jensen 等（2018）设计并提出了一种简单的开关电流峰值采样电路。他们借助高温加速老化，并在绝缘明显老化时判定其失效。加速老化期间的剩余使用寿命估计如图 2.38 所示。

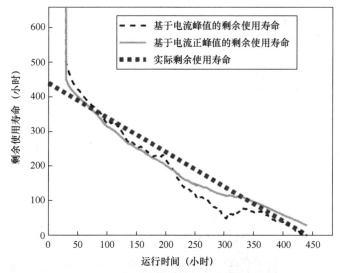

图 2.38 基于开关电流峰值的剩余使用寿命估计（Jensen 等，2018）

正如前文提到的，退化问题会影响绝缘材料的介电性能和电阻。Tsyokhla 等（2019）跳出对脉宽调制开关脉冲产生的电流瞬变进行测量的常规方法，提出了一种基于接地绕组共模阻抗频谱分析方法，并利用了标准两电平转换器中空间矢量脉宽调制（SV-PWM）产生的固有共模激励。他们的方法基于共模电压和漏电流，测量所有三相电压和漏电流，如图 2.39 所示。

另外，绝缘材料的电容和电阻由频率决定（见图 2.40），因此检测和预测方案取决于开关特性。

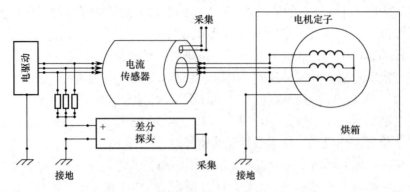

图 2.39 试验设备设置（Tsyokhla 等，2019）

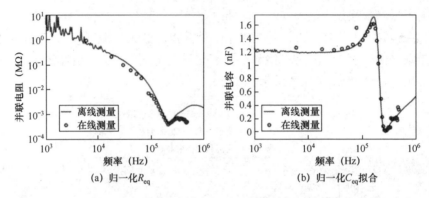

图 2.40 绝缘频变特性（Tsyokhla 等，2019）

另外，基于接地绕组绝缘共模阻抗频谱分析方法，已成功应用到中压驱动的绝缘上，得到了基于电容趋势的精确剩余使用寿命估计结果，如图 2.41 所示。

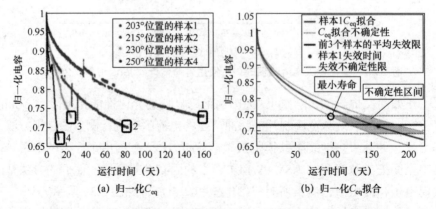

图 2.41 归一化电容和剩余使用寿命估计（Tsyokhla 等，2019）

Guedes 和 Silva（2020）提出了一种基于使用单个高灵敏度电流互感器（High-Sensitivity Current Transformer，HSCT）和传统电压互感器（Voltage Transformer，VT）的绝缘状态在线评估系统；研发了一款可测量微安量级漏电流的高灵敏度电流互感器。

该在线评估系统的优点为：适用于带 3 个或 6 个可测端点的中压电机；除了安装高灵敏度电流互感器和电压互感器，没有特殊要求或前提条件；可用于在役装置或新装置。高灵敏度电流互感器测得的电流是电机相电流和绝缘漏电流的总和。由于电机没有任何中性点连接，相电流之和为零，因此测得的电流就是绝缘漏电流。根据测量结果随时间的变化，与符合电机要求的数值比较，并利用人工神经网络检测和识别影响绝缘状态的应力因素。基于基准值，通过分析参数（R_{eq}、C_{eq} 和 DF）随时间的演变情况，可以预测绝缘故障，并识别影响其状态的应力因素。

数据集由 115 台电机的测试报告汇编而成。其中，100 台电机有 2 个测试结果，15 台电机只有 1 个测试结果。因此，数据集共有 RI、CI 和 DF 条目 215 个。被测电机已经在热电厂和炼油厂运行了 5～15 年。采用弹性反向传播算法（RPROP）对人工神经网络进行训练。该算法使用 $\partial e(t)/\partial \omega_{ij}$（误差 $e(t)$ 关于权重 ω_{ij} 的导数）代替导数，来调整网络权重。

通过对电机绝缘电流电阻分量（I_R）的性能进行预测，可以估计绝缘失效时间。该系统对线性（ARMA）和非线性（ANN）模型都进行了评估。

为了控制温度，测试在热室中进行；湿气和油污通过雾气进入样品。测试采用均方根误差（RMSE）和失效前时间（FETF）两个误差对预测结果进行了评估。结果表明，随着时间（滞后）不断延长，电流电阻分量估计误差 $\hat{I}_R$（RMSE）和 $\hat{T}_F$（FETF）不断减小，两种模型随之收敛。不过，值得注意的是，神经网络在所有情况下都呈现出较小的预测误差。

局部放电是指，绝缘中发生局部介电击穿，不能完全桥接两个导体。局部放电最开始可能出现在绝缘内的空气间层（空隙），导致聚合物键断裂，并造成导体短路（Madonna 等，2019）。随着绝缘进一步退化，这些短路会改变绝缘材料的构造，使绝缘出现气泡或空隙。这些空隙开始放电，就是电弧放电和击穿的前兆。

受高压电源频率和高压峰值的影响，绝缘中会产生局部放电。绝缘材料内的局部放电通常是在电介质的充气空隙内开始的。因为空隙的介电常数明显小于周围电介质的介电常数，所以穿过空隙的电场强度明显高于穿过等效电介质的电场强度。图 2.42 是空隙内局部放电示意。由于空隙和绝缘的介电特性不同，含有高频分量的峰值电压会导致绝缘空隙发生击穿。这种击穿往往还伴随一个短时快速电流脉冲。一旦局部放电开始，绝缘材料就会逐渐退化，并最终被击穿。

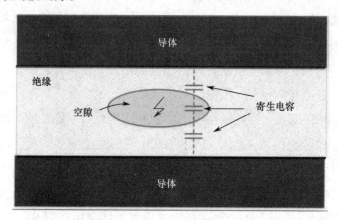

图 2.42　空隙内局部放电

因此，尽管此类放电监测很难在线进行，但还是有用的。高频脉宽调制引起的电压上升速率 dv/dt 较高，不仅增大了局部放电的发生频率，也让信号高频和放电高频更加难以区分（Hammarström，2018）。电力电子设备运行过程中的局部放电含有高频分量，可能类似于噪声，以及电力电子开关在健康状态和故障状态下运行时产生的分量。

与工频正弦电压不同，快速电压脉冲会在绕组中造成电压分布不均匀。这种分布不均匀随着上升时间而加剧；如果上升时间小于 200ns，则 50%以上的压降会发生在各线圈的第一匝和第二匝之间，从而增大各线圈第一匝之间的应力。在减轻负面影响方面，业界做出的努力相对较少。

在中低压电气驱动中，局部放电的主要原因是逆变器脉宽调制引起的快速电压瞬变，而逆变器与电机之间的电缆长度加剧了这种瞬变。绕组上的过应力可能是高压电平和脉冲波形上升时间短引起穿过绕组的电压分布不均匀造成的。如果由于这种过应力，局部放电在绝缘内部或绝缘/空中界面上的缺陷处开始出现，或者有所增强，则会导致绝缘加速退化。I 型绝缘必须在整个使用寿命内无局部放电，为了参照旋转电机绝缘实现这一目标，以下介绍方案设计及鉴定试验。

在线检测局部放电的难度很大，具体原因包括：主要难点是局部放电产生的电流相对较小，产生的峰值电压为高频电压，其大小和位置与引起局部放电的开关瞬变相似；相关瞬变可能与其他现象的影响混淆，例如，Muetze和 Binder（2007）讨论过的轴承故障。

检测绝缘老化并预测老化进程及剩余使用寿命是一项艰巨的工作，而快速开关逆变器的使用让这项工作变得更加复杂。借助磁场的解析表达式或数值分析完成绝缘材料建模工作，是建立在大规模测试基础上的。

目前，业界共有 4 种方法用于评估局部放电：对材料或半结构电机的独立测试（绝缘寿命试验用模型），离线测试（通常在生产线末端、调试前），仿真模拟，在线测试（新兴研究领域）。

Hammarström（2018）采用完全的试验性研究方法，借助向成对绞合导体馈电的多电平逆变器来研究逆变器对局部放电量的影响。试验结果表明，在使用三电平或多电平的逆变器时，局部放电量的总和（曝量）大幅下降，并且脉冲的上升时间很明显。

这些试验结果为上升时间与局部放电特性之间的关系提供了更多证据，在脉宽调制逆变器的电压由两电平增加到至少五电平的情况下也是如此。研究结果进一步表明，使用三电平逆变器时，局部放电量大幅下降。

Neacsu 等（2000）、Bidan 等（2003）提出，借助脉冲发生器及端电压和端电流测量值可以进行离线测试。Bhure 等（2017）使用天线测量局部放电期间发射的辐射量，并利用离散小波变换和聚类器对结果进行了处理。

Nyanteh 等（2011）论述了将模拟模型作为扩展试验的替代方案，以确定估计绝缘剩余使用寿命的可行性。数值模拟中需要求解的两个重要方程是放电离子流的连续性方程和各模拟步骤中电势分布的泊松方程。

$$\frac{\partial N_e}{\partial t} = \frac{\partial (N_e W_e)}{\partial x} + \frac{\partial}{\partial x}\left(\frac{D \partial N_e}{\partial x}\right) \tag{2.43}$$

$$\mathrm{grad}(V) = \frac{\partial}{\partial x}\left(\frac{\partial V}{\partial x}\right) + \frac{\partial}{\partial y}\left(\frac{\partial V}{\partial y}\right) = -\frac{\rho}{\varepsilon} \tag{2.44}$$

式中，N_e 是电子密度，W_e 是电子速度，D 是扩散系数。这些公式耦合了经历局部放电的一维介电材料中的时空电荷分布。V 是二维局部放电模拟中 (x, y) 处的电势。他们认为，针对大多数研究用途，计算放电和电树形成期间电介质场通量的有限元法是足够精确的。他们还提出了一种新的船舶电力系统故障诊断方法，利用局部放电测量和人工智能来评估电树枝化导致的绝缘损伤程度。

Ghosh 等（2020）通过一系列文章论述了在线检测局部放电的问题。他们的目标是，研究一种能够在换向干扰出现在脉冲电压上升前沿时自动检测局部放电的方法。这项工作表明，这种换向干扰的重复性和确定性有助于开展局部放电检测，可作为从检测器记录的一组轨迹中确定是否存在局部放电的合理依据。连续换向干扰对应连续开关事件，会触发采集设备采集信号帧，该信号帧可能由确定性换向干扰和随机性局部放电两部分组成。该信号帧中的确定性部分对应于开关特性，取决于所用开关器件的类型、上升时间和所加电压。只要这些影响因素保持不变（在实际应用中确实不会变），与连续开关事件对应的连续换向干扰在幅度、频率和形状上就基本保持相似。这意味着信号帧中的确定性部分的瞬时幅度在连续开关事件中的变化始终相对较小。另外，如果存在局部放电，则局部放电的随机性和非重复性必然会导致采集到的信号在脉冲幅度和出现时间方面存在显著差异。当某一开关事件中出现局部放电时，随时会引起信号瞬时幅度的显著变化。因此，通过记录信号幅度随时间的变化，可以从一组采集信号中跟踪是否存在局部放电，并判定局部放电的发生瞬间。

一旦检测到局部放电，下一步就要将换向干扰从每一帧中分离出来，则只剩下信号帧中的随机性局部放电部分，以此识别局部放电脉冲特性，以及开关瞬间周围局部放电的分布和密度。随着开关速度加快和电压电平提高，局部放电可能会逐渐接近换向瞬间，这可以作为绝缘设计和验收/拒收标准的一项基本参数，与局部放电起始电压（PDIV）相关。

为了将换向干扰分离出来，必须准确判定标准差幅度骤变时在标准差时间图中的瞬间。这可以通过使用标准差的平均值来实现。更准确地说，如果我们在几纳秒的连续重叠短时窗（加窗或滑窗均值）中跟踪标准差的平均值，则应该能够通过确定加窗均值超过标准差总体平均值的点来确定局部放电开始的大致区域。

局部放电起始瞬间将每帧分成两半：信号的前半部分是每帧中的重复信号持续时间，表示换向干扰；信号的后半部分是使用上述方法提取的与局部放电相关的随机性持续时间。

该方法在 400V 三相电机上进行了测试。从换向瞬态信号中提取的局部放电如图 2.43 所示。当外加电压为 2.5kV 峰间值（重复局部放电起始电压的定义见 IEC 61934），上升时间为 60ns 时，可以观测到大量局部放电。需要注意的是，在这种情况下，局部放电脉冲与换向干扰可以明显分开。

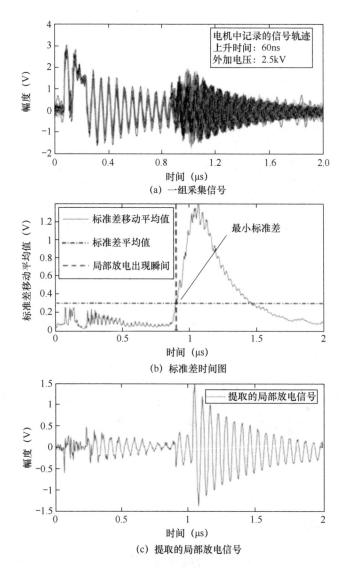

（a）一组采集信号

（b）标准差时间图

（c）提取的局部放电信号

图 2.43　在上升时间为 60ns、外加电压为 2.5kV 的情况下，标准差移动平均值将三相电机局部放电脉冲与换向干扰分开（Ghosh 等，2020）

2.5　开路及短路故障、偏心、磁铁断裂和转子断条

　　开路及短路故障、偏心、磁铁断裂、转子断条等电机故障和失效均可以通过操作信号、电流、电压、磁通进行检测、诊断和预测。所用方法可以区分不同电机故障的类似表现。

　　根据诸多研究论述（Hu 等，2020b），不同的故障诊断和预测方法可以归纳如下。

1. 基于模型的方法

利用开关状态函数模型、状态空间模型、混合逻辑动态模型等，借助观测器诊断开关开路故障。基于模型的方法可以快速诊断故障，时间通常不超过一个基本功率周期。不过，该方法对模型精确度要求很高。模型不精确可能导致故障诊断性能欠佳，并出现故障误报、漏报等情况。

2. 基于信号的方法

基于信号的方法利用控制系统的现有变量推断绝缘栅双极晶体管的健康状态，而不需要其他硬件支持。

电流轨迹法通过区分电流轨迹之间，以及良性运行轨迹与不同故障状态之间的差异来识别故障部件。电流轨迹法可以在至少一个基本功率周期内诊断单极开关故障和双极开关故障，并且可以进行归一化处理，从而消除负载相关性。由于轨迹跟踪对瞬变很敏感，所以电流轨迹法可能不够精确，但滤波方法可以改善其特性。但是，滤波方法或基于平均值的方法需要设置很多点，这会增加内存需求，并延长检测时间。

3. 数据驱动方法

在诊断开关开路故障前，需要经历特征提取和训练两个阶段。其他章节介绍的工具都会用到：利用小波分解获得细节部分的系数和能量；利用主成分分析降低特征维度，提高训练效率；借助集成学习提高故障诊断准确率，但是其表现不尽如人意。另外，深度学习也已尝试，但其数据可用性有限，并且执行时间较长。

2.5.1　感应电机

本书讨论的感应电机故障主要包括电气故障（开路和短路绕组、转子断条和端环断裂）和偏心。为了诊断感应电机故障，需要利用整套测量：测量电机内部的定子电压和电流、有功功率和无功功率、振动和磁通、杂散磁通或漏电流。

尽管由逆变器供电的感应电机日益增多，这也是本书的主题，但许多大型电机都直接并网运行。针对此类电机故障诊断和失效预测方面的研究，已经取得重要成果。很多方法可以转移运用到电驱动感应电机上，因此本书也对其中一部分内容进行了讨论。

本节讨论的大多数技术都可以检测和识别多个故障，并根据诊断结果和故障严重程度估计将其区分开。仅部分研究对失效预测进行了讨论，要么因为故障演变迅速，需要立即做出决定并采取行动；要么因为故障稳定，不影响感应电机的运行情况，操作员须等待下一次定期维护。

本书所选案例旨在说明感应电机故障诊断所用信号和技术的应用十分广泛。

1. 定子故障诊断

Briz 等（2004）的目标是检测定子中的不对称性。他们将高频载波电压信号引入在间接磁场定向下工作的感应电机中。

这样做可以在静止坐标系中测量空间凸极，以及 q 轴和 d 轴的定子瞬态电感。当电机的定子瞬态电感存在不对称性或凸极时，载波电压信号与凸极之间相互作用，会产生包含正序分量和负序分量的载波电流信号。高频电机模型可表示为

$$v_{qds\_c}^{s} = V_{c}\mathrm{e}^{\mathrm{j}\omega_{c}t} \tag{2.45}$$

$$v_{qds\_c}^{s} \cong \mathrm{j}\omega_{c}L_{\sigma s}i_{qds\_c}^{s} \tag{2.46}$$

载波电流信号的表达式为

$$i_{qds\_c}^{s} = i_{qds\_cp}^{s} + i_{qds\_cn}^{s} = -\mathrm{j}I_{cp}\mathrm{e}^{\mathrm{j}\omega_{c}t} - \mathrm{j}I_{cn}\mathrm{e}^{\mathrm{j}(h\theta_{e}-\omega_{c}t)} \tag{2.47}$$

式中，θ_{e} 是凸极的角位置，单位为弧度；h 是凸极的谐波数；ω_{c} 是载波频率，单位为弧度/秒。

他们通过引入这种高频信号电流来检测因失衡造成的短路。短路使得静止凸极出现可检测的明显变化，由此导致载波信号电流负序分量频谱的直流分量发生明显变化。即使匝间故障数量相对较少，该分量的大小也已足够使其与载波信号电流负序分量的寄生分量（运行良好的电机中存在的分量）区分开来。由于直流分量复向量的相位角不同，因此通过它不仅可以检测到故障的存在，而且可以判定故障所在的相。

在 380V 电机中，所用载波信号电压为 10V，在 535.7Hz 时达到峰值。载波信号电流负序分量频谱的直流分量对应于匝间短路。

短路是电机运行面临的一个主要问题，因为它会产生大电流，导致温度升高、应力增大，并很快引起灾难性故障。根据逆变器监测方案可以确定逆变器中存在短路，让开关一直处于导通相，如闩锁效应。虽然只有几毫秒或 1～2s 的缓解时间，但绕组中的短路（匝间短路、相间短路和相架短路）无法同样轻松、快速地实现检测。

开路故障如图 2.44 所示。

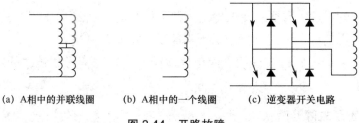

(a) A相中的并联线圈　　(b) A相中的一个线圈　　(c) 逆变器开关电路

图 2.44　开路故障

　　在感应电机中，由于故障会扰乱电驱动感应电机的磁通和磁场定向控制，因此利用磁场定向控制方法很难确定故障方向。

　　在转子磁场定向感应电机中，需要直接使用定子信号，而已使用的检测技术包括定子有功功率和无功功率的特征分析（Drif 和 Cardoso，2014）。他们讨论了当故障影响线圈匝数而不是整个相位时，瞬时无功功率中的双频分量是如何与开路匝数直接相关的。

　　在运行良好的感应电机中，可以根据电流和电压的空间向量计算有功功率和无功功率：

$$[s] = u_S(t)i_{S,0}(t) = p_0(t) + jq_0(t) \tag{2.48}$$

当定子出现故障时，瞬时有功功率和无功功率可表示为

$$p_d(t) = p(t) + \Delta p_d(t) \tag{2.49}$$

$$q_d(t) = q(t) + \Delta q_d(t) \tag{2.50}$$

式中，$p(t)$ 和 $q(t)$ 是故障电机有功功率和无功功率的平均值，$\Delta p_d(t)$ 和 $\Delta q_d(t)$ 分别是干扰频率 $f_d - 2f$ 下故障引起的有功功率脉动和无功功率脉动，f 是电压源频率。

　　定子故障的存在表现在瞬时有功功率和无功功率上，其频谱分量是基本电压源频率的 2 倍。在由电网馈电且逆变器供电的三相感应电机中，当定子出现故障时，有功功率和无功功率的频谱中的附加频率分量（也称为特征分量）提供了电机状态的其他诊断信息。

　　Ghosh 等（2017）使用基于定子磁通的控制方法对笼型铝制电机进行建模。旋转磁通的空间谐波表示为

$$\omega_{sh} = \left(\frac{z}{p} \omega_R \pm k\omega_o \right) \tag{2.51}$$

式中，ω_{sh} 是旋转磁动势空间谐波的电速度，k 是磁通空间谐波的正阶。

　　谐波转差频率以时间谐波表示。式（2.52）给出了空间谐波和时间谐波跟踪的时窗。

$$f_{sh} = f_{sh0} - \frac{z}{p}\left(\frac{1}{s_k} - 1\right)f_R \tag{2.52}$$

在定子磁链控制方法中，转矩表示为

$$T_e = \frac{3}{2} \cdot \frac{P}{2} \cdot \lambda_{dS} \cdot i_{qS} \tag{2.53}$$

但是，为了使 i_{qS} 与定子磁链 λ_S 的 d 轴分量对齐，该方法中采用了解耦补偿方法。

上文所述电驱动系统是以电流、电压、磁通和速度为反馈的定子磁通定向控制系统。利用磁通传感器测量磁通，并结合时间和空间谐波跟踪方法，利用控制逻辑检测定子匝间故障。

Ghosh 等（2017）使用粒子群优化算法来跟踪定子绕组参数的变化，以此检测短路故障。

Liu 等（2015）提出了一种基于 Teager-Kaiser 能量算子（TKEO）的逆变器馈电感应电机定子匝间故障检测方法。

应用于信号 $s(t)$ 的 Teager-Kaiser 能量算子的连续形式为

$$\psi(x(t)) \overset{\Delta}{=} \left(\frac{\mathrm{d}x}{\mathrm{d}t}\right)^2 - x(t)\left(\frac{\mathrm{d}^2x}{\mathrm{d}t^2}\right) \tag{2.54}$$

该方法充分利用了开关调制信号的特性，不需要其他高频信号注入，并且更加适用于连续运行。考虑到高频响应对参数变化并不敏感，Liu 等（2015）对逆变器脉宽调制信号激励下的零序电压信号进行了分析。

他们指出，载波频带附近的共模电压（CMV）特征频谱（包含故障零序电压信息）与转子相关故障下的电流具有相同的边带分布特征，因此可以利用 Teager-Kaiser 能量算子消除逆变器零序电压噪声。对原始共模电压信号进行处理后，借助可靠的频谱分析可以简单提取故障严重程度。在故障状态下，共模电压变为

$$v_{sZ}^f = V_c\cos(\omega_c t) + V_{fL}\cos(\omega_L t + \phi'_{fL}) + V_{fR}\cos(\omega_R t + \phi'_{fR}) \tag{2.55}$$

式中，$\omega_R = \omega_c + 2\omega_1$，$\omega_L = \omega_c - 2\omega_1$，$\omega_c$ 和 ω_1 分别是载频和基频。

在健康状态下，共模电压为

$$v_{sZ}^h = V_c\cos(\omega_c t) \tag{2.56}$$

在带电压源逆变器（VSI）的驱动系统中，电压谐波含量丰富，这主要是由调制策略引起的。当绕组出现匝间故障时，在电压源逆变器的共模电压中也可以检测到谐波。感应电机的零序模型为

$$v_{oS} = -\frac{1}{3}\mu r_S i_f - \frac{1}{3}\mu l_{\sigma S}\frac{\mathrm{d}}{\mathrm{d}t}i_f \tag{2.57}$$

式中，v_{oS} 是感应电机的零序电压（ZSV），i_f 是短路路径中的电流，μ 是某一相内短路线圈匝数的相对占比，r_S 和 $l_{\sigma S}$ 是定子电阻和漏电感。

分析零序电压的 Teager-Kaiser 能量算子，可以得出两个被认定为故障指标的谐波幅度，即

$$\eta_1 = \psi[v_{sZ}^f(t)]\big|_{2\omega_1}$$
$$\eta_2 = \psi[v_{sZ}^f(t)]\big|_{4\omega_1} \tag{2.58}$$

对原始共模电压进行处理后，结合两个边带的信息，提取故障严重程度信息，用于检测故障严重程度。

在大型感应电机中，传感器得到广泛应用。这既是因为传感器能保障设备连续运行，又是因为传感器只占电机成本的一小部分。Mirzaeva 和 Saad（2018b）提出了一种通过在气隙中使用微型霍尔效应传感器提早诊断定子匝间故障和静态偏心的方法。根据相对于定子的角位置标绘的时间谐波幅度如图 2.45 所示。与预期的一样，最主要的时间谐波是基频谐波。从图 2.46 可以明显看出，基频谐波的锯齿状变化并不是一个模拟假象，而是真实效果。这是因为定子磁通密度中存在高阶空间谐波。

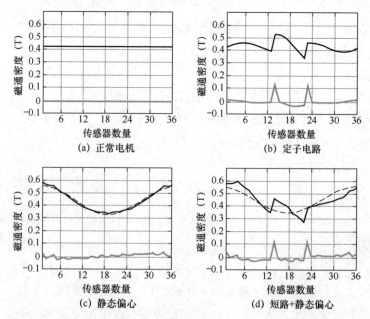

图 2.45　数据正则化后基频谐波幅度分析。顶部图：基频谐波幅度；底部图：相邻传感器之间的幅度差（Mirzaeva 和 Saad，2018b）

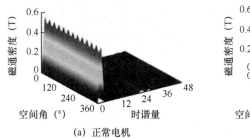
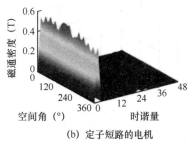

(a) 正常电机　　　　　　　　　(b) 定子短路的电机

图 2.46　空间内时间谐波幅度分析（Mirzaeva 和 Saad，2018b）

定子故障和静态偏心的影响幅度相当。因此，需要对两者进行区分，或者能够在电机存在静态偏心的情况下识别定子故障；反之亦然。另外，规则锯齿部分可以估计得到，也可以从所有磁通图中移除。这样处理后，由磁通密度高阶空间谐波引起的幅度变化基本上可以从度量信号中消除。不过，静态偏心率和定子短路故障的区分问题仍然有待解决。通过计算一次空间谐波及其谐波角，可以根据基波谐波幅度估计出静态偏心率。

Nguyen 等（2017）提出了一种基于模型的感应电机匝间故障诊断和预测方法。该方法遵循经典的研究进程：利用多个故障指标进行诊断，使用粒子滤波器进行预测。经认定，故障主要用以下两个参数来表示：

（1）故障回路电阻 r_f；

（2）短路匝数占比 $\mu = N_{asf} / N_{as}$，其中，N_{asf} 和 N_{as} 分别是绕组故障部分的匝数和总匝数。

在此项工作的基础上，Nguyen 等（2017）建立了感应电机定子绕组匝间短路故障的状态空间模型，并利用若干指标进行故障预测。采用基于模型的方法生成基于序分量的指标，可以捕捉故障特征，从而将故障影响与电压不平衡、负载变化的影响区分开来。除电压和电流测量外，模型不需要使用任何传感器。

电机故障诊断和预测框架如图 2.47 所示。故障演化就是各种故障参数逐级变化，故障参数估计方法如图 2.48 所示。

剩余使用寿命估计基于粒子滤波技术。他们采用设计的故障电阻衰减过程（指数级衰减 $r_f = ae^{-bt}$），对该技术进行了试验验证。

Hu 等（2020b）提出了一种基于电压残差的电驱动感应电机故障后开路容错运行诊断方法，估算了磁场定向控制电驱动感应电机出现开关开路故障时的相电压及残差。相电压残差 r_k 是正常开关状态和故障开关状态之间的定

子电压差，由开关状态决定，即

$$r_k = u_{kN} - u_{hF} \qquad (2.59)$$

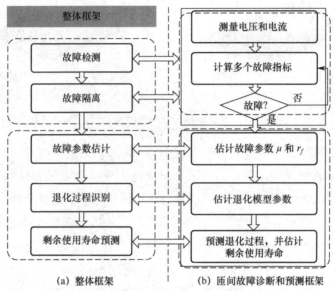

(a) 整体框架　　　　　(b) 匝间故障诊断和预测框架

图 2.47　电机故障诊断和预测框架（Nguyen 等，2017）

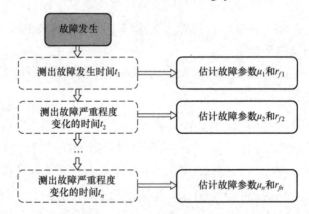

图 2.48　故障发生或严重程度变化时的故障参数估计过程（Nguyen 等，2017）

其中，定子电压根据磁链估计得出，即

$$\hat{u}_a = \frac{\mathrm{d}\lambda_a}{\mathrm{d}t} + i_a R_S \qquad (2.60)$$

在旋转坐标系下的磁链估计为

$$\lambda_{dR} = \frac{L_m}{T_{rp}} i_d \qquad (2.61)$$

故障开关与故障指标之间的关系表用于识别故障开关，残差阈值用于解释各种噪声和建模误差。

定子故障和直接转矩控制

直接转矩控制驱动并非基于对转子磁场的估计。由于电流不受控制或者是强加的，因此一旦发生匝间故障，就会产生磁动势（Magneto-Motive Force，MMF）。基于此，气隙磁通会带着故障特征，而这些特征会体现在电机电流、气隙磁通、杂散磁通和感应电动势中。

电机电流特征可以直接分析，也可以通过研究它们在瞬时功率或相电流与相电压间相位移上的表现，或者通过研究系统阻抗进行分析。

如果定子电流在顺时针同步参考坐标系下表示，常数项从每个 d-q 电流分量中去除后变换到逆时针同步参考坐标系，则在该坐标系下带 "+" 上标的 d-q 电流分量等于在无故障情况下的电流分量和因定子故障产生的附加电流分量之和（Cruz 等，2005）：

$$i_{dS}^+ = i_{dS}^h + i_{dS}^f \qquad (2.62)$$

$$i_{qS}^+ = i_{qS}^h + i_{qS}^f \qquad (2.63)$$

式中，上标 h 和 f 分别代表电机在健康状态下的电流分量和在有故障状态下产生的附加电流分量。

为了计算由向量 $\Delta \boldsymbol{i}^f = i_{dS}^f + \mathrm{j} i_{qS}^f$ 定义的故障指标，需要计算 i_{dS}^f 和 i_{qS}^f，得出电机运行时转子的具体转速。运用电驱动在调试阶段确定的电机参数，这些故障指标的计算很简单。故障严重程度因子的计算需要确定 i_{dS}^h 和 i_{qS}^h。这项工作可以借助调试阶段由电驱动确定的电机参数，结合所测得的或所估计的转子转速来完成。

Eldeeb 等（2018）使用直接控制驱动归一化电流的离散小波变换和新的阈值工具来检测故障位置和故障严重程度。与使用电机电流特征分析和派克向量分析序列分量的方法相反，Eldeeb 等的方法会检测控制器对短路引起故障相内电流变化的响应。该短路使感应电机从三相对称系统变为三相不对称系统。在所得转矩中存在 $2f$ 分量，导致以下两项叠加：一项是所得转矩中的静态误差（常数项），在所得转矩中引入偏移；另一项是动态误差，即双基频下的振荡项。

定子故障在频率 f_{ITSC} 的定子电流中引入间谐波：

$$f_{\mathrm{ITSC}} = f\left[\frac{m}{p}(1-s) \pm l\right], \quad m = 0,1,2,\cdots; \quad l = 0,1,3,5,\cdots \qquad (2.64)$$

其中，引入方式是采用离散小波变换，并在归一化后借助阈值法进行检测。

在健康状态和故障状态下研究多相驱动的直接转矩控制，结果表明，在故障状态下，它可能比转子磁场定向控制表现得更好，但在健康状态下情况不一定如此（Bermudez 等，2018）。

2. 偏心

无论是感应电机还是同步电机，偏心故障都是在制造和装配阶段产生的。偏心故障通常会引起振动和噪声、转子磁拉力偏向一侧及轴承磨损。随着时间的推移，故障情况还会逐渐加重。

当偏心增大且气隙不均匀时，穿过气隙和转齿的磁通，以及护铁内的磁通会发生变化（见图 2.49），磁链也是一样。绕组磁通、磁链、电压和电流的频率相对较低，这与转子和定子槽的频率、工频谐波及速度有关。由于其他故障（如定子绕组短路、转子断条等）可能产生相同频率的信号，所以分离这些故障变得非常复杂。

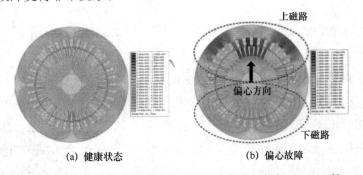

(a) 健康状态　　　　　　(b) 偏心故障

图 2.49　感应电机在健康状态和偏心故障下的直流磁场模拟（Hong 等，2013）

偏心故障的基本分析基于 Alger 的研究工作。Nandi 等（2001）早期研究了由转子槽谐波确定的定子电流谐波分量。感应电机定子变量（电流和电压）的频率为

$$f_h = \left[(kR \pm n_d) \frac{(1-s)}{p} \pm v \right] f \qquad (2.65)$$

式中，R 是转子槽的数量，f 是定子供电频率，s 是转差，v 是供电电压的定子时间谐波，p 是基本极对数；$n_d = 0$ 表示静态偏心，$n_d = 1,2,\cdots$ 表示动态偏心。在静态偏心下，间隙的磁导函数为

$$P \approx P_0 + P_1 \cos x \qquad (2.66)$$

式中，x 表示在转子坐标系下的机械位置。

式（2.66）中的磁导变化、槽谐波和定子磁动势产生气隙磁通分量，其随转子位置、转差和电角度 $\omega_s t$ 呈现正弦变化。与运行良好的电机相比，磁通谐波发生改变。

Climente-Alarcon 等（2015a）研究了故障对主槽谐波（PSH）的影响，提出了一种诊断感应电机故障（转子断条、定子短路和偏心等）的通用方法。

在偏心故障下，电路的磁导率同时受到主槽谐波和偏心率的调制。他们利用 Wigner-Ville 分布对不同负载下的主槽次谐波能量进行时频分析，并对粒子滤波进行特征提取。电机会通过电流频谱显示主槽谐波。偏心故障对主槽谐波的影响如下。

（1）定子短路电流在气隙中的影响可以建模为一个方形磁动势，短路匝间距的空间分布叠加在正常绕组的匝间距上。

（2）在混合偏心故障下，磁导率变为常数，其近似表达式为

$$\Lambda \approx \Lambda_0 + \Lambda_1 \cos\theta + \Lambda_2 \cos(\theta - \omega_R t) \tag{2.67}$$

利用式（2.67）中与空间相关的各项对基波磁通进行调制，引入低频边带。

（3）转子断条会扰乱气隙磁场的对称性，增大转子齿和定子齿的饱和度。假设转子断条前后的电流大小相等、方向相反，对该故障进行建模。转子中会产生一个两极磁场，使定子齿和转子齿的磁阻因其饱和度增大而增大，但其方向恒定、幅度以转差频率规律脉动。根据双旋转磁场理论，该两极磁场可以分解成两个与脉动场频率相等、沿相反方向运动的不变量旋转分量。负频分量以两倍转差频率产生已知谐波，用于故障诊断；而正序分量以基波速度旋转，从而改变其值。

Ceban 等（2012）论述了轴向杂散磁通和径向杂散磁通。他们发现，在静态偏心故障下，轴向杂散磁通频率与电源频率相同；而在动态偏心故障下，轴向杂散磁通随转子移动。

Jiang 等（2017）对基于杂散磁通的感应电机状态监测进行了综述。他们认识到，很难对外磁场（杂散磁场或漏磁场）进行分析或数值建模，而且也没有必要。不过，此类分析可以提供对相关现象的基本概述和认识。他们发现了以下故障。

（1）绝缘失效检测本身既复杂又不精确，但对于特定的传感器，其可以检测到短路故障。

（2）基于磁通探头的轴承故障检测方法应用前景广泛，但目前尚未得到广泛验证和采纳。

（3）研究表明，利用杂散磁通可以准确检测动态偏心故障。

Zamudio-Ramirez 等（2021）回顾了采用磁通法检测电机相关故障的研究成果，着重介绍了磁通法的应用潜力，进行了各种比较，并给出了若干种电机的参考资料。

3. 基于杂散磁通和磁通传感器的多故障诊断

Capolino 等（2019）详细讨论了通过杂散磁通测量可以在感应电机和同步电机中检测到的故障。

Gyftakis 和 Marques Cardoso（2020）认识到，基于杂散磁通测量的感应电机短路诊断在严重故障情况下是成功的，他们还尝试在故障不严重的情况下检测短路故障。他们小心翼翼地将 3 个磁通传感器放置在 1 个圆柱形风扇的电机磁心附近。他们观测到 3 次明显的谐波增加，从健康状态下的 -45.58dB 增加到了低故障严重程度（0.25%）下的 -37.83dB。

Zamudio-Ramirez 等（2020）利用外磁场测量研究了绕线转子感应电机中转子绕组不对称故障的影响。他们将线圈式磁通传感器安装在电机机架附近的 3 个不同位置，根据其位置测量轴向磁通分量和径向磁通分量。式（2.68）给出了一个归一化指标 γ_{DWT}，其依据是故障带小波分量的能量随着故障严重程度的升高而增大，并且对于磁场检测情况，该归一化指标还将线圈式磁通传感器的感应电动势（emf）与包含大部分故障分量演变（d_n）的小波信号电动势联系起来。

$$\gamma_{\text{DWT}} = 10 \cdot \log \left[\frac{\sum\limits_{j=N_b}^{N_s} \text{emf}_j^2}{\sum\limits_{j=N_b}^{N_s} [d_n(j)]^2} \right] \qquad (2.68)$$

式中，N_s 为小波信号中故障相关振荡消失前的信号样本数，N_b 为所考虑时段原点处的样本数。

在时频分析方面，Hong 等（2013）采用两种不同的工具对瞬态过程中获取和存储的不同线圈式磁通传感器电动势信号进行分析。首先，利用短时离散傅里叶变换（Short-Time Fourier Transform，STFT）跟踪启动状态下的故障分量演化。在健康状态下，短时离散傅里叶变换结果中预计只存在基波分量。在转子不对称故障下，故障分量会伴随着故障分量演化所产生的时频特征分布。另外，所用信号处理技术是离散小波变换（DWT）。

该方法不仅能够检测不对称度，而且对磁通传感器的位置非常敏感。

Hong 等（2013）提出了一种基于电感斜率（增量电感或差分电感）的离线偏心检测方法，其检测结果精准。

按照同样的思路，可以检测因偏心故障引起的磁通密度变化。Mirzaeva 和 Saad（2018a）借助安装在电机气隙内定子周围的一组微型霍尔效应传感器，从时间和空间上测量主要气隙磁通密度。他们比较了不同磁极的传感器信号，在与转子位置同步时，这些信号可以区分转子断条、定子短路（Mirzaeva 和 Saad，2018b）、静态偏心和动态偏心。

4. 绕组故障和逆变器中的开路故障

除了轴承故障，绕组故障也是最常见的。绕组故障会破坏电机的运行操作，引发灾难性故障。虽然短路是由绝缘退化引起的，但机械故障和电力电子开关故障同样严重。

绕组或逆变器中的开路非常重要，不仅因为它们会引发严重的性能问题、转矩脉动、转矩减小，甚至会间接造成过电流和过热，其中，许多影响可以通过控制和采用冗余来减弱。

故障可能发生在绕组内，也可能发生在电子开关上。本节讨论的是对电机的诊断和影响，而不是对开关本身的影响。电气驱动开路故障检测和管理方面的研究工作已经持续了数十年，故障定位包括多个不同的方面。

（1）开关保持常开，并且反并联二极管损坏或导电。

（2）某一相的整个绕组断开或受损，多半是因为开关工作异常，或者各相中有一个线圈开路，或者当相绕组由若干平行段组成时，并联线圈中有一个线圈开路，而其余的线圈仍保持连接。

（3）故障时断时续，持续时间短，缺乏有效的标准检测方案。

无论是基于转子磁场定向控制，还是基于直接转矩控制，用于检测永磁交流电机和感应电机开路的技术层出不穷，并且已经尝试满足 3 个标准：即使在低速和低负载下也能保持精确性；参数独立；快速实现故障检测和定位识别。

Eickhoff 等（2018）论述了单个开路开关故障如何导致电流控制偏差。故障发生后，偏差立即增大，偏向角表明开关存在故障。在他们提出的方法中，监测在定子坐标系（α-β）下的电流控制偏差，并把它们当作故障指标。只要满足触发标准，就启用附加电压测试进一步验证故障。为了抵消偏差，该测试增加了偏离方向上所需的电压。如图 2.50 所示为故障的电流轨迹。

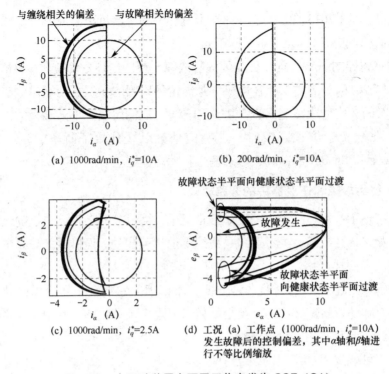

图 2.50　电驱动装置在不同工作点发生 SSF（S1）
前后定子架中的电流轨迹（Eickhoff 等，2018）

5. 转子断条

一直以来，转子断条检测方面的研究不计其数。即使转子断条故障不是最常见的，但感应电机故障诊断就开始于此。

感应电机转子断条可能源于潜在的制造问题，但也可能是重负载下通过转子条的电流增大引起的。这种情况在直接启动感应电机中更常见，而在基于电流控制逆变器运行过程中并不常见。通过分析定子电流可以检测直接启动感应电机中的故障，但在基于电流控制电压型逆变器运行的电机中，这些特征很难检测出来。替代方案是检测杂散磁通和复合信号（有功功率、无功功率和视在功率等）。

目前，相关问题已经通过测量在稳态条件下的定子电流得到解决。定子电流产生的谐波为

$$f_{bb} = f_s(1 \pm 2ks) \tag{2.69}$$

式中，f_s 为电源频率，s 为转差率，k 为整数。

一般来说，只要电机没有严重损坏，故障边频带幅度就很小。随着转子断条数量的增加，谐波的幅度也会增大。随着负载减小，转差也随之减小，

故障引起的谐波接近基频并逐渐减小。

当电机由变频驱动馈电时，定子电流包含与开关频率相关的谐波。在高性能驱动中，定子电流相差很大，但如果电流像磁场定向感应驱动那样得到控制，控制器就可以通过控制电流来掩盖故障。有人提出了通过测量磁通（如测量磁通对主槽谐波的影响等）来检测故障（Climente-Alarcon 等，2015a）。这种方法适用于前文介绍到的偏心、线间短路等故障检测。杂散磁通的类似用途已有详细报道（Panagiotou 等，2018）。

转子断条会导致电流分布不均匀，让相邻转子条承受更大应力。这会进一步引发线性膨胀，让端环承受应力。转子断条是逐渐形成的，在情况加重之前并不会立即影响电驱动的运行，因此预测剩余使用寿命或转子条状态非常有用。Climente-Alarcon 等（2015b）在这方面已经进行了一些研究尝试。感应电机转子断条导致故障演化的应力和位移如图 2.51 所示。

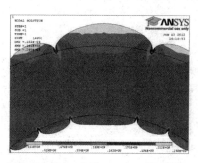 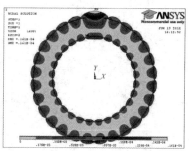

(a) 转子断条后各端环段的冯米赛斯应力　　(b) 转子断条引起的端环段位移

图 2.51　感应电机转子断条后应力和端环段位移的数值分析

在转子断条故障诊断方面，研究人员已经基于模型做出种种尝试。例如，Boumegoura 等（2004）提出了一种基于异步电机在 *d-q* 坐标系下高增益扩展观测器和感应电机三相定子坐标系下扩展卡尔曼观测器的诊断方法（见图 2.52）。

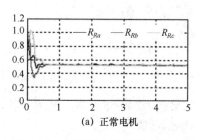 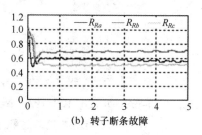

(a) 正常电机　　　　　　　　(b) 转子断条故障

图 2.52　转子断条故障发生前后的三相转子电阻（Boumegoura 等，2004）

2.5.2　永磁交流电机

1. 永磁体退磁

永磁交流电机退磁可能是以下原因造成的：磁体老化，永磁交流电机在磁场减弱和高温情况下运行。这些通常是磁场定向控制故障或逆变器故障引起的。均匀退磁和部分退磁都会影响电机的运行状态，减小平均转矩和效率，并增大转矩脉动。退磁对测定变量、直轴和正交轴电压及谐波的影响，与偏心故障的影响相似，两者都会影响气隙磁通和磁链。

因此，退磁检测很重要。如前文所述，要将退磁与其他具有类似表现的故障、偏心故障、短路故障等区分开来。这 3 种故障都对定子电压有决定性的影响。Haddad 等（2017）研究了定子电压随故障严重程度的变化，并观察了它们在不同故障下的不同轨迹。健康状态和不同故障下的模拟结果和试验结果如图 2.53 所示。为了避免对工作点和温度的依赖，试验采用了补偿插值方法和标准分类工具。

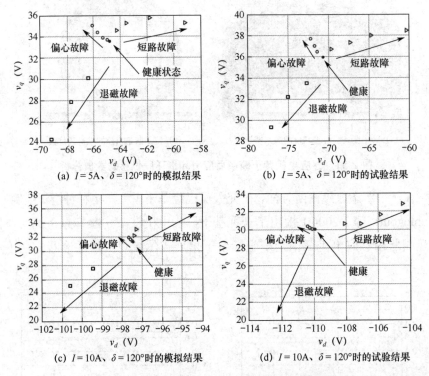

图 2.53　I=5A、δ=120° 和 I=10A、δ=120° 时健康状态和不同故障下 V_d 和 V_q 的模拟结果与试验结果对比（Haddad 等，2017）

Goktas 等（2016）的技术依据是，在磁体破损或失磁的情况下，磁路的磁阻保持不变，但反电动势会降低。相反，在静态偏心下，磁通幅度保持与正常电机的相似，但定子电感随偏心率而变化。由此得出结论：0.25 次谐波和 0.5 次谐波表明磁体断裂失效，而 0.75 次谐波则与静态偏心故障有关。

为了克服离线测试的局限性，并满足基于频谱分析的检测需求，Park 等（2019）利用永磁同步电机中安装的模拟霍尔传感器进行初始位置估计，以确定旋转不对称的原因。他们研究了内置式永磁同步电机在瞬态过程中的偏心、局部退磁和负载不平衡情况。他们将 3 个传感器精确地放置在端罩内，位置如图 2.54 所示。3 种故障的研究结果如图 2.55 所示，证明了该方法的有效性。

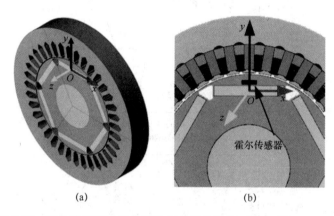

(a)　　　　　　　　　　(b)

图 2.54　霍尔传感器安装位置和相关试验验证（Park 等，2019）

针对永磁体的不可逆退磁（Irreversible Demagnetization，IDF）预测，Ullah 和 Hur（2020）利用机器学习检测电机工作点的变化，预测电机在不可逆退磁发生之前可以忍受的剩余温度裕度，从而确定电机工作点。

首先，利用有限元方法（Finite Element Method，FEM）模拟得到不同温度、负载和磁场减弱程度下的永磁体磁通密度，在计算磁通密度的同时对边缘进行模拟和优先处理。这样做的目的是找到永磁体中磁通密度最低的薄弱点或区域，因为 IDF 会首先影响该部分。通过有限元分析和机器学习，估算在运行过程中各工作点在负载下的磁通密度 B_L。由于 B_L 取决于温度、定子电流和磁场减弱程度这 3 个非线性因素，因此使用五次多元多项式回归（Multi-Variate Polynomial Regression，MPR）模型对 B_L 进行建模。利用式（2.70）来估计磁通密度预测值（B_L）与不可逆退磁点的磁通密度 B_k 之间的裕度，其中，B_k 可以通过简单的永磁体磁化曲线二维查找表得到，即

$$B_{mar} = B_L - B_k \qquad (2.70)$$

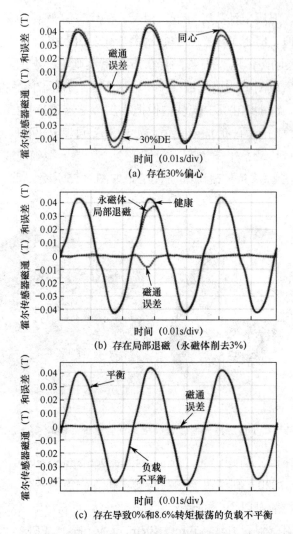

图 2.55 内置式永磁同步电机 3 种故障的试验结果（Park 等，2019）

2. 开路和短路

在永磁交流电机中，仅靠检测是不够的，因为系统的惯量会让磁体持续运动，从而产生电压，造成短路。这种情况在感应电机中并不严重，原因是感应电机的磁场较弱，并且衰减很快。

关于基于电压估计的开路检测技术，Freire 等（2014）将指令电压和估计电压之差的平均值 d'_n 作为诊断变量，即

$$d'_n = \frac{(u_n^* - \hat{u}_n)}{V_{dc}} \tag{2.71}$$

式中，$\hat{u}_n$ 表示相电压估计值，u_n^* 表示相电压指令值。相电压估计值根据磁

链计算得出，即

$$\hat{u}_n = \hat{u}_{Sn} = \frac{\mathrm{d}}{\mathrm{d}t}\hat{\lambda}_{Sn} = \frac{\mathrm{d}}{\mathrm{d}t}(L_d i_{Sn} + \lambda_{PM}\cos\theta_r) \tag{2.72}$$

该诊断技术已成功应用于转子磁场定向控制电驱动和直接转矩控制电驱动。诊断技术如图 2.56 所示，控制策略如图 2.57 所示。

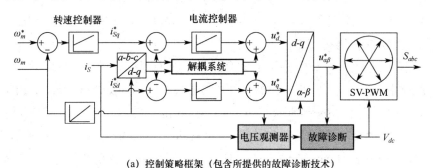

(a) 控制策略框架（包含所提供的故障诊断技术）

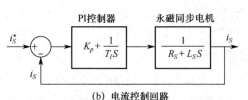

(b) 电流控制回路

图 2.56　将空间向量调制用于永磁同步电机转换器的转子磁场定向控制诊断技术
（Freire 等，2014）

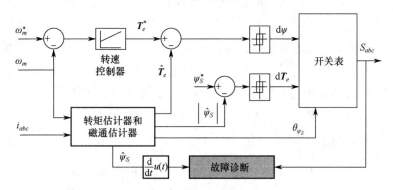

图 2.57　用于永磁同步电机转换器的直接转矩控制策略框架（包括故障诊断技术）
（Freire 等，2014）

在检测到内置式永磁电机存在匝间短路后，Qi 等（2019）提出了一种确定电机在静止状态下短路匝数的方法。

电机采用低正弦电压进行励磁，以便根据电流响应得到绕组电阻和同步电感。在试验中，将外加电压幅度限制在 10V 以内，让短路电流保持在安全范围内，这也减小了对估计值的热影响；将外加电压的频率设置为 200Hz。但是，在实际应用中，人们可以根据电压测量分辨率进行选择。

研究人员已经提出多种检测和识别永磁同步电动机匝间故障的方法。绕组故障会造成运行状态失衡，由此可以得到电压、序分量、阻抗变化、谐波含量等可测信息，其中，多数变量类似于感应电机驱动的变量，可用于故障检测。故障检测是容错系统的重要组成部分，故障电流的抑制基于故障检测及估计算法的提出和实施。

这些技术大多分析稳态下的一个或多个典型频率分量。但在瞬态下，频率随时间变化，频谱失真，快速傅里叶变换（Fast Fourier Transform，FFT）、短时傅里叶变换（Short-Time Fourier Transform，STFT）等传统频率分析方法变得无效或受限，应采用小波变换（Wavelet Transform，WT）、希尔伯特–黄变换（Hilbert-Huang Transform，HHT）等更先进、更复杂的方法。然而，它们经常因为对内存要求较高和计算时间较长而难以实时实现。

由于大多数永磁电机是由脉宽调制电压型逆变器驱动的，因此电压和电流都会包含高频信号（谐波），这也可以用来检测匝间故障。采用高频信号进行故障检测的优势是可以消除反电动势的影响，得益于它只包含低频信号，即基波及其整数倍谐波。此外，速度和负载变化对高频电流纹波的影响不太明显，借助合适的故障指标即可消除该影响。

Hu 等（2017）致力于研究基于脉宽调制高频电流的匝间故障检测技术。他们使用带通滤波器提取信号，利用均方根（RMS）检波器测量均方根；还比较了三相永磁电机（SPM）各相的均方根电流，研究并提出了基于相位不平衡的两个故障指标；建立了分析模型，并通过仿真试验验证了模型的可行性。

在预测高频电流时，可以忽略反电动势，因为它们的频率要低得多。基于这些考虑，高频电压方程可写成式（2.73），其中，电压和电流的下标"HF"表示其高频分量。

$$[u_{abcf\_HF}] = [R_{abcf}][i_{abcf\_HF}] + [L_{abcf}]\frac{\mathrm{d}}{\mathrm{d}t}[i_{abcf\_HF}] \qquad (2.73)$$

式中

$$[u_{abcf\_HF}] = [u_{a\_HF}\ u_{b\_HF}\ u_{c\_HF}\ u_{f\_HF}]^{\mathrm{T}} \qquad (2.74)$$

$$[i_{abcf\_HF}] = [i_{a\_HF}\ i_{b\_HF}\ i_{c\_HF}\ i_{f\_HF}]^{\mathrm{T}} \qquad (2.75)$$

状态空间方程的输入是 u_a 和 u_b 的高频分量。根据此状态空间方程，可以预测输出的高频电流，并评估匝间故障对高频电流的影响。虽然发生匝间故障时，均方根电流 $i_{a\text{-RMS}}$ 会发生变化，但由于在正常状态和故障状态下的

$i_{a\text{-RMS-H}}$ 和 $i_{a\text{-RMS-F}}$ 都取决于调制指数 M，还没有一个简单的方法来确定阈值，因此，必须将阈值确定为调制指数函数，而不是常数，这会提高复杂性和噪声敏感性。利用 A 相与 B 相、B 相与 C 相、C 相与 A 相之间的电流比，故障指标捕捉到三相高频电流因故障产生的异常变化，从而提高了故障检测效率。

Breuneval 等（2017）使用一种模型与数据混合的方法诊断永磁交流电机中的短路故障，利用支持向量机（Support Vector Machine，SVM）结合模糊隶属函数（Fuzzy Membership Functions，MBF）进行故障严重程度分类。在该方法中，首先诊断故障，如果观测到故障，则将其归为故障；然后，确定观测值在某个故障严重程度分类中的隶属度。也就是说，该方法的思路是计算一个观测值对一个分类的隶属度。因此，一个观测值可以属于多个分类，具有不同的隶属度。在实践这一思路过程中，人们运用了模糊集理论。模糊隶属函数是根据到超平面的距离计算得出的，而超平面本身是通过经典的支持向量机（Support Vector Machine，SVM）计算出来的。根据分类的隶属度，利用阈值对该观测值进行分类，结果表明，该方法具有较高的计算效率和准确性。

常用于短路检测及严重程度估计的测量值与无功功率的发送谐波有关，该谐波由电流和电压的三次谐波推导得出。经证明，这是一个很好的指标，但其缺点是，由于电驱动基于带电流控制器的电压源逆变器，因此带电流控制器的带宽在不同工作频率下对结果的影响不同。Huang 等（2020）结合电流和电压的二次谐波，提出了一种新的基于瑞利商函数的匝间短路（Inter-Turn Short Circuit，ITSC）指标，如图 2.58、图 2.59 所示。

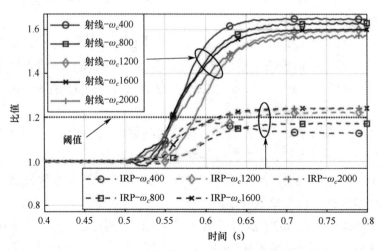

图 2.58　在 10A、300rpm 试验条件，不同 ω_c 的匝间故障在线检测用射线比和 IRP 比（严重程度：单匝直接短路；Huang 等，2020）

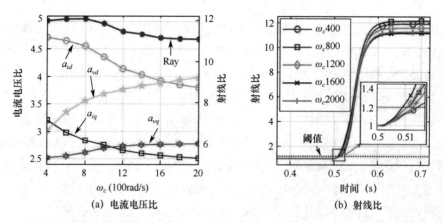

图 2.59 在 10A、600rpm 试验条件，不同 ω_c 下的匝间故障在线检测电流电压比和射线比（严重程度：15 匝短路，RF=0∶5；Huang 等，2020）

给定一个复杂的埃尔米特矩阵 X 和非零向量 w，则瑞利商函数 $R(X;w)$ 定义为

$$R(X,w) = \frac{w^* X w}{w^* w} \qquad (2.76)$$

d-q 轴电流和电压中的二次谐波不直接加权。相反，匝间故障发生后 i_{dq} 和 v_{dq} 的二次谐波与故障发生前的二次谐波之比（电流电压比）被归一化。i_d、i_q、v_d 和 v_q 的比值分别表示为 a_{id}、a_{iq}、a_{vd} 和 a_{vq}，则瑞利商函数中的埃尔米特矩阵 X 为

$$X = A'A，\quad A = [a_{id}\ a_{iq}\ a_{vd}\ a_{vq}] \qquad (2.77)$$

为了评估对广泛故障严重程度的分析，Huang 等（2020）通过有限元分析和各种试验进行了协同仿真。

故障检测时间主要由电机转速决定。随着电机转速增加，电流和电压周期缩短，提取二次谐波的可用时间也随之缩短。总体来说，该指标可以在 2.5 个电气周期内检测到不同 ω_c 下的单匝直接短路，而 15 匝短路的检测速度更快，因为其指标值更高。

永磁交流电机中的间歇性故障表现方式与感应电机类似。在早期阶段，这些故障持续时间太短，不会影响性能或主要待测变量。在通常情况下，可以通过它们在相电流中引起的瞬态将故障检测出来，这些故障发生速度很快，不会被快速电流控制器补偿。

Zanardelli 等（2007）探讨了永磁交流电机中两种定子故障：①电机和控制器之间连接不良，导致某一相位电阻瞬间增大；②端部匝间短路，模拟电机定子绕组中的绝缘故障。

鉴于故障的间歇性及其引起的高频振荡，他们使用时频工具、短时傅里叶变换和位移不变的离散小波变换进行连续检测。利用直流和正交电流进行分类，这些电流足够高频，不会被控制器的动作所掩盖。采用线性判别分类器将故障分为 4 类：短路故障的开始、短路故障的清除、开路故障的开始、开路故障的清除。

Haje Obeid 等（2017）研究了永磁交流电机的间歇性故障，并将其作为预测稳态故障的手段。他们利用了定子电流和参考电压的畸变。

他们还使用模式检测方法识别间歇性故障。其中，识别模式为故障特征（Fault Signature，FS），并且该识别应该是可行的，与其规模无关。故障特征是间歇性短路结束时产生的变形。如果故障特征尺度已知，则求被测信号（$V_{q,\text{ref}}$ 等）与该信号中的故障特征模式之间的卷积就足够了。故障识别则视为故障特征和故障特征模式之间的关联。但由于故障特征尺度与待检测故障有关，因此它是一个未知参数。于是，他们选择了自适应小波变换。他们注意到，对于 A 相的间歇性故障，u_{bc} 更容易受其他线路电压的影响。故障定位以相间电压畸变的幅度比较为基础。其目的是通过这些电压的峰值幅度差异来识别故障相位。

理论分析和试验测试表明，该故障定位方法不仅可以有效识别和定位间歇性故障，还可以提高信号的信噪比。他们认识到，主要有两个限制因素导致无法检测到间歇性故障：一是存在故障的匝数（μ）非常少；二是短路电阻（$R_{f_{s}c_{o}N}$）极高。

Yan 等（2019）提出了一种基于相电流平均电流派克向量的技术，对三相永磁同步电机电驱动中的电压源逆变器进行了模糊故障诊断。运用模糊逻辑方法对故障特征变量进行处理，得到电源开关的故障信息。与其他模糊逻辑方法相比，该故障诊断方法中的模糊逻辑设计、模糊输入和模糊规则都有所不同。该故障诊断方法不仅可以检测和定位单个或多个开路故障，还可以检测和定位电源开关的间歇性故障。

永磁同步电机在正常运行时，三相电流为正弦波。引入常数 ξ，$k = a,b,c$ 时其值等于归一化相电流 i_{kN} 的值，即

$$i_{kN} = \frac{i_k}{I_m} \tag{2.78}$$

式中，I_m 是相电流的最大幅度。

在正常状态下，$\xi = 2/\pi = 0.6366$。为了顺利进行故障诊断，引入 3 个诊断变量 e_k（$k = a,b,c$），其值等于归一化电流平均绝对值的误差，表示为

$$e_k = \xi - \langle |i_{kN}| \rangle \tag{2.79}$$

在正常工况下，3 个诊断变量 e_k 均接近 0。在脉宽调制电压源逆变器发生开路故障时，这 3 个诊断变量中至少有 1 个明显是正值，可以用来识别故障。

为了顺利进行故障诊断，故障特征变量的公式为

$$E_k = \begin{cases} N, & e_k < -\delta_0 \\ Z, & -\delta_0 \leqslant e_k < \delta_0 \\ PS, & \delta_0 \leqslant e_k < \delta_1 \\ PL, & e_k \geqslant \delta_1 \end{cases} \tag{2.80}$$

$$Z_k = \begin{cases} N, & \langle i_{kN} \rangle < -\mu_0 \\ Z, & -\mu_0 \leqslant \langle i_{kN} \rangle \leqslant \mu_0 \\ P, & \langle i_{kN} \rangle > \mu_0 \end{cases} \tag{2.81}$$

式中，δ_o、δ_1、μ_0 为阈值；N、Z、P、PS 和 PL 均为模糊域的值，N 表示负值，Z 表示零值，P 表示正值，PS 表示正小值，PL 表示正大值。故障特征变量 E_k 和 Z_k 可用于检测和定位脉宽调制电压源逆变器中的开路故障，但平均电流派克向量无法检测电源开关的间歇性故障。针对这一问题，采用模糊控制算法对这些故障诊断变量进行处理。

诊断过程主要基于电压源逆变器的分析式和启发式知识征兆。采用定性过程模型的启发式知识征兆可以使用 if-then 规则。将分析式知识征兆和启发式知识征兆分别作为故障特征变量 E_k 和 Z_k，并作为模糊故障诊断（FFD）模块的输入。根据模糊控制算法原理，将 6 个故障特征变量 E_k 和 Z_k 模糊化为

$$\begin{cases} E_k \in \{N, Z, PS, PL\} \\ Z_k \in \{N, Z, P\} \end{cases} \tag{2.82}$$

该算法能够在故障发生后 90ms 内对不同类型的开路故障进行检测和定位，并且负载突变不会造成诊断错误。

2.5.3 传感器故障

Diao 等（2013）介绍了永磁同步电机电驱动中机械传感器故障和电流传感器故障的检测诊断结构。

在永磁同步电机电驱动中，使用位置传感器来检测转子磁场位置，或者测量转速。目的是在机械传感器出现故障时提供有效的备用方案。

该方法基于两个互联观测器：扩展卡尔曼滤波器（Extended Kalman Filter，EKF）和模型参考自适应系统（MRAS）观测器。

　　扩展卡尔曼滤波器因其性能最优，专门用于在机械传感器故障和电流传感器故障的情况下进行位置估计。从磁场定向的永磁交流电机经典模型开始，基于卡尔曼滤波的估计器利用固定坐标系中的等效两相电流测量值（i_α、i_β）和计算得出的参考电压（V_α、V_β）分别估计转子位置和转速，即 $\hat{\theta}$ 和 $\hat{\omega}$。根据扩展卡尔曼滤波器给出的估计转子位置和转速，加上参考电压，利用模型参考自适应系统理论估计三相电流（$\hat{i}_a$、$\hat{i}_b$、$\hat{i}_c$）。

　　模型参考自适应系统根据转子实际位置和转速估计相电流。通过对残差的计算和排序（测量值与估计值的差值），可以进行故障隔离。

　　Yu 等（2018）提出了一种集成 3 个独立观测器的方案，分别以 A 相电流、B 相电流和 C 相电流作为输入。这些观测器能够在线检测正常运行中的电流传感器状态。此外，在 1 个甚至 2 个电流传感器出现故障后，即使只有 1 个电流传感器可用，这些观测器也可以检测并定位故障，并将系统切换到容错控制模式。

　　该方案在不改变原有系统结构的情况下，采用估计电流信号代替故障电流信号。

　　在所有电流传感器无故障时，3 个状态观测器观测到的三转子磁通幅度相等，3 个状态观测器的估计电流（$\hat{i}_a$、$\hat{i}_b$、$\hat{i}_c$）分别跟踪 3 个实际相电流。如果 3 个电流传感器中的任何一个发生故障，例如，A 相电流 i_a 瞬间为零，而 $\hat{i}_\beta$ 在估计周期内变化很小。充分利用这一现象，实现单个电流传感器的故障诊断。建立第一电流传感器故障诊断的判断原则，基于观测器的输出确定 3 个电流传感器的健康度。

　　在第一电流传感器发生故障之后，可以对故障进行检测和定位，系统与其他两个正常的电流传感器会继续在容错控制模式下工作。不过很遗憾，剩下的两个正常电流传感器仍然有可能发生故障，这个时候就需要用到第二电流传感器故障诊断方法。

　　Chakraborty 和 Verma（2015）提出了一种故障检测与隔离技术，可以让传统的向量控制感应电机电驱动对电流传感器和速度传感器故障具有容错能力。他所提技术中电流估计使用 d 轴和 q 轴电流，与三桥臂逆变器的开关状态无关。虽然该技术引入向量旋转这一新概念得出潜在电流估计，但速度是基于现有模型参考自适应系统的一个公式估计的。基于逻辑的决策机制选择正确的估计值，通过拒绝故障传感器发出的信号重新配置系统。

　　该技术需要先将 α 固定轴与相位轴对齐。如果 A 相传感器发生故障，则 α 相电流和 β 相电流的测量值都会出错；但如果 B 相传感器发生故障，

则 α 相电流的测量值是正确的，β 相电流的测量值是错误的。

如果 $\alpha\text{-}\beta$ 坐标系旋转 120°，当 A 相传感器发生故障时，新的 α' 相电流的测量值是正确的，而 β' 相电流的测量值是错误的。

利用 $d\text{-}q$ 旋转坐标系中 A 相电流和 B 相电流的实际测量值及其对应的参考幅度，可以对 $\alpha\text{-}\beta$ 坐标系中的电流进行 8 种估计。因此，如果能够开发出一种机制，将错误的电流测量值转换为正确的估计值，那么系统就具备了容错能力。

针对速度传感器故障检测，Chakraborty 等（2010）提出了一种基于 X 模型参考自适应系统（X 代表 $V \times I^*$）的故障检测方法。利用电流传感器得出 d 轴和 q 轴的实际电流值，而估计值根据电流估计算法（$\hat{i}_\alpha$ 和 $\hat{i}_\beta$）得出。借助向量旋转器获得 $\alpha\text{-}\beta$ 坐标系中的估计电流信号和 $d\text{-}q$ 旋转坐标系中的电流，而向量旋转器又与速度有关。将误差 $X_R - X_S$ 馈送至自适应系统，以产生速度信号，其中

$$X_R = v_{Sq}^* i_{Sd}^* + v_{Sd}^* i_{Sq}^* \tag{2.83}$$

$$X_S = v_{Sq}^* i_{Sd} + v_{Sd}^* i_{Sq} \tag{2.84}$$

2.5.4　故障缓解与管理

目前，业界已经公开发布多个匝间故障缓解方法，主要应用于永磁交流电机中。最简单的故障缓解方案是让损伤相位全面短路，但这样引发的问题可能比原来需要解决的问题还多。大多数技术均通过控制定子电流来产生大小相等的磁链，但其方向与磁体产生的磁链相反。这降低了故障匝中的感应电动势（Electromotive Force，EMF）电压，抑制了故障循环电流。根据速度、负载、电机设计、电感及故障检测、判定、响应时间（热损伤前通常有数毫秒）、注入电流及由此引起的转矩减小量，可以运用控制方法进行估计。

Welchko 等（2006）提出了一种控制方法，其可以在逆变器驱动或电机定子绕组发生短路故障后，消除内置式永磁电机中的磁通。基于相位控制来实施磁通归零的控制方法，可以利用零序电流尽量减小短路相中的电流。对于容错型永磁电机驱动来说，其要求必须单独控制相电流。实际上，这需要各相由 H 桥逆变器或六桥臂逆变器驱动。基本原理是，将 d 轴电流设置为等于电机特征电流，从而让磁场归零，即

$$i_d e^* - \frac{\lambda_m}{L_d} \tag{2.85}$$

另一种方法是设置零序电流，让故障相的电流为零，即

$$i_d 0^* - i_d^{s^*} \tag{2.86}$$

Mitcham 等（2004）提出了一种适用于开槽电机、条绕电机和大型永磁电机的电流注入方案。该方案消除了与故障项相关的磁通，并在剩余的正常匝中强制形成预期的电流波形。该分析是在相位间互耦最小的假设下进行的。

与 Welchko 等（2006）提出的电流注入方案不同，Arumugam（2015）探讨了需要增配电气或机械组件的端子短路和机电避让。

Cintron-Rivera 等（2015）利用三相永磁交流电机的电气模型，分析了三相永磁交流电机的故障电流。

故障电流表示为

$$i_f = i_a \cdot \overbrace{\frac{\{r_{af} + j\omega \cdot (L_{af} + M_{a_f a_h})\}}{Z_{a_f}}}^{i_a \text{ 的贡献}} + \underbrace{\frac{\Delta \lambda_{pm} \omega}{Z_{a_f}}}_{\text{Back EMF的贡献}} \tag{2.87}$$

在检测到故障后，故障缓解方法共包含以下几个步骤：

（1）限制运转速度，如果条件允许，将速度降低到基值以下；

（2）限制电机产生的转矩；

（3）进行磁场削弱，以减小因故障产生的感应电压。

这种限制有助于故障电流始终保持在允许值范围内。

Jiang 等（2018）论证了分数槽集中绕组永磁同步电机在处理匝间短路故障方面的可行性。他们采用有限元分析方法分析并验证了分数槽集中绕组永磁同步电机短路故障的规律，以及短路匝数和槽内线圈位置对匝间短路电流的影响。他们采用三相电流注入控制方法，缓解永磁同步电机的匝间短路故障。

不管是绕组还是逆变器，当开路故障发生时，都必须修改控制方法，以保障驱动不间断运行。对于 Y 连接的电机和 $\varDelta$ 连接的电机，其思路是，如果故障相是隔离开的，那么逆变器可以产生相对于彼此相移 60° 的线路电流，从而导致旋转磁动势只有正向分量。例如，如果 C 相由于内部或外部故障出现开路，则定子旋转磁动势为

$$\mathcal{F}_s = N_s \cos(\theta) i_a + N_s \cos(\theta - 2\pi/3) i_b \tag{2.88}$$

式中，θ 为旋转磁场的电角度，N_s 为每相的有效绕组数，i_a 和 i_b 由逆变器控

制相移 $60°$ 。假如有

$$i_a = I_m\cos(\omega t - \pi/6) , \quad i_b = I_m\cos(\omega t - \pi/2) \tag{2.89}$$

将 i_a 和 i_b 代入式（2.88），有

$$\mathcal{F}_s = (\sqrt{3}/2)N_s I_m\cos(\theta - \omega t) \tag{2.90}$$

如果需要额定功率，则剩余相电流的幅度必须增加为原来的 $\sqrt{3}$ 倍，即电流增加 73.2%。

如果某相发生故障，为了让其余两相持续运行，Zhang 等（2014）提出了 3 种典型的带有附加开关的容错电机拓扑结构，如图 2.60、图 2.61 所示。

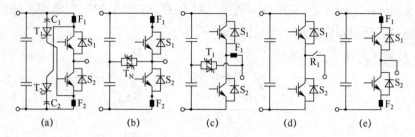

(a)　　　(b)　　　(c)　　　(d)　　　(e)

图 2.60　5 种典型的故障隔离方案（Zhang 等，2014）

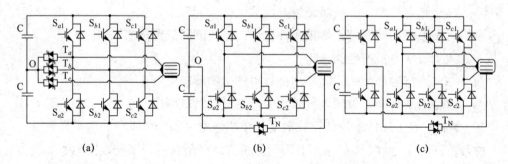

(a)　　　　　　(b)　　　　　　(c)

图 2.61　三相开路容差电机（Zhang 等，2014）

第 1 种容错拓扑结构如图 2.61（a）所示，该拓扑结构迫使故障相经由附加的三端双向交流开关（T_N）连接到直流链路中点。发生故障后，重新配置的拓扑结构类似于仅采用 4 个开关驱动三相电机。请注意，由于逆变器仍然可以提供全额定电流，因此产生的转矩将保持不变。

第 2 种方法是通过嵌入的三端双向交流开关（T_N）将电机的中性点连接到直流母线中点，如图 2.61（b）所示。请注意，为了容错，拓扑结构中仅添加了一个三端双向交流开关。在某相发生故障的情况下，其他两相中的电流幅度必须增大为原来的 $\sqrt{3}$ 倍，并在故障后将两相之间的相移调节到 $60°$ 。请注意，修改后的控制策略会导致零序电流的出现。因此，故障发生之后需

要接通三端双向交流开关，让中性电流正常流动。

第 3 种方法是将电机的中性点连接到附加的第四桥臂上，如图 2.61（c）所示，附加的第四桥臂与三端双向交流开关合为一体。即使在没有三端双向交流开关的情况下，第四桥臂也可以永久连接到转换器上。

与前两种方法相比，第 3 种方法的拓扑结构的优点为：

（1）该拓扑结构中不存在直流母线中点平衡问题和最小电容尺寸；

（2）与以前的方法相比，线间电压可以提高到 1pu。

相似的原理也可以应用于五相电机，但需要采用多种策略，并增加相电流和/或零序分量。类似方法也适用于四相电机、六相电机等多相电机。

Mohammadpour 等（2014）针对五相永磁电机驱动中的开路故障提出了一种广义最优容错控制（Fault-Tolerant Control，FTC）技术。这种容错控制技术除了考虑传统的星形连接，还考虑了定子绕组的五边形连接和五角星形连接（见图 2.62）。他们分析了互相永磁电机定子绕组及逆变器开关出现的开路故障。该控制技术的优化目标是在开路故障条件下以最小的电压损耗产生无波纹电磁转矩。要实现这个目标，需要运用简单的封闭方程，在所有利用查找表估计故障类型影响的情况下，计算最佳参考电流。这种控制技术比较容易推广应用到多相永磁电机中。

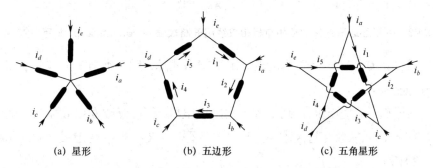

(a) 星形   (b) 五边形   (c) 五角星形

图 2.62　五相永磁电机定子绕组的 3 种配置可能（Mohammadpour 等，2014）

Mendes 和 Marques Cardoso（2006）对各种故障缓解技术进行了比较，通过三端双向交流开关实现定子中性点连接（SNPC）和定子相连接（SPC）硬件重新配置，既适用于转子磁场定向控制，又适用于直接转矩控制。对于 SPC 拓扑和 SNPC 拓扑，其电磁转矩减小到额定电磁转矩的 50%。在检测到逆变器故障后，尽管永磁电机的运行速度较低，但其仍可以继续运行，直到解决问题的时机出现。

在 SNPC 硬件重新配置模式下，该拓扑结构中注入的电机线路电流必须为正常工作模式下的 $\sqrt{3}$ 倍。为此，半导体的额定电流也必须增大为原来的 $\sqrt{3}$ 倍。

另外，可以通过使用多相电机减少故障和提高可靠性，这样可以保证电机在一相故障的情况下继续运行，具体如 Mohammadpour 和 Parsa（2013）、Levi（2008）所示。

一般来说，如图 2.63 所示的可能故障情况可以分为以下 8 类：①单相（1Ph）；②相邻两相（A2Ph）；③非相邻两相（NA2Ph）；④相邻三相（A3Ph）；⑤非相邻三相（NA3Ph）；⑥单线（1L）；⑦相邻双线（A2L）；⑧非相邻双线（NA2L）。

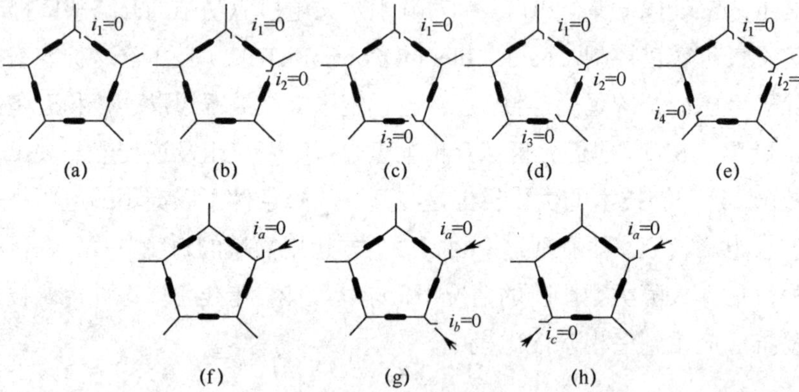

图 2.63　采用五边形连接的五相电机相位绕组开路故障（Mohammadpour 等，2014）

具体来看，前 5 类情况是电机定子绕组故障，后 3 类情况则与逆变器开关故障有关。

对于转子磁场定向控制下的多相感应电机，可以修改发生故障相驱动的运行状态，以实现定子峰值电流、电压损耗或波纹电磁转矩最小化（Tani 等，2012）。

2.6　电力电子器件和系统

电力电子器件是电气系统的重要组成部分。它们在电力驱动、电力转换、工业系统等各种应用中发挥着日益重要的作用。但是，随着其复杂性的增加和性能的提高，系列可靠性问题也随之出现。电力电子器件承受着热、电干扰、湿气、振动等诸多应力作用。例如，电力电子器件的应力分布如图 2.64 所示（Winter，2008）。

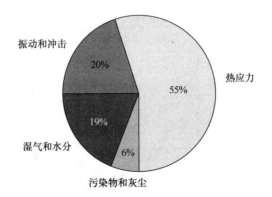

图 2.64　电力电子器件的应力分布

　　这些应力会引发多种故障。在同一应用中，不同的失效情况分布为：电容器失效占 30%；印刷电路板失效占 26%；半导体失效占 21%；焊料失效占 13%；连接器失效占 3%；其他失效占 7%（见图 2.65；Choi 等，2015）。

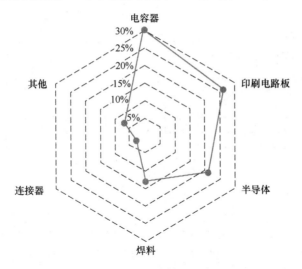

图 2.65　失效情况分布

2.6.1　交流电机中的电力电子器件

功率级电机驱动通常由 4 部分组成（见图 2.66）：

（1）将三相交流电压（或电流）转换为直流电流（或电压）的前端整流器；

（2）中间存储电路（电感式或电容式，根据前端整流器的性质确定）；

（3）将直流电压（或电流）转换为三相交流电压（或电流）的后端逆变器；

（4）驱动两个转换器的控制单元。

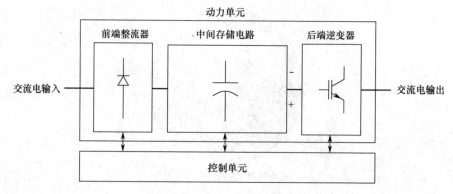

图 2.66　功率级电机驱动组成

前端整流器可以选用三相二极管电桥，即三相二极管整流器（见图 2.67）。当阴极、阳极电压为正时，二极管开启；当电流低于一定水平时，二极管关断。三相二极管整流器的三相电压、三相电流和直流电压如图 2.68 所示。

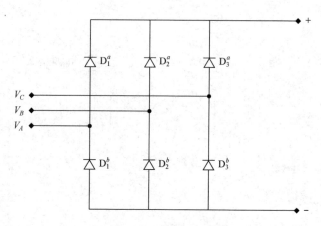

图 2.67　三相二极管整流器

在三相电压平衡的情况下，交流供电的直流电压为

$$\begin{cases} V_A = \hat{V}\sin(\omega t) \\ V_B = \hat{V}\sin\left(\omega t - \dfrac{2\pi}{3}\right) \\ V_C = \hat{V}\sin\left(\omega t - \dfrac{4\pi}{3}\right) \end{cases} \tag{2.91}$$

直流输出电压为

$$\langle V_{DC} \rangle = \frac{3\sqrt{3}\hat{V}}{\pi} \tag{2.92}$$

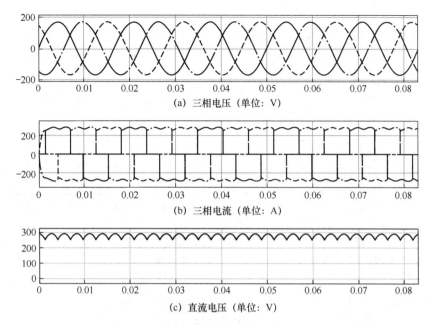

(a) 三相电压（单位：V）

(b) 三相电流（单位：A）

(c) 直流电压（单位：V）

图 2.68　三相二极管整流器的三相电压、三相电流和直流电压

前端整流器可以选用带 6 个晶闸管的三相可控整流桥，即三相晶闸管整流器（见图 2.69）。当阴极、阳极电压为正电压，并产生电流栅极脉冲时，会触发这些器件。当电流下降到一定水平以下，并在最小关断时间 t_{off} 内施加阴极、阳极负电压时，这些器件会关断。三相晶闸管整流器的三相电压、三相电流和直流电压如图 2.70 所示。

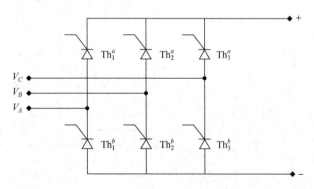

图 2.69　三相晶闸管整流器

在三相电压平衡的情况下［见式（2.91）］，直流输出电压为

$$\langle V_{DC} \rangle = \frac{3\sqrt{3}\hat{V}}{\pi}\cos\alpha \tag{2.93}$$

式中，α 表示触发延迟角。

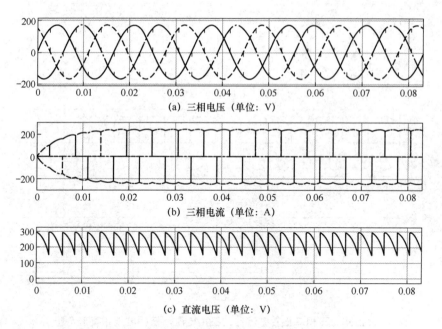

(a) 三相电压（单位：V）

(b) 三相电流（单位：A）

(c) 直流电压（单位：V）

图 2.70　三相晶闸管整流器的三相电压、三相电流和直流电压

后端逆变器可以为三相逆变器（见图 2.71），其通常由 6 个绝缘栅双极晶体管（Insulated-Gate Bipolar Transistor，IGBT）或 6 个带反并联二极管的金属氧化物半导体场效应晶体管（Metal-Oxide-Semiconductor Field-Effect Transistor，MOSFET）组成。

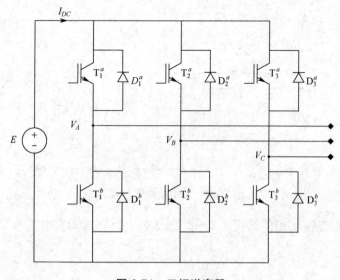

图 2.71　三相逆变器

控制单元通常会提供逆变器的空间向量脉宽调制栅极信号，脉宽调制输出电压如图 2.72 所示。高于采样频率的噪声会受到抑制。

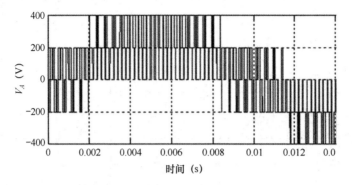

图 2.72　脉宽调制输出电压

这种对称空间向量脉宽调制遵循的原则包括：①定期间隔 T_e 对参考信号进行采样（规则采样脉宽调制方法）；②为每相提供以周期（对称脉宽调制）为中心、宽度为 T_i 的脉冲，确保其平均值在采样周期开始时等于参考电压；③这种调制在 3 个相位上同步进行。脉宽调制原理如图 2.73 所示。

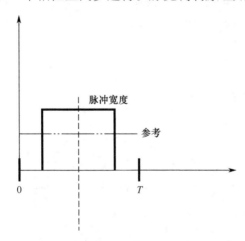

图 2.73　脉宽调制原理

两电平三相逆变器的不同开关状态如表 2.5 所示。

表 2.5　两电平三相逆变器的不同开关状态

k	V_k	$\mathbf{Re}(V_k)$ α 轴	$\mathbf{Im}(V_k)$ β 轴	S_A	S_B	S_C
1	V_1	$E\sqrt{\dfrac{2}{3}}$	0	1	0	0
2	V_2	$E\sqrt{\dfrac{1}{6}}$	$E\sqrt{\dfrac{1}{2}}$	1	1	0

（续表）

k	V_k	$\mathrm{Re}(V_k)$ α 轴	$\mathrm{Im}(V_k)$ β 轴	S_A	S_B	S_C
3	V_3	$-E\sqrt{\dfrac{1}{6}}$	$E\sqrt{\dfrac{1}{2}}$	0	1	0
4	V_4	$-E\sqrt{\dfrac{5}{3}}$	0	0	1	1
5	V_5	$-E\sqrt{\dfrac{1}{6}}$	$-E\sqrt{\dfrac{1}{2}}$	0	0	1
6	V_6	$E\sqrt{\dfrac{1}{6}}$	$-E\sqrt{\dfrac{1}{2}}$	1	0	1
0	V_0	0	0	0	0	0
7	V_7	0	0	1	1	1

注：E 表示直流电压。

考虑到静态开关的各种可能状态，我们可以定义 8 个向量（其中 2 个为零向量），限定 6 个扇区（见图 2.74）。

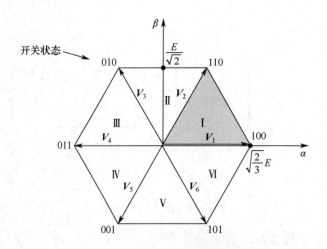

图 2.74　静态开关的向量极限 α-β 表示

对于每个参考电压向量，要先选择正确的扇区，再计算开关时间，以符合先前的特性（见图 2.75）。

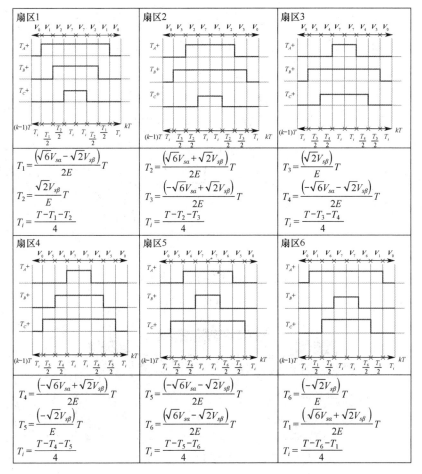

图 2.75 开关时间表示（Grellet 和 Clerc，1997）

2.6.2 静态开关

金属氧化物半导体场效应晶体管（Metal-Oxide-Semiconductor Field-Effect Transistor，MOSFET）和绝缘栅双极晶体管（Insulated-Gate Bipolar Transistor，IGBT）是电机驱动中主要的受控静态器件，大多采用硅半导体材料或碳化硅半导体材料制备。

1. MOSFET

金属氧化物半导体场效应晶体管（MOSFET）是单向电压、双向电流开关（见图 2.76），采用的是一种单极结构。为了分析 MOSFET 的特性，我们考虑采用硅技术处理的横向 N 型 MOSFET，其结构如图 2.77 所示。两个 N 型重掺杂区域在 P 型硅衬底中扩散。一层薄薄的绝缘层（通常为 SiO_2）将栅极引线与主体隔开。流经 MOSFET 的电流由栅极（沟道）下方区域的电荷载流子浓度调节。电荷载流子浓度和电强度取决于栅极电压 V_{GS} 和漏源电压 V_{DS}。

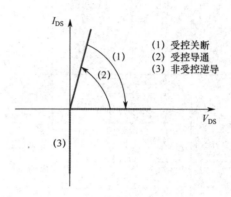

(1) 受控关断
(2) 受控导通
(3) 非受控逆导

图 2.76　MOSFET 的开关特性

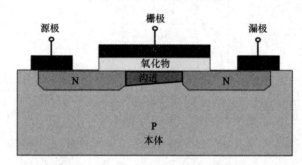

图 2.77　横向 N 型 MOSFET 的结构

如果 $V_{GS} < 0$，内部 NP 和 PN 背靠背本体二极管保持漏源电压不变［见图 2.78（a）］且无电流流动。

如果 $0 < V_{GS} < V_T$，则由于电荷载流子在这种状态下耗尽，沟道仍然保持高电阻且无电流流动［见图 2.78（b）］。

如果 $V_{GS} > V_T$，受静电影响，栅极下的 P 型电荷载流子被推出沟道，电子被吸引到该区域。该区域叫作反型层。N 型感应沟道变成导电沟道。当施加的漏源电压为正时，会有电流流动，器件进入线性状态。随着 V_{DS} 的增大，漏极附近的电子浓度降低［见图 2.78（c）］。如果 V_{DS} 继续增大，反型层不再连接到漏极，器件进入饱和状态［见图 2.78（d）］。

基于此，N 型 MOSFET 表现出 I_{DS} 和 V_{DS} 的关系特性如图 2.79 所示。

在电力应用中，为了减少导通损耗，MOSFET 工作在饱和状态下。另外，横向结构不适合高压应用，垂直拓扑结构的耐压性能更好。目前，业界已设计多种 MOSFET 结构，其中一部分如图 2.80 所示。

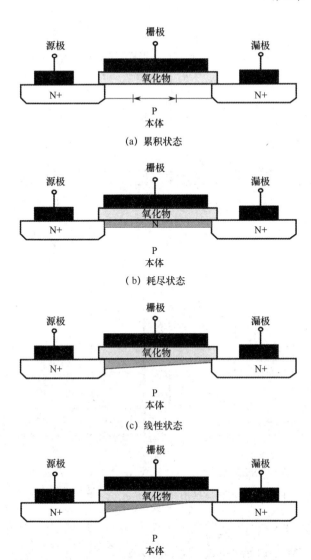

(a) 累积状态

(b) 耗尽状态

(c) 线性状态

(d) 饱和状态

图 2.78 N 型 MOSFET 行为

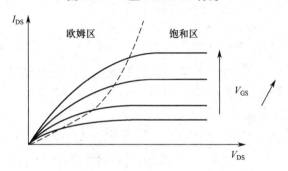

图 2.79 N 型 MOSFET 的特性

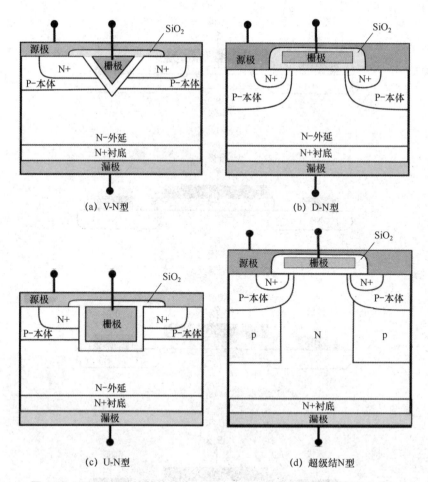

(a) V-N型

(b) D-N型

(c) U-N型

(d) 超级结N型

图 2.80 MOSFET 的其他结构（Fairchild，2000；Zhang 等，2018）

N 型 MOSFET 带有多个寄生元件：①NPN 型晶体管；②PN 结二极管，该寄生元件让 MOSFET 不能维持反向极化；③寄生电阻；④某些寄生电容。

寄生电阻的成因包括：①R_{N+}，N+区电阻；②R_{ch}，沟道电阻；③R_A，栅极下累积层电阻；④R_J，N-外延层电阻；⑤R_D，P 区到衬底电阻；⑥R_S：衬底电阻（见图 2.81）。

此外，该结构还带有各种寄生电容（见图 2.82）：①C_{DS}，漏源极间电容，$C_{DS} = C_O + C_{N+} + C_P$；②$C_{GS}$，栅源极间电容；③$C_{GD}$，栅漏极间电容。

此外，各种连接线和键合线也带有寄生电感。因此，N 型 MOSFET 等效电路如图 2.83 所示。

这些寄生元件会影响金属氧化物半导体场效应晶体管（MOSFET）在导通［见图 2.84（a）］和关断［见图 2.84（b）］时的开关特性。

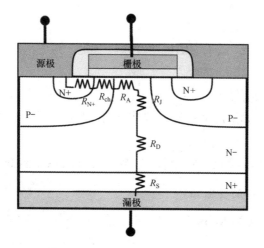

图 2.81　MOSFET 内的寄生电阻

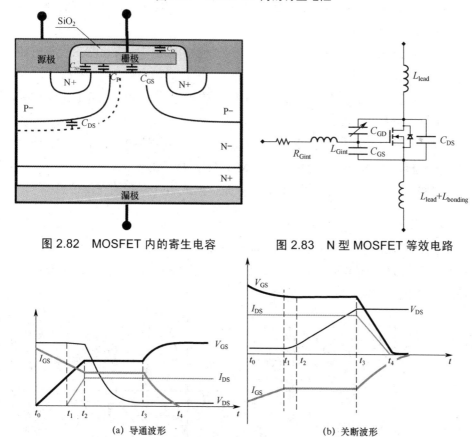

图 2.82　MOSFET 内的寄生电容　　　　图 2.83　N 型 MOSFET 等效电路

(a) 导通波形　　　　　　　　　(b) 关断波形

图 2.84　N 型 MOSFET 在导通和关断时的开关特性

1）电感负载下的导通瞬态

当 $t_0 = 0$ 时，N 型 MOSFET 导通瞬态随即开始。不同的导通瞬态时间定义如下。

（1）t_0 到 t_1：V_{GS} 低于阈值电压 V_{TH}。因此，沟道仍未建立，I_{DS} 仍然约等于 0。

（2）t_1 到 t_2：I_{DS} 增大，直到达到通态电流。本体二极管仍处于导电状态。

（3）t_2 到 t_3：V_{GS} 几乎不变，这被称为"米勒平台"。栅极电路必须提供电容 C_{GD} 的负载。

（4）t_3 到 t_4：V_{DS} 减小到导通状态 $R_{DSon}I$，V_{GS} 减小到 0。

2）电感负载下的关断瞬态

当 $t_0 = 0$ 时，N 型 MOSFET 关断瞬态随即开始。不同的关断瞬态时间定义如下。

（1）t_0 到 t_1：V_{GS} 指数级衰减到"米勒平台"电压。栅极电流流经 C_{GS} 和 C_{GD}。I_{DS} 保持不变。

（2）t_1 到 t_2：I_{DS} 不变。V_{DS} 缓缓增大到电感电路中所需续流二极管的箝位电压。

（3）t_2 到 t_3：I_{DS} 不变。V_{GS} 几乎不变。栅极电路必须让 C_{GD} 放电。这就是"米勒平台"。

（4）t_3 到 t_4：I_{DS} 逐渐减小到 0。V_{GS} 逐渐减小到阈值电压 V_{TH}。C_{GS} 通过栅极和源极之间的任何外阻抗放电。MOSFET 处于线性区。

这些寄生元件或开关特性提供了有关结温或组件老化的有用信息。

2. IGBT

根据具体结构，绝缘栅双极晶体管（Insulated-Gate Bipolar Transistor，IGBT）可以是单向电压、双向电流开关 [见图 2.85（a）]，也可以是双向电压、单向电流开关 [见图 2.85（b）]。

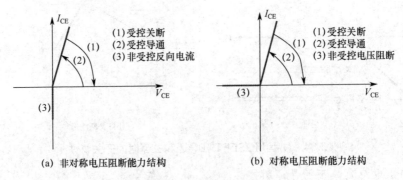

(a) 非对称电压阻断能力结构　　　　　(b) 对称电压阻断能力结构

图 2.85　IGBT 的开关特性

绝缘栅双极晶体管（IGBT）共包含 4 层（见图 2.86）。

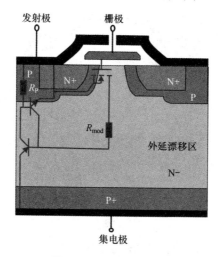

图 2.86　IGBT 的结构

IGBT 的结构和行为与 MOSFET 类似，但是 MOSFET 中的 N+ 衬底层被 P+ 衬底层所取代。这使得少数电荷载流子注入（或穿孔进入）N– 外延漂移区，降低了通态电压 V_{CE}。

如果电流过大，寄生 NPN 和 PNP 晶体管会触发 NPNP 晶闸管结构，从而引起闩锁效应。在某些情况下，闩锁效应在动态行为中也可以实现。

IGBT 的结构主要有非穿透型［见图 2.87（a）］和穿透型［见图 2.87（b）或图 2.87（c）］两种。其中，穿透型还附带一个 N+ 缓冲区。

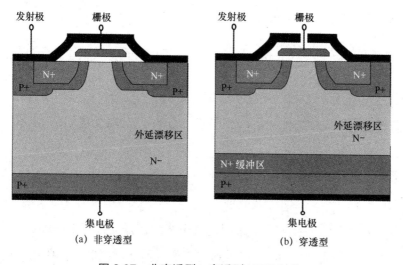

(a) 非穿透型　　　　　　　　　(b) 穿透型

图 2.87　非穿透型、穿透型 IGBT 结构

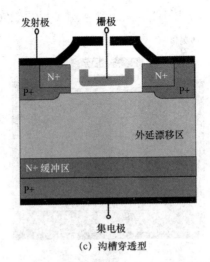

（c）沟槽穿透型

图 2.87　穿透型和非穿透型 IGBT 结构（续）

我们可以比较一下非穿透型 IGBT 结构和穿透型 IGBT 结构（Yilmaz 等，1986）。

1）非穿透型 IGBT

（1）具备对称电压阻断能力，可以阻断反向电压；

（2）开关损耗几乎不受温度影响。

2）穿透型 IGBT

（1）无法阻断反向电压；

（2）关断时间更短；

（3）V_{CEsat} 更小；

（4）关断开关损耗取决于温度。

IGBT 内的寄生电阻如图 2.88 所示。IGBT 内的寄生电阻与 MOSFET 内的寄生电阻非常相似。

IGBT 内的的寄生电容如图 2.89 所示。栅极–发射极电容为：$C_{GE} = C_0 + C_{N+} + C_P$。

所有寄生元件都会对开关过程造成干扰。在开关过程中，IGBT 导通和关断瞬态波形（见图 2.90）与 MOSFET 的波形非常相似，其中还可以看到"米勒平台"。

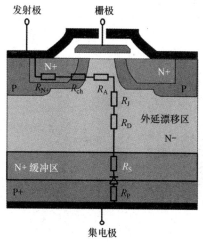

图 2.88　IGBT 内的寄生电阻

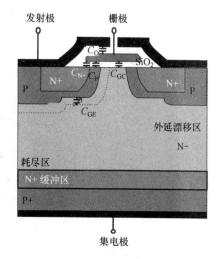

图 2.89　IGBT 内的寄生电容

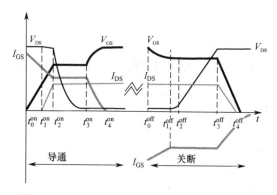

图 2.90　IGBT 导通瞬态波形和关断瞬态波形

3. 硅和碳化硅技术

MOSFET 和 IGBT 功率器件可以采用硅或碳化硅衬底，在某些新应用中也可以采用 GaN（氮化镓）衬底。其中，后者适用于高压或高温应用。

因此，在相同赋值下，与硅基 IGBT 相比，碳化硅基 IGBT 的开关速度更大，导通和关断（开关）损耗更小。此外，硅基 IGBT 的开关损耗随温度升高而显著增大，而碳化硅基 IGBT 的开关损耗几乎不随温度升高变化（Albanna 等，2016）。

图 2.91 对比了硅材料、碳化硅材料和氮化镓材料的主要性能。

表 2.6 列出了按应用类型划分的半导体要求。

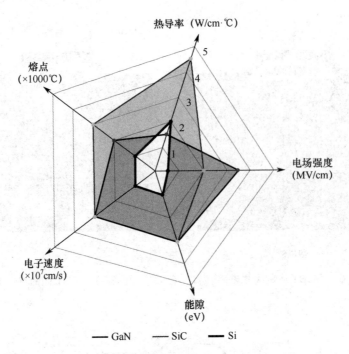

图 2.91　硅、碳化硅和氮化镓材料性能汇总（Millán 等，2014）

表 2.6　按应用类型划分的半导体要求

应用	电场耐压	热导率	熔点	电子速度	能隙
高温作业		×	×		
高频开关				×	
高压作业	×				×

4. 热行为

如果我们认为物体存在内部损耗，则功率损耗 P_a 一方面会造成物体发热，另一方面会引起与外界的热交换。因此，时间 $\mathrm{d}t$ 内的热传递表示为

$$P_a \mathrm{d}t = Q_1 + Q_2 \qquad (2.94)$$

式中，Q_1 表示用于加热本体的热量，计算公式为

$$Q_1 = Mc\mathrm{d}\theta \qquad (2.95)$$

通常有 $Mc = C_T$，其是本体的热容量，单位为 J/K。

Q_2 表示 3 个不同过程中与外界交换的热量：① 热传导，即通过不存在物质位移的固体扩散热量；② 热对流，即通过存在物质位移的流体扩散热量；③ 热辐射，即气体内通过辐射散发热量。这 3 种热交换方式的热交换规律各不相同。但当温度低于 250℃时，作为第一近似值，这 3 个热交换规律可采用以下形式表示，即

$$Q_i = S\alpha_i \theta \mathrm{d}t \qquad (2.96)$$

式中，S 表示垂直于热流和加热方向的换热面积；α_i 为热传递系数。

将 3 个热传递系数相加，可得热量为

$$Q_2 = S\alpha_t \theta \mathrm{d}t \qquad (2.97)$$

式中，$\alpha_t = \sum \alpha_i$。α_t 可以用热流方向上的热导率 λ 和几何传热长度 ℓ 来表示，即

$$\alpha_t = \frac{\lambda}{\ell} \qquad (2.98)$$

最后，用式（2.99）定义热阻：

$$R_T = \frac{1}{S\alpha_t} = \frac{1}{\lambda}\frac{\ell}{S} = \rho_t \frac{\ell}{S} \qquad (2.99)$$

由此，单个本体的热传递方程表示为

$$P_a = C_T \frac{\mathrm{d}\theta}{\mathrm{d}t} + \frac{\theta}{R_t} \qquad (2.100)$$

热阻抗是功率损耗和温度变化之间的传递函数，即

$$Z_{th} = \frac{\Delta\theta}{\Delta P} \qquad (2.101)$$

如果是单个本体，可写为

$$Z_{th}(S) = \frac{\Delta\theta}{P_a} = \frac{R_T}{1 + R_T C_T S} \qquad (2.102)$$

瞬态热阻抗可以用数据表来表示，其示例如图 2.92 所示。

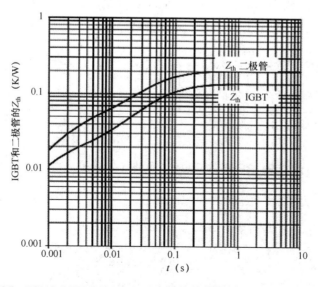

图 2.92　5SNG 0150Q170300 ABB 模块的热阻抗示例（ABB，2016）

该模块可以看作一堆本体相互层叠，其热行为可以用不同的网络表示（见图 2.93）。

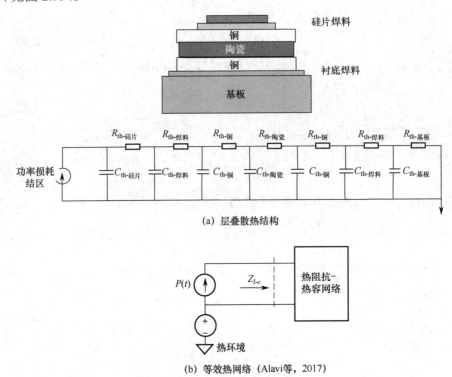

(a) 层叠散热结构

(b) 等效热网络（Alavi等，2017）

图 2.93　层叠本体

传热网络通常有两种：一种为 Cauer 热网络，另一种为 Foster 热网络。Cauer 热网络基于物理性状构建，如图 2.94 所示。

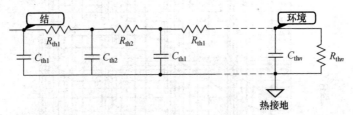

图 2.94　IGBT 的 Cauer 热网络（Alavi 等，2017）

因此，传递函数可定义为

$$Z_{th}(S) = \cfrac{1}{SC_{th1} + \cfrac{1}{R_{th1} + \cfrac{1}{SC_{th2} + \cdots + \cfrac{1}{R_{thn}}}}} \tag{2.103}$$

Foster 热网络如图 2.95 所示。

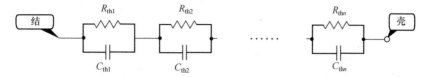

图 2.95　结壳间的 Foster 热网络（Alavi 等，2017）

热阻抗表示为

$$Z_{\text{th(J-c)}}(t) = \sum_{i=1}^{n} R_i (1 - e^{-t/\tau_i})　\qquad (2.104)$$

式中，$\tau_i = R_i C_i$

我们可以将一个模型转换为另一个模型（Murthy 和 Bedford，1978）。根据数据表可以确定不同热网络的参数。这些参数也都是可以测量的。

2.6.3　电容器

1. 概述

电容器的主要功能是在两块导电板（电极）之间储存电荷，这两块导电板用被称为电介质的绝缘材料隔开（见图 2.96）。在导电板之间施加电位差时，与外加电压和电容成比例的电荷会累积在电容器中。

图 2.96　平板电容器的一般构造

在电压 U 下，阳极与阴极之间的理想电容量（C_{AK}）存储的能量 E 为

$$E = \frac{1}{2} C_{\text{AK}} U^2　\qquad (2.105)$$

对于平面电容器，其电容量（C_{AK}）与堆叠电极的表面积成正比，与电介质厚度成反比，即

$$C_{\text{AK}} = \varepsilon_0 \varepsilon_r \frac{S}{e}　\qquad (2.106)$$

式中，ε_0 为真空中绝对介电常数（$\varepsilon_0 = 8.854 \times 10^{-12}\text{F/m}$）；$\varepsilon_r$ 为电介质的相对介电常数（无量纲）；S 为阳极-阴极表面积（单位：m^2）；e 为电介质厚度

（单位：m）。

从式（2.105）和式（2.106）可以看出，电容器端线存储的能量取决于电极表面积 S、外加电压 U 及所用电介质的物理特性和几何特性（ε_r、e）。由式（2.106）可知，可以通过增大阳极-阴极表面积来增大电容器的电容量，通常可以使用"线圈式"和"层叠式"几何结构（见图 2.97）。

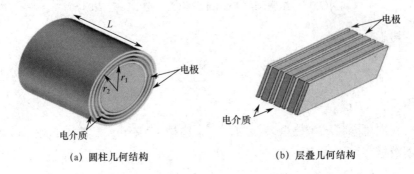

(a) 圆柱几何结构　　　　　　　　　　(b) 层叠几何结构

图 2.97　真实电容器的圆柱几何结构和层叠几何结构

无论采用哪种几何结构，所得电容量都与平板电容的电容量相似。事实上，如果是单匝圆柱形电容器，考虑到电介质厚度的精细度（$r_2 - r_1 \ll r_1$），平板电容器的电容量和圆柱形电容器的电容量之间的等效性会通过以下方程建立（Perisse，2003）：

$$C_{\text{cyl}} = \varepsilon_0 \varepsilon_r \frac{2\pi L}{\ln\left(\dfrac{r_2}{r_1}\right)} = \varepsilon_0 \varepsilon_r \frac{2\pi L}{\ln\left(1 + \dfrac{r_2 - r_1}{r_1}\right)} \approx \varepsilon_0 \varepsilon_r \frac{2\pi r_1 L}{r_2 - r_1} \approx \varepsilon_0 \varepsilon_r \frac{S}{e} \quad (2.107)$$

如果是层叠电容器，则电容器的电容量等于平行放置的不同平板电容器的电容量总和，即

$$C_{\text{stack}} = n\varepsilon_0 \varepsilon_r \frac{S}{e} \quad (2.108)$$

式中，n 是平行放置的平板电容器层数。

电容器的构造是依靠增加接线来完成的。接线通常采用塑料包装。基于这些制造工艺，再加上各种制造材料缺陷，电容器的等效电路不能再用简单的电容量来表示，而必须考虑与接线、电极和电介质相关的损耗。在多数情况下，使用如图 2.98 所示的等效电路图对电容器建模，其中，R_s 表示电极和接线的电阻，L 表示因接线和绕组的几何形状而产生的等效串联电感，C 表示电容器的标称电容，R_P 表示考虑了电极间电介质损耗和泄漏的电阻。

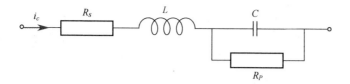

图 2.98 电容器等效电路图

当电容器复阻抗 $\bar{Z}$ 由频率低于该部件谐振频率的正弦电压 u 供电时，流经该电容器的电流 i_c 与其极限电压之间的相移 $\varphi(i_c,u)$ 略大于 $-\dfrac{\pi}{2}$（见图 2.99）。这是电容器损耗导致的，与损耗角有关。后者也就是相移 $\varphi(i_c,u)$ 到 $-\dfrac{\pi}{2}$ 的补数（Venet 等，2002）。

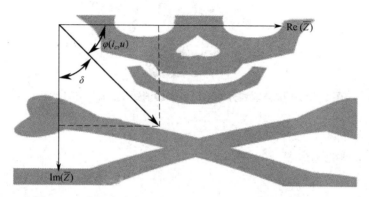

图 2.99 实际电容器的电流 i_c 与正弦电压 u 之间的相位差

电容器的总损耗 P 相当于电介质损耗 P_d 与因接线和电极引起的焦耳效应损耗之和（Nishino，1996）：

$$P = P_d + R_s i_c^2 \qquad (2.109)$$

电容器损耗系数定义为损耗角正切，而该正切相当于电容器复阻抗 $\bar{Z}$ 的实部和虚部之比：

$$\tan\delta = \frac{\mathrm{Re}(\bar{Z})}{\mathrm{Im}(\bar{Z})} = \tan\delta_d + R_s C\omega\left(1 + \frac{1}{R_P^2 C^2 \omega^2}\right) \qquad (2.110)$$

$$\tan\delta_d = \frac{1}{R_P C\omega} \qquad (2.111)$$

式中，$\tan\delta_d$ 为电介质在脉动状态下的损耗系数。

在不考虑接线和电极产生损耗的情况下，电容器的损耗系数 $\tan\delta$ 完全是由电介质的损耗系数 $\tan\delta_d$ 引起的。根据式（2.109）~式（2.111）我们可以清楚地看到，电容器的性能在很大程度上取决于其电介质特性。

电容器是无源元件，约占电子电路所用元件的 40%（Cho 和 Paik，1999）。电容器是大多数电子装置和电力电子设备的基本元件。因此，为特定应用选择合适的电容器，就意味着要确定所有制造材料的特性和参数。文献中已记录了多种类型的电容器，可以满足用户对于电气、热力和机械方面的不同要求。

图 2.100 展示了全球最常用的电容器消费量占比。它们可以分为三大类：①铝电解电容器或钽电容器；②陶瓷电容器、云母电容器或玻璃电容器；③塑料电容器或金属膜电容器。

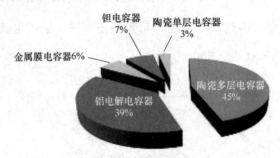

图 2.100　按类型划分的全球电容器消费量占比（2012 年）

2. 不同类型的电容器

1）非极化电容器

（1）空气电容器。

空气电容器是简约设计的代名词，其以空气作为绝缘材料。在电容量很低（约 100pF）时，这种配置自然会引发短路等故障。为了避免短路故障，两个电极必须间隔较大距离。出于同样的原因，还必须确保电极的机械刚度。空气电容器特别适用于要求可变电容的应用场景，如对示波器探头进行补偿。实际上，由于两个电极之间没有接触，所以很容易在没有摩擦的情况下改变接触面（见图 2.101），从而改变电容量。

图 2.101　空气可变电容器的不同电容量

（2）陶瓷电容器。

陶瓷电容器（见图 2.102）采用组成可变的陶瓷作为绝缘体。该绝缘体可以分离层叠的电极，得到较大表面积和较高电容量。陶瓷电容器价格便宜，但温度稳定性极差。基于此，陶瓷电容器只能用于耐温性不作为主导标准的应用场景。

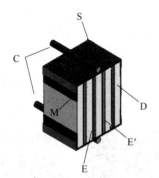

D—陶瓷电介质；

E 和 E′—电容器的电极和电枢；

M—使电极互相连接的金属化材料；

S—接线焊料；

C—辐射接线。

图 2.102 陶瓷电容器组成

陶瓷电容器有两种不同的类型：①1 型（或 1 类），其温度系数确定；②2 型（或 2 类），其温度系数未知。

陶瓷的相对介电常数较高，电容器的电容量可以达到几 nF 到 10mF。得益于极低的串联电感，陶瓷电容器特别适合高频应用场景。但因为采用的是陶瓷结构，所以它们非常易碎。此外，在高电容量型号的陶瓷电容器中（X5R、X7R 这两类陶瓷电容器），温度对电容量的影响很大。

陶瓷类型对陶瓷电容器特性的影响如表 2.7 所示。从化学成分和制造工艺两个方面来看，陶瓷类型对应不同的材料。

表 2.7 陶瓷类型对陶瓷电容器特性的影响

电 介 质	金属氧化物和钛酸盐	钛酸盐和锆酸盐	钛酸盐和铌酸盐
电容量	低，小于几 nF	最高 1μF	高
绝缘电阻	>20000MW	>10000MW	
损耗系数 $\tan\delta$	10	250～300	500～600
温度系数（ppm/℃）	−1500～100，NP0/C0G	不规则	不规则
温度范围（℃）	−55～125	−55～125	
容差	5%～10%	>10%	
介电常数（ε_r）	>200	200～10000	>2000

（3）塑料电容器。

塑料电容器使用多种塑料作为绝缘材料（通常经过金属化处理）。它们由一层薄薄的金属化塑料（电极）层叠而成。这种层叠的连续金属化塑料层通过两个组件片材上的金属沉积实现互相连接，然后引脚通电。塑料电容器的温度特性稳定，常用于信号解耦。

正如前面提到的，目前已有多种塑料用作绝缘材料，如聚酯（MKT 或 MKS，见图 2.103）、聚碳酸酯（MKC，见图 2.104）、聚苯乙烯（MKJ）、聚丙烯（MKP，见图 2.105）。聚酯（或聚乙烯）的绝缘层非常薄，因此将其作为绝缘材料的电容器的电容量相当高，所以广受欢迎。聚苯乙烯虽然没有这个优点，但将其作为绝缘材料的电容器在所有塑料电容器中是最稳定的。聚丙烯的串联电阻极低（允许大电流通过），所以在开关电源中用得最多，但由于不可能形成非常薄的膜层，所以将它们作为绝缘材料的电容器可能会十分笨重。

图 2.103　聚酯电容器图片　　　　图 2.104　聚碳酸酯电容器图片　　　图 2.105　聚丙烯电容器图片

①聚酯电容器（MKT）。

以麦拉片闻名的聚酯材料能够以较低价格生产出性能适中的通用电容器。

聚酯材料的特性（电容量、损耗和绝缘电阻）随温度和频率变化，稳定性相当差。这也是聚酯电容器多用于去耦、滤波、干扰抑制等的原因，在这些应用场景中，电容量准确与否并不重要。

聚酯电容器的特性如下。

- 标称电容：1nF～250μF。
- 容差：1%～20%。
- 工作电压：40～10000V。
- 温度系数：为正值，$300×10^{-6}/℃$。
- 相对介电常数：3.2。
- 电介质刚度：>275kV/mm。
- 绝缘电阻：>30GΩ，随着频率和温度的增大而减小。
- 损耗系数：$<70×10^{-4}$，在高温、低温下增大，随频率增加而增大。
- 温度范围：−55～125℃。
- 用途：低频电路、去耦、滤波及要求性价比和电容量空间比最大化的应用场景。

②聚碳酸酯电容器（MKC）。

聚碳酸酯类电介质可以让电容器的电容量在常温下始终保持稳定。金属膜电容器适用于低功率应用，铝框电容器适用于−55～125℃的高压应用。MKC 的电介质是纸和聚碳酸酯的混合物。

MKC 的特性如下。

- 标称电容：1nF～250μF。
- 容差：1%～2%。
- 工作电压：40～5000V。
- 温度系数：为正值，20℃左右时为 $\pm75\times10^{-6}/℃$。
- 相对介电常数：2.8。
- 电介质刚度：>180kV/mm。
- 绝缘电阻：>30GΩ。
- 损耗系数：低损耗，$\tan\delta_d < 20\times10^{-4}$，在低温下随频率增大而增大。
- 温度范围：−55～125℃。
- 用途：低频电路、去耦、滤波的应用场景。

③聚丙烯电容器（MKP）。

MKP 的电介质可以是纸基聚丙烯，也可以是金属化聚丙烯膜（金属化材料厚度为 0.000020mm）。MKP 的绝缘电阻非常高，可达 $10^5 MW \cdot \mu F$；相对介电常数为 2.2。

聚丙烯电容器主要用于去耦、滤波、开关电源等低频应用场景。因为一旦频率超过几千赫兹，其性能（如损耗系数、允许有效电压）就会迅速恶化。聚丙烯电容器还适用于数百伏特下电容量超过几十微法的应用。

MKP 的特性如下。

- 标称电容：0.1nF～250μF。
- 容差：10%～20%。
- 工作电压：160～3500V。
- 极低串联电阻。
- 用于脉冲电路、开关电源。
- 温度系数：20℃以上为正值，20℃以下为负值。
- 损耗系数：低频下为低损耗，$\tan\delta_d < 10\times10^{-4}$，随频率增大和温度升高而增大。
- 温度范围：−55～100℃。
- 用途：电源、低频应用场景。

④聚苯乙烯电容器（**MKS**）。

图 2.106　聚苯乙烯电容器图片

聚苯乙烯电容器（如 Styroflex，见图 2.106）非常适合射频应用，具有损耗非常低、绝缘电阻非常高（$>10^{+6}MW \cdot \mu F$）和负温度系数等特点。聚苯乙烯电容器的电压在 1000V 以下，电容量从几皮法到几微法，容差很小。

聚苯乙烯电容器的特性如下。

- 温度系数：为负值，$-120 \times 10^{-6}/℃$。
- 相对介电常数：2.5。
- 电介质刚度：>200kV/mm。
- 绝缘电阻：>100GΩ。
- 损耗系数：低损耗，$\tan\delta_d < 5 \times 10^{-4}$，随频率增大和温度升高变化不大。
- 温度范围：$-55 \sim 70℃$，85℃以上时聚苯乙烯电容器的性能降低。
- 用途：电源、低频应用、计时器、滤波器。

⑤其他电容器。

纸、玻璃或云母等许多材料可以（或已经）用作绝缘材料。虽然这些材料制成的电容器拥有不极化这一优点，但采用的薄膜相对较厚，所以电容量不是很大（始终保持在合理范围内）。

这一发现引发了人们对新技术的探索研究，并最终催生了极化电容器。

2）极化电容器

实现最关键电容量（4700μF、10000μF 或 22000μF）的技术是，电极上发生化学氧化反应之后直接形成绝缘体。为此，将浸入电解质中的两个金属电极置于直流电压下，电解质中的离子随后与两个电极中的一个电极发生反应（取决于所选极性），并氧化该电极。由此形成的介电层非常薄（对于 63V 直流铝电解电容器，介电层厚度为 100nm），电容可以达到几 mF。问题是，介电层一旦形成，就不可能再施加反向电压。事实上，这还会引起相反的化学反应（氧化还原生成金属），破坏阳极上的电介质，一方面会造成短路，另一方面会在阴极上形成介电层，释放氢气，并大幅增大内部压力，最后发生爆炸。因此，这类电容器被称为极化电容器。

（1）钽电容器。

钽电容器可以使用液体电解质或固体电解质。相对于液体电解质，固体电解质的耐用性更强、串联电阻更低，因此其最为常用（曾因第一版的形状而取名"滴型电容器")。基于其设计优势,再加上氧化钽的相对介电常数高于氧化铝,所以钽电容器的单位体积电容量最大。实际上,不同于让两块导电极相对放置的其他元件,钽电容器中的钽以粉末形式(粒度量级为10mm)烧结成块。这些粒子(将作为阳极)被氧化,然后通过氧化锰连接到阴极,或者直接通过液体电解质连接到阴极。该电解质(因此相当于阴极)与外部的集电极的连接体是银制的。这是因为银的导电性非常好,如果用的是液体电解质,银还比较耐腐蚀。实际上,液体电解质通常使用硫酸等酸性物质作为溶剂。因此,阳极与阴极之间的有效接触面积非常大(主要是因为"烧结"处理),钽氧化物(如 Ta_2O_5)的相对介电常数很高(等于27,而铝氧化物的相对介电常数低于10)。由于不存在绕组,因此它们的串联电阻相对较小(液体类的串联电阻更大),等效串联电感非常小。

　　尽管拥有这些优良特性,但是钽电容器仍然存在一定缺陷。首先是成本。事实上,钽是一种稀有金属,其价格昂贵,而银的使用让生产成本进一步增加。其次,在故障期间,起火风险非常高,不仅可能伴有明显的火苗风险,还可能释放有毒气体。这就是坚决反对在车载装配(如电动汽车)中使用钽电容器的原因。最后,使用钽电容器必须严格遵守电压安全系数,其电压额定值必须为既定有效电压的 2 倍(而这一点在铝电解技术中实际上无法满足要求;O'Connor,2014)。

　　①装有凝胶电解质的钽电容器:阳极是经过压制、烧结的钽粉球团;阴极为银外壳;电解质以硫酸为溶剂。

　　其特性如下。

- 标称电容:1~1000μF。
- 容差:10%~20%。
- 工作电压:6~150V。
- 漏电流:>1mA。
- 频率极限:<10kHz。
- 用途:滤波、低频去耦。
- 缺点:只能在低电压下工作。

　　②装有固体电解质的钽电容器:电介质的主成分为氧化铝,浸在硼酸中;阳极和阴极由铝制成。

　　其特性如下。

- 标称电容:10nF~500μF。
- 容差:10%~20%。

- 工作电压：2～125V。
- 漏电流：>1mA。
- 用途：滤波、低频去耦。
- 缺点：串联电阻很大。
- 优点：使用寿命长；体积比铝电解电容器小。

（2）铝电解电容器。

装有液体电解质的铝电解电容器由铝片、纸和电解质（导电液体）组成，特点是体积容量大、设计紧凑。与其他非极化电容器相比，装有液体电解质的铝电解电容器拥有许多优势。装有液体电解质的铝电解电容器的功率密度极高，即使在给定体积下也能做到很大电容量，但还是低于钽电容器。装有液体电解质的铝电解电容器与钽电容器都支持在较高电压下工作（部分支持在400V以上工作）。与钽电容器相比，装有液体电解质的铝电解电容器的优势是，虽然在故障情况下可能会发生爆炸，但不可能出现火焰，只会挥发具有轻微毒性或没有毒性的物质（与钽电容器相比几乎没有毒性）。因此，在嵌入式应用中，即便在给定电容量下装有液体电解质的铝电解电容器的体积较大，人们也始终会选择装有液体电解质的铝电解电容器。此外，考虑到所用金属是铝，且制造工艺相对简单，装有液体电解质的铝电解电容器的制造成本更低。

装有液体电解质的铝电解电容器的生产原理与纸介电容器或塑料电容器相同。两块铝片用两张吸水纸隔开，其中一块铝片处理成阳极（蚀刻、氧化），另一块铝片处理成阴极。吸附剂的作用是避免两个电极之间发生电接触，再浸渍电解液。这里的纸不是电介质，而应该是氧化铝层，其位置和厚度（0.03～0.07mm）决定了电容器的最终容积。氧化铝层的厚度为100nm量级。

其特性如下。

- 标称电容：1～150000μF。
- 工作电压：5～500V（最高）。
- 温度范围：−25～85℃（电流模式）；−55～125℃（高温模式）。
- 容差：通常为±20%，或者−10%～50%。
- 氧化铝的相对介电常数：7～10（氧化钽的相对介电常数：24）。
- 电厚度：1.5nm/V。
- 使用寿命：在正常工作条件下达 50000～100000 小时。

根据前面列出的特性，可以总结出不同的电气约束条件，用于指导设计师选择合适的电容技术。电容技术多种多样，图 2.107 和表 2.8 介绍了不同系列电容器的使用范围和不同电容器的使用情况。

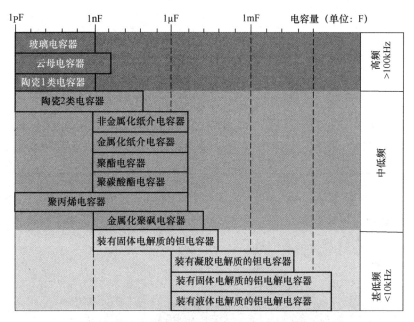

图 2.107 不同系列电容器的使用范围

表 2.8 电容器系列

用 途		电容器系列	特 性
高频 > 100kHz	雷达、电视等	云母电容器（1pF～200nF）、玻璃电容器（1pF～10nF）	精确、温度性能好 另外，玻璃电容器被云母电容器逐渐取代
	调谐电路	陶瓷 1 类电容器（1pF～2nF）	精确、稳定
	去耦电路	陶瓷 2 类电容器（100pF～470nF）	不精确、不稳定
	适用于高压	非金属化纸介电容器（1nF～100μF）	工作电压高达 10000V
中低频	调谐电路	金属化纸介电容器（10nF～200μF）、聚酯电容器（1nF～250μF）	被塑料电容器逐渐取代，还用于干扰抑制电路
	调谐电路振荡器、积分电路	聚碳酸酯电容器（1nF～250μF）	非常稳定、可靠、精确
	脉冲状态下开关电源	聚丙烯电容器（100pF～250μF）	低串联电阻，支持高有效电流
	适合高温运行	金属化聚砜电容器（1nF～250μF）	适合高温运行，稳定性好

（续表）

	用　　途	电容器系列	特　　性
甚低频 <10kHz	滤波、去耦	装有液体电解质的铝电解电容器（1～150000μF）	漏电流为几 μA，工作电压高达 550V
	滤波、去耦	装有凝胶电解质的钽电容器（1～1000μF）	相对于铝电解电容器，体积较小，输出电压最高 150V
	阻容电路、振荡器	装有固体电解质的钽电容器（10nF～500μF）	工作电压最高 125V，体积相对较小

图 2.108 是静态转换器中不同部件故障分布。在 60%的情况下，静态转换器故障都是由电解电容器造成的。由此可见，通过检测电解电容器的状态，可以显著提高静态转换器的可靠性。

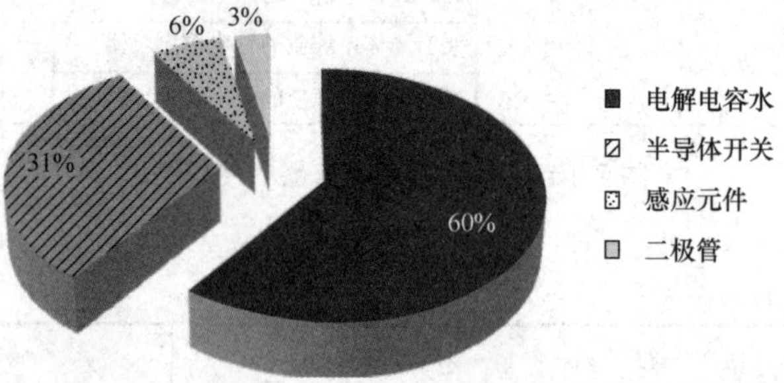

图 2.108　静态转换器中不同部件故障分布（Abdennadher，2010）

2.6.4　器件故障及其表现

转换器是驱动的薄弱部位。许多零部件都受到热应力、振动冲击、静电放电、电磁宇宙线等各种应力。

所有这些应力都会让驱动、静态功率器件、电容器、电感器、连接器和风机出现老化和缺陷，最终导致驱动意外停止。本节将重点研究引发功率转换器故障的两个主要因素：受控静态开关（Insulated-Gate Bipolar Transistor，IGBT；Metal-Oxide-Semiconductor Field-Effect Transistor，MOSFET）和电容器。功率模块的主要应力如图 2.109 所示。

1. 基本概念

各种不同的应力都可能引起突发故障或加速老化过程。Peyghami 等（2019 年）对功率模块中半导体和电容器的不同故障模式和机理进行了全面分析（见表 2.9）。

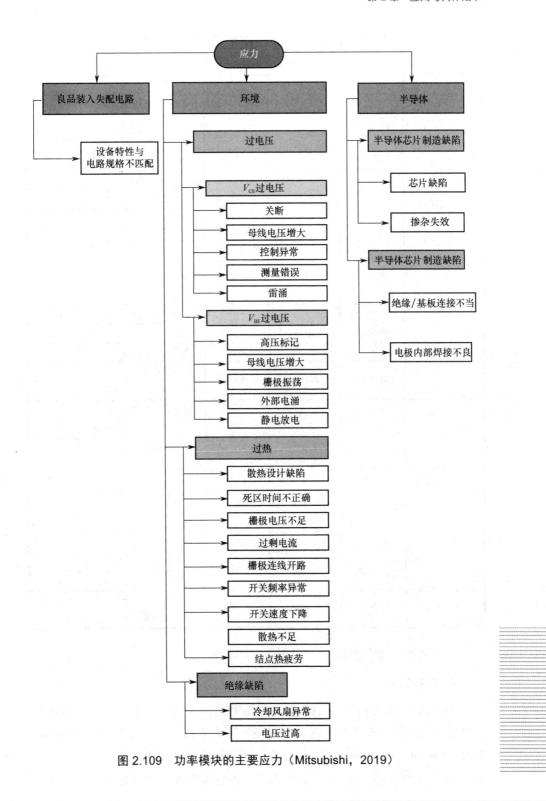

图 2.109　功率模块的主要应力（Mitsubishi，2019）

表 2.9　半导体和电容器的不同故障模式和机理分析

（由 IEEE 提供；Peyghami 等，2019）

器　件	失效类型	失效率	失效模式	失效机理
半导体	灾变型	固定	开路	栅极驱动器设备失效；
				驱动板短路和开路
				键合线剥离；短路后键合线断裂
			短路	高压击穿
				动态闩锁效应
				二次击穿
				碰撞电离
				功率损耗导致温度过高
	耗损型	非恒定	参数漂移	芯片焊点开裂
				基板焊点开裂；
				键合线剥离/开裂
铝电解电容器	灾变型	固定	开路	自愈介电击穿
				各端点断开
			短路	氧化层介电击穿
	耗损型	非恒定	参数漂移	电解液蒸发
				电化学反应
金属化聚丙烯电容器	灾变型	固定	开路	自愈介电击穿
				介质膜热收缩导致连接不稳定
				水分吸收导致气化金属氧化，引起电极面积减小
			短路	介质膜击穿
				过电流自愈；
				薄膜吸湿
	耗损型	非恒定	参数漂移	介电损耗
多层陶瓷电容器	灾变型	固定	短路	介电击穿
				开裂电容器本体损伤
	耗损型	非恒定	参数漂移	氧空位迁移，介电击穿，绝缘老化，陶瓷内部细微裂纹

以下将对各种缺陷进行更详细的介绍。

2. 芯片失效

功率器件 MOSFET 或 IGBT 的栅极氧化层，尤其是如碳化硅 MOSFET 中的栅极氧化层一样薄时，在强电场作用下会被击穿（见图 2.110；Hologne，2018；Ouaida 等，2014；Ouaida，2014）。此类退化的引发原因包括：①过载或硬开关瞬态情况下的过流或过压；②电荷热载流子或电荷迁移；③寄生触发；④静电放电（ESD）。

　　某些晶体损伤、各种掺杂缺陷、损缺电场终止层注入剖面等问题都可能导致 IGBT 集电极–发射极击穿（Lee 等，2016），从而造成以下两种结果：①在低电压下或突崩区附近发生泄漏；②早期损坏。

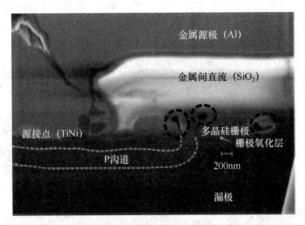

图 2.110　栅极氧化层缺陷的扫描电镜与聚焦离子束切割（Ouaida 等，2014）

3. 封装和芯片环境失效

　　首先回顾一下功率模块的不同故障，如图 2.111 所示为功率模块截面。

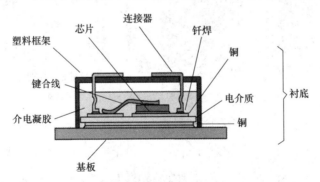

图 2.111　功率模块截面（Zhang，2012）

　　许多零部件都是故障源，主要故障原因如下。

　　（1）键合线剥离/开裂［见图 2.112（a）］：可能是焊线金属与金属化层金属不同，而在键合线薄弱点形成的金属间化合物；也可能是不同零部件的热膨胀系数失配而引起的热循环（CTE）（Bower 等，2008；Zhang，2012）。

　　（2）连接器电迁移［见图 2.112（b）］：金属原子通过器件内部导电通路的普通运动，可以出现在高温状态和当前运行状态下。它会造成局部电阻率上升，由此导致过热，最后形成空隙（Bower 等，2008）。

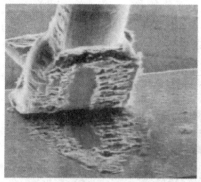

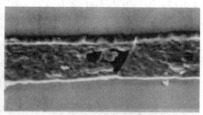

(a) 键合线剥离/开裂 (Bower等, 2008)　　　(b) 连接器电迁移 (Bower等, 2008)

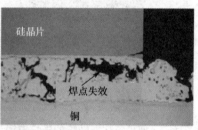

(c) 金属化层重建 (Durand等, 2013)　　　(d) 焊料层裂纹 (Musallam等, 2010)

(e) 用超声波扫描显微镜观察到直接铜键合裂纹 (Gunther等, 2006)

图 2.112　封装及芯片失效机理

（3）**金属化层重建**［见图 2.112（c）］：在热循环过程中，热膨胀系数失配会引起金属化层压应力，从而导致晶界处发生塑性变形，最终导致半导体与金属化层之间出现裂纹。这会引发局部过热（Hologne，2018；Durand 等，2013）。

（4）**焊料层裂纹**［见图 2.112（d）］：焊料层承受着非常高的热应力和机械循环应力。焊料层裂纹是 IGBT 的主要失效形式（Musallam 等，2010）。其失效机理和键合线失效机理非常相似（Bower 等，2008）。

（5）**直接铜键合裂纹**［见图 2.112（e）］：在直接铜键合衬底中，裂纹可能出现在铜与陶瓷之间的界面边缘（Hologne，2018；Xu 等，2013；Gunther 等，2006）。

2.6.5 　电容器失效模式

电容器失效模式主要有两种：退化失效和外围故障（见图 2.113 ）。

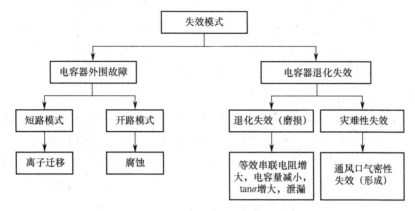

图 2.113　电容器失效模式

1. 退化失效

退化失效指部件特性发生变化，无法保证其预期功能。最常见的电容器退化失效是等效串联电阻（ESR）增大和电容量减小。

2. 外围故障

外围故障通常表现为短路模式或开路模式。此处的外围故障是指电解液泄漏或部件材料腐蚀等可见缺陷。即使出现这些情况，电容器仍可以在一段时间内保障其规定功能。

2.6.6 　功率器件故障诊断与预测技术

1. 概述

功率器故障诊断技术是否合适主要取决于两个要点。

（1）模式物理量设计，包含各种故障敏感参数，可以区分不同的运行状态：①在诊断方面，可选用原始数据（电流、跨器件电压、温度）、温度敏感电参数、数值统计、模式特征等；②在预测方面，主要选用与结温相关的热敏感电参数。

（2）利用该模式物理量的工具。故障诊断主要选择聚类器，它可以基于模式识别、神经网络等进行。故障预测主要采用两种方法：一种是基于离线加速试验的统计方法；另一种是时间序列外推法。这些工具必须能估计预测结果的不确定性，但实际上目前还无法保证这一点。

2. 电力电子器件失效模式指标和温度敏感电参数

直接测量结温是非常复杂的，可以使用热传感器或光学探针测量得到近似值。不过，首选方法通常是基于温度敏感电参数进行间接测量。许多失效模式指标都与它们直接相关。评定部件结温是功率器件故障诊断和确定器件剩余使用寿命的重要步骤之一。实际上，结温对老化检测所用参数有直接或间接的影响，它还用于雨量算法等统计方法中。所以这里会用一个段落专门介绍它。

首先，我们必须弄清楚结温 T_J 的定义。结温有很多种定义。我们将使用标准 IEC 60747-9 给出的定义："半导体虚拟结温"。结温是指 IGBT 或二极管芯片的烧结区温度，但芯片内的结温分布不均匀。结温还用于确定结壳热阻。

结温可以根据多个电气量（或温度敏感电参数）得出。温度敏感电参数主要分为 6 类（见表 2.10）：①小电流下电压；②大电流下电压；③阈值电压；④栅极–发射极电压 V_{ge} 和"米勒平台"电压；⑤饱和电流；⑥开关时间。

表 2.10　温度敏感电参数

分　类	子 分 类	说　　明
小电流下电压	导通状态和小电流下的电压 V_{Ce}	避免引起自发热（Avenas 等，2012；Luo 等，2017）
大电流下电压	导通状态和大电流下的电压 V_{Ce}	Avenas 等（2012）通过离线测量得出；Ghimire 等（2014）研发出了一个能提供 T_J 标准估计的 $V_{Ce(on)}$ 测量系统；Eleffendi（2016）设计了一个在线测量系统
	V_f	二极管反向电压（Luo 等，2017；Khatir，2012）
阈值电压	V_{ge} 和 V_{th}	IGBT 的阈值电压是指，在金属氧化物半导体栅极处形成导电沟道，使电流能够在发射极和集电极之间流动所需的最小栅极–发射极电压（Eleffendi，2016；Avenas 等，2012）
	V_{ge} quasi V_{th}	一种温度敏感电参数估计方法，即在集电极电流从零开始增大时，利用发射极杂散电感上的电压来触发 V_{ge} 测量（Hoer 等，2015）
	V_{ge} pre V_{th}	在接通过程中，在固定时间点测量 V_{ge}，电压电平随温度变化。该效应可作为温度敏感电参数（Mandeya 等，2018）
栅极–发射极电压 V_{ge} 和"米勒平台"电压	栅极–发射极电压	V_{ge} 接近阈值电压 V_{th}，但此时电流较大，会引起明显的自发热（Avenas 等，2012）
	米勒导通电压 V_{ge}	Van der Broeck 等（2018）、Van der Broeck（2018）、Liu 等（2019）
	米勒关断电压 V_{ge}	Sundaramoorthy 等（2013）

（续表）

分　类	子　分　类	说　明
饱和电流	I_{sat}	在测量过程中，向功率电极施加电压。栅极–发射极电压 V_{ge} 略大于器件阈值电压 V_{th}；电流探头测量产生的饱和电流 I_{sat}（Avenas 等，2012）
	V_{eE}	通过对发射极杂散电感上的电压进行积分，可以得到集电极电流估计值（Luo 等，2018）
瞬态温度敏感电参数——开关时间	t_{don}	接通延迟时间（Luo 等，2018；Kuhn 和 Mertens，2009）
	t_{doff}	关断延迟时间（Luo 等，2018）
	t_{on}	接通时间（Luo 等，2018）
	t_{off}	关断时间（Luo 等，2018；Kuhn 和 Mertens，2009）
	t_{if}	电流减小时间（Luo 等，2018）
	t_{vf}	电压减小时间（Luo 等，2018）

其中，一些参数与栅极–发射极电压相关，其他参数与集电极–发射极电压或电流相关（见图 2.114）。如果需要高集电极电流 I_C，就会引起不必要的自发热，如此一来，这些参数都取决于运行状态。

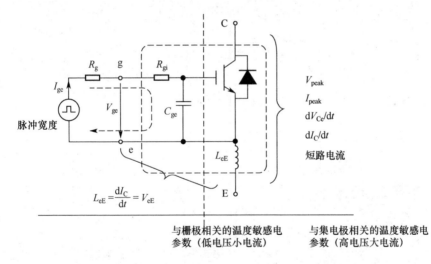

图 2.114　与栅极和集电极相关的温度敏感电参数（Luo 等，2018）

与开关时间相关的参数（t_{don}、t_{on}、t_{off}、t_{if}、t_{vf}）可以在实验室中使用，但不适合在线应用，原因是这些参数是瞬态时间，很难测量。如果是碳化硅部件，这些瞬态时间可能就几十纳秒，如图 2.115 所示。

如图 2.116 所示为基于开关时间的温度敏感电参数比较，以及它们对集电极电流 I_C 的依赖性。因此，在应用时需要对这些参数进行校准。

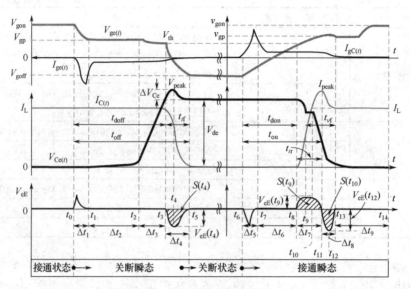

图 2.115　电感负载下 IGBT 模块的瞬态波形（Luo 等，2018）

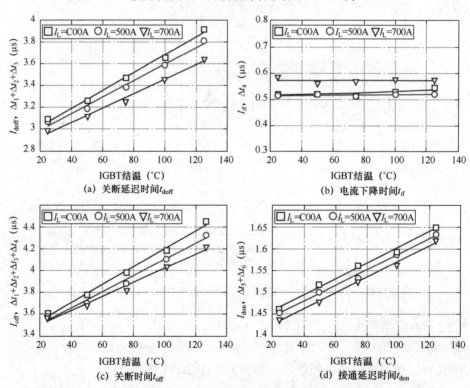

(a) 关断延迟时间t_{doff}

(b) 电流下降时间t_{if}

(c) 关断时间t_{off}

(d) 接通延迟时间t_{don}

图 2.116　固定电压 V_{dC}=1800V、不同负载电流下的 6 种基于时间的温度
敏感电参数对比（Luo 等，2018）

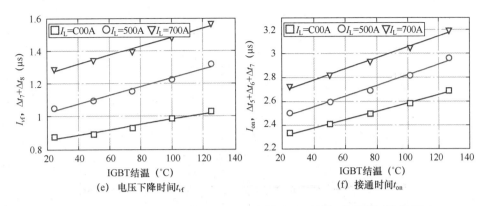

(e) 电压下降时间t_{vf}　　　　　　(f) 接通时间t_{on}

图 2.116　固定电压 V_{dC}=1800V、不同负载电流下的 6 种基于时间的温度
敏感电参数对比（Luo 等，2018）（续）

基于 V_{eE} 积分可以估计集电极电流 I_C（见图 2.115～图 2.117），使用低压传感器可以轻松完成相关测量。

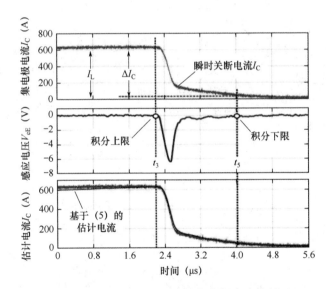

图 2.117　基于 V_{eE} 积分的集电极电流估计
（V_{dC}=1800V，I_L=600A，T_J=25℃；Luo 等，2018）

我们可以借助以下因素比较各个温度敏感电参数的情况（见图 2.118、图 2.119）：

（1）线性度；

（2）灵敏度；

$$sensitivity = \frac{|S|}{S_{max}} （单位：V / ℃ / V）$$

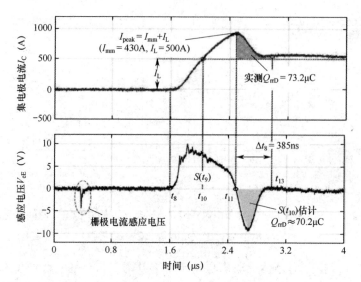

图 2.118　接通电流 i_C 及相关感应电压 V_{eE} 的波形（Luo 等，2018）

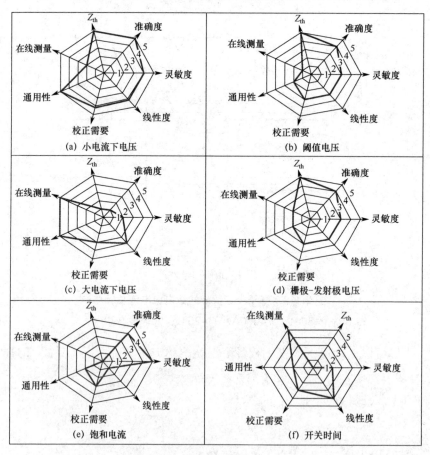

图 2.119　不同温度敏感电参数对比（Avenas 等，2012）

$$\text{sensitivity ratio} = \frac{S_{max} - S_{min}}{T_{max} - T_{min}} \text{（单位：V / ℃）}$$

（3）准确度；

（4）通用性（适用于所有半导体芯片）；

（5）Z_{th}（产生热阻抗的可能性）；

（6）在线测量；

（7）校正需要。

某些温度敏感电参数并不适合碳化硅器件。例如，如果温度动态范围较宽，碳化硅器件的校准就会比较困难；如果"米勒平台"时间极短，就不适合在线测量。

此外，热阻抗 Z_{th}（见图 2.120）或其热电阻分量 R_{th} 和热电容 C_{th} 经常用作随着老化而变化的敏感参数，如 Ji 等（2015）、van der Broeck 等（2018）、Hiller 等（2015）、Sathik 等（2015）、v. Essen 等（2016）的研究工作。

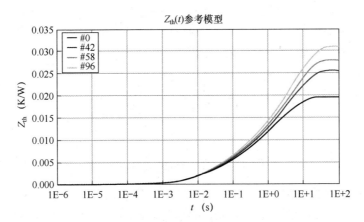

图 2.120　不同循环步骤下的 Z_{th} 曲线（v. Essen 等，2016）

其中，许多参数相互依赖。例如，集电极-发射极电压的灵敏度系数取决于集电极电流（见图 2.121）。

$$K_{TS}(I_C) = \frac{V_{CEsat}(T, I_C) - V_{CEsat}(T_0, I_C)}{T - T_0} \tag{2.112}$$

因此，校准过程通常是很有必要的（见图 2.122）。它还会随着老化进程而逐渐演变。

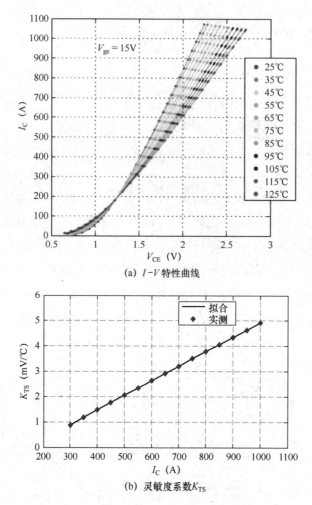

(a) I-V 特性曲线

(b) 灵敏度系数 K_{TS}

图 2.121　IGBT 饱和电压依赖性（Amoiridis 等，2015）

3. 失效模式诊断

功率模块的常用失效诊断技术如下。

（1）基于电流直接分析的诊断：利用三相电流或其在 d-q 坐标系（派克变换）中的投影、平均值、瞬时值或斜率。

（2）基于温度敏感电参数直接分析的诊断：利用饱和电压 V_{CE} 或其他温度敏感电参数进行失效检测。

（3）基于信号处理的诊断：利用快速傅里叶变换、小波变换等信号处理方法对个别原始信号进行整形。

（4）基于聚类的诊断：基于相关模式向量，运用模式识别、支持向量机等聚类技术。

（5）基于神经网络的诊断：可单独利用神经网络，也可将信号处理技术
与神经网络结合使用。

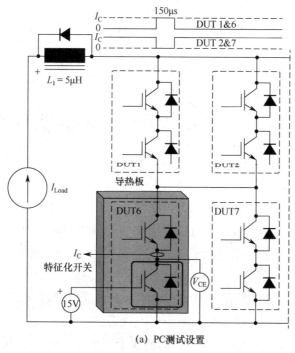

(a) PC测试设置

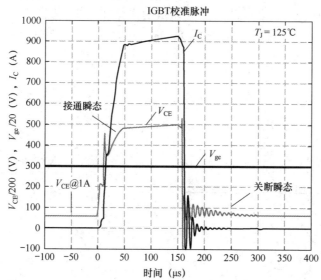

(b) $T_J = 125℃$、检测电流为1A、负载电流约为900A时的典型校准脉冲

图 2.122　V_{CEsat} 对 T_J 的校准曲线（Amoiridis 等，2015）

1）基于电流直接分析的诊断

（1）派克变换。

如前文所述，三相逆变器电压可以表示成最多可取 8 个值的二维向量，其中 2 个值等于零。电压向量的数学表达式为

$$v_k = \begin{cases} E\sqrt{\dfrac{2}{3}} \times \mathrm{e}^{\mathrm{j}(k-1)\pi/3}, & k = 1\sim 6 \\ 0, & k = 0 \text{和} 7 \end{cases} \quad (2.113)$$

电压向量的模为 $E\sqrt{\dfrac{2}{3}}$，其中，E 为直流母线电压。电压向量必然取决于电压逆变器各部件的状态（接通或关断状态）。为此，表 2.5 将向量表示成部件状态函数（1 表示接通，0 表示关断）。

向量 $v_1 \sim v_7$ 的模等于 $E/\sqrt{2}$，这与 α-β 平面中的向量无关。如图 2.123 所示分别列举了 6 个扇区，可以应用 2 个向量的组合（零向量除外），在电气系统上设置所需电压向量。这自然要运用著名的空间向量调制（SVM）原理。

如果电压逆变器中的某个元件存在缺陷，就会出现问题，因为无法施加所需向量 v^*，而是将扰动向量施加到电气系统中。举个例子，我们来看下部件 S_4 的点火问题，所需向量由施加的 3 个向量 v_1、v_2、v_0 组成。

但是，在我们的示例中，实向量目前由施加的 3 个向量（v_3、v_2、v_0）组成，施加的缺损向量 v_d 如图 2.124 所示。从图 2.124 中可以看出，该向量与理想向量 v^* 相距甚远。

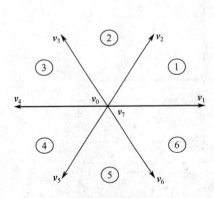

图 2.123　电压向量和 6 个扇区的图形表示

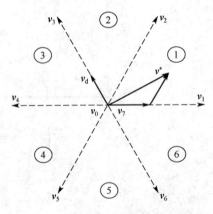

图 2.124　产生缺陷后电压向量的图形表示

逆变器故障

逆变器可能发生多种故障（de Araujo Ribeiro 等，2003a；Razik 等，2011）。这些故障分为：①直流链路对地短路问题；②直流链路电容器短路问题；③开关损伤（开路或短路）问题；④感应电机接地线路连接问题；⑤其他问题。

当然，逆变器故障会导致：①过程全面崩溃；②对已变更过程进行紧急干预；③采取干预措施尽快修复过程。

栅极点火异常会导致逆变器被击穿。在 6 个部件中，有 1 个部件可能会因驱动电路问题而保持开路状态。由于逆变器的开关频率较高，因此部件的剩余使用寿命可能会大幅缩短。此类缺陷（点火不良）的检测工作较为复杂，因为这个过程是间歇性的。基于此，用于故障检测的监测工作也极其困难。在所有可能的工具箱中，流程监测的最佳方法是基于频谱分析或运用时频法（更为恰当）。为了解决这个问题，人们提出了两种方案：第 1 种是连续小波变换；第 2 种是离散小波变换。最佳故障诊断方案是哪种呢？

另外，有一种可能的解决方案是将定子放入 d-q 坐标系中。更加确切地说，理论上来看，这个轨迹在正常工况下接近一个圆，但在出现异常情况时，定子电流受到缺陷的影响会改变该轨迹。在该解决方案中，我们必须利用派克变换来计算电流轨迹。

为此，我们需要计算两个定子电流：

$$I_d = I_a\sqrt{\frac{2}{3}} - (I_b + I_c)/\sqrt{6} \qquad (2.114)$$

$$I_q = (I_b - I_c)/\sqrt{2} \qquad (2.115)$$

图 2.125 展示了在正常情况下基于派克变换的定子电流轨迹曲线。通过图 2.125，我们可以看到一个圆，还可以看出逆变器对电流的影响。同样，图 2.126 展示了在异常情况下基于派克变换的定子电流轨迹曲线，我们从中可以轻易看出栅极点火不良的影响，轨迹曲线已经更改。

（2）电流斜率。

Peuget 等（1998）对相电流实施 Concordia 变换，以计算电流 i_α 和 i_β。在 α-β 坐标系中，电流轨迹斜率 Ψ 为

$$\Psi = \frac{i_{\alpha_k} - i_{\alpha_{k-1}}}{i_{\beta_k} - i_{\beta_{k-1}}} \qquad (2.116)$$

通过 Ψ 能够判定逆变器桥臂开路故障的位置。通过测定故障相中缺失的交变电流，可以将故障晶体管隔开。

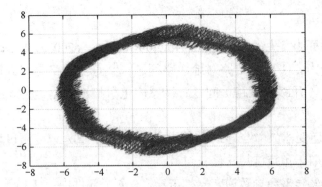

图 2.125　在正常情况下基于派克变换的定子电流轨迹的试验结果

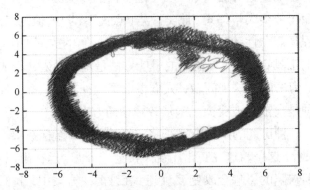

图 2.126　在异常情况下基于派克变换的定子电流轨迹在 300μs 内点火不良的试验结果

① 故障相 A：$\Psi = \infty$。

② 故障相 B：$\Psi = \sqrt{3}$。

③ 故障相 C：$\Psi = -\sqrt{3}$。

（3）平均电流。

Mendes 和 Marques Cardoso（1999）提出了一种基于派克变换监测电机平均电流的新方法。

该方法将故障类型（开路或短路）与电机平均电流的派克变换模联系起来，并将故障器件与对应的相位值联系起来。

$$I_{s_{av}} = I_{d_{av}} + jI_{q_{av}} = \left| I_{s_{av}} \right| \angle \theta_{s_{av}} \qquad (2.117)$$

（4）模糊技术。

模糊技术是基于模糊逻辑进行故障诊断的方法，见 de Araujo Ribeiro 等（2003b）、Estima 和 Marques Cardoso（2011）的研究工作。基于模糊技术可以从理论上推断逆变器的运行状态。不过，运行轨迹受到太多缺陷的影响，如感应电机发生断条故障。这种故障显然更便于检测和诊断。

为了说明这一点，图 2.127 展示了因晶体管 T1（其中，开关 S1 由晶体管和反并联二极管组成）出现间歇性点火异常造成的逆变器问题。

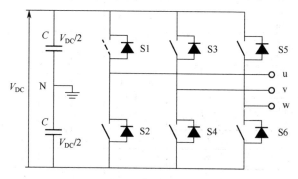

图 2.127　晶体管 T1 出现间歇性点火异常时造成的逆变器问题

从这个示例可以看出，我们希望施加由向量 v_1、v_2、v_0 的一部分组成的期望向量 v^*。遗憾的是，晶体管 T1 的栅极不能工作，无法施加向量 v_1、v_2（见图 2.128）。为方便理解，表 2.11 列出了原始向量及因晶体管 T1 缺陷产生的向量。向量 v_1 变成 v_0，向量 v_2 变成 v_3。

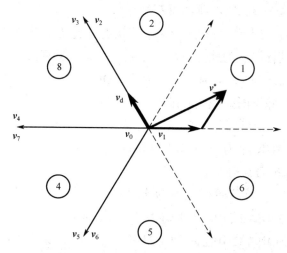

图 2.128　电压向量和 4 个扇区失效的图形表示

表 2.11　栅极 1 点火异常时两电平逆变器产生的电压向量

k	v_k	Re(v_k)α 轴	Im(v_k)β 轴	S_A	S_B	S_C		S_A	S_B	S_C	v_k
1	v_1	$E\sqrt{\dfrac{2}{3}}$	0	1	0	0	$\Rightarrow$	0	0	0	v_0
2	v_2	$E\sqrt{\dfrac{1}{6}}$	$E\sqrt{\dfrac{1}{2}}$	1	1	0	$\Rightarrow$	0	1	0	v_3

（续表）

k	v_k	Re$(v_k)\alpha$ 轴	Im$(v_k)\beta$ 轴	S_A	S_B	S_C		S_A	S_B	S_C	v_k
3	v_3	$-E\sqrt{\dfrac{1}{6}}$	$E\sqrt{\dfrac{1}{2}}$	0	1	0	⇒	0	1	0	v_3
4	v_4	$-E\sqrt{\dfrac{2}{3}}$	0	0	1	1	⇒	0	1	1	v_4
5	v_5	$-E\sqrt{\dfrac{1}{6}}$	$-E\sqrt{\dfrac{1}{2}}$	0	0	1	⇒	0	0	1	v_5
6	v_6	$E\sqrt{\dfrac{1}{6}}$	$-E\sqrt{\dfrac{1}{2}}$	1	0	1	⇒	0	0	1	v_5
0	v_0	0	0	0	0	0	⇒	0	0	0	v_0
7	v_7	0	0	1	1	1	⇒	0	1	1	v_4

因此，实际施加到感应电机上的向量是完全不同的向量。此外，这种缺陷会产生直流分量，可能不利于电机正常运行。例如，如果晶体管 T1 不能正常切换，就不可能有正电流 i_u。由于三相电流之和为零，所以 u 相的直流分量在其他相中也会产生相同故障。这就为进行故障诊断提供了可能。为了检测逆变器的健康状态，可以分析滑窗中的直流电流，并确定是否存在部件缺陷。要做到这一点，就必须测量三相电流。

可以采用模糊逻辑方法进行诊断，首先需要定义 3 个隶属函数来量化直流分量符号及其存在。为此，我们使用以下函数：①直流分量为负，DC_N；②直流分量为零，DC_Z；③直流分量为正，DC_P。

为了进行故障诊断，我们必须建立若干规则。

第 1 条规则与所有部件的健康状态有关，其内容为：如果 IA_{DC} 为 DC_Z 且 IB_{DC} 为 DC_Z 且 IC_{DC} 为 DC_Z，则"部件状态良好"，其中，IA_{DC} 表示电机 a 相中流动电流的直流分量。

要检测部件是否存在问题，必须概述下列其他 6 条规则。

如果 IA_{DC} 为 DC_N 且 IB_{DC} 为 DC_P 且 IC_{DC} 为 DC_P，那么"T1"？

如果 IA_{DC} 为 DC_N 且 IB_{DC} 为 DC_N 且 IC_{DC} 为 DC_P，那么"T2"？

如果 IA_{DC} 为 DC_P 且 IB_{DC} 为 DC_N 且 IC_{DC} 为 DC_P，那么"T3"？

如果 IA_{DC} 为 DC_P 且 IB_{DC} 为 DC_N 且 IC_{DC} 为 DC_N，那么"T4"？

如果 IA_{DC} 为 DC_P 且 IB_{DC} 为 DC_P 且 IC_{DC} 为 DC_N，那么"T5"？

如果 IA_{DC} 为 DC_N 且 IB_{DC} 为 DC_P 且 IC_{DC} 为 DC_N，那么"T6"？

图 2.129、图 2.130 阐明了这些可能性。

模糊技术用于逆变器故障诊断简单易行，但它适用于检测永久故障，不适用于检测间歇性栅极点火异常。

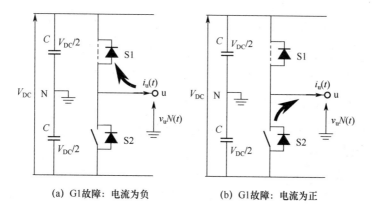

(a) G1故障：电流为负　　　　　(b) G1故障：电流为正

图 2.129　横档 1 间歇性点火异常时的逆变器方案，T1 不导电

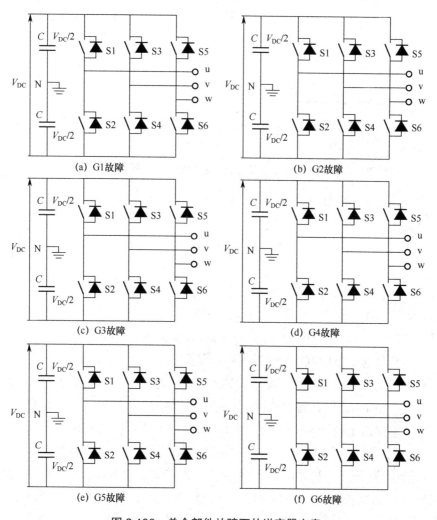

(a) G1故障　　　　　　　　　　(b) G2故障

(c) G3故障　　　　　　　　　　(d) G4故障

(e) G5故障　　　　　　　　　　(f) G6故障

图 2.130　单个部件故障下的逆变器方案

2）基于结温直接或间接分析的故障诊断

结温 T_J 是评估功率模块健康状态的相关参数。该参数对键合线老化和焊料疲劳度非常敏感，所以可用于故障诊断或故障预测（Wei 等，2019）。

（1）基于温度敏感电参数的故障诊断。

结温 T_J 很难测量，通常根据温度敏感电参数间接评估得出。例如，R_{DSon} 可用于 MOSFET（见图 2.131）。

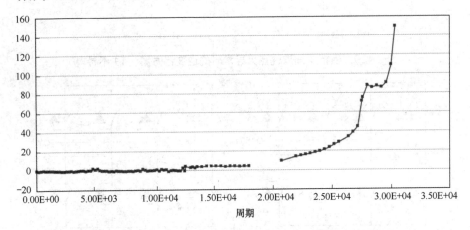

图 2.131　MOSFET 加速老化试验中的 R_{DSon} 与失效前循环数

Anderson 等（2011）提出利用空间矢量调制相电压产生的电流纹波来测量 R_{DSon}：

$$R_{DSon} = \frac{\Delta v_u}{\Delta i_u} \tag{2.118}$$

式中，Δi_u 为测量区间内的电流纹波，Δv_u 为对应的电压纹波。

对于 IGBT 来说，其故障诊断通常采用发射极–集电极通态电压 V_{CEon} 和反向二极管压降 V_f。例如，Jinsong Han 等（2016）提出了一种适用于三电平中点箝位逆变器的 IGBT 键合线和二极管键合线故障诊断方法。需要注意的是，这些温度敏感电参数对负载电流也很敏感，所以必须进行校准。他们还提到，当 V_{CEon} 和 V_f 超过故障基准时，就会检测到故障（见图 2.132）。但该方法的诊断电路十分复杂（见图 2.133），还需要对脉宽调制进行修改。

Wang 等（2020）用类似的方法实现了对三电平中点箝位逆变器键合线故障的诊断。该方法的思路是，根据某桥臂的特定负载电流方向和开关顺序，找出在导通状态下的空闲 IGBT。当电流较小时，V_{CEon} 与电流无关，与 T_J：$V_{CEL}(T_J)$ 几乎成线性关系。由此，可以将 V_{CEL} 作为相关的温度敏感电参数，并在不同老化程度的键合线上对其进行测量。

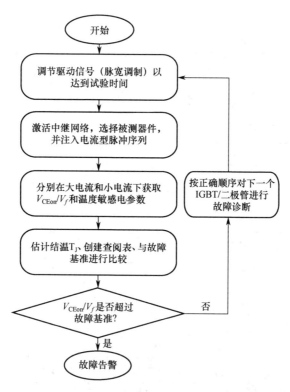

图 2.132　三电平中点箝位逆变器故障诊断流程（IEEE 提供；Jinsong Han 等，2016）

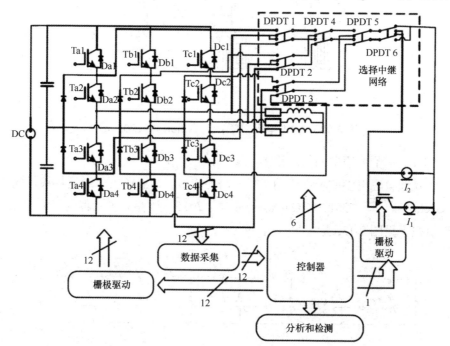

图 2.133　三电平中点箝位逆变器故障诊断系统（IEEE 提供）

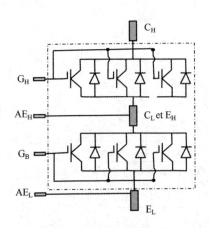

图 2.134　多芯片终端图解
（Chen 等，2020a）

Chen 等（2020a）详细介绍了多芯片 IGBT 功率模块中键合线故障的定位和检测。他们首先检查了经过测试的用于检测键合线故障的各种特征，包括 V_{CEon}、关停时的 ΔV_{CE}、R_{CE}、V_{GAE}、I_G，以及开尔文发射极 KE 上的检测点（见图 2.134）。

Chen 等（2020a）提出的方法基于集电极和开尔文发射极之间测得的通态电压 V_{CKEon}，以及集电极和发射极之间测得的电压 V_{CEon}（见图 2.135）。该方法可以提早检测到键合线剥离。该故障出现时，V_{CKEon} 会减小，V_{CEon} 会增大。

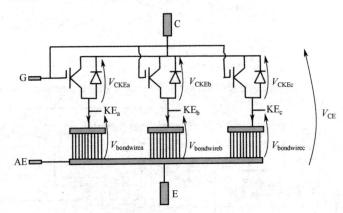

图 2.135　通态电压测量示意（Chen 等，2020a）

（2）基于热模型的故障诊断。

温度敏感电参数难以应用，经常需要校准，结温还可以通过热模型得出（Gachovska 等，2015）。Gachovska 等（2015）还建立了阻容网络的 Cauer 热模型（见图 2.136）。

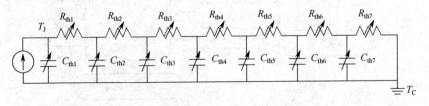

图 2.136　阻容网络的 Cauer 热模型

所录条目包括集电极–发射极电流电压（I_C 和 V_{CE}）及壳温 T_C。热阻 R_{th} 和电容 C_{th} 计算式为

$$\begin{cases} R_{thi} = \dfrac{d_i}{k_i A_i} \\ C_{thi} = c_i \rho_i V_i \end{cases} \qquad (2.119)$$

式中，d_i 为 i 层的厚度；A_i 为 i 层的有效横截面积；k_i 为 i 层的热导率；c_i 为 i 层的定压比热容；V_i 为 i 层的有效容积；ρ_i 为 i 层的质量密度。

在该热模型中，热导率 k_i 和定压比热容 c_i 随温度变化，使用多项式拟合。结温估计值可以用来检测因功率模块循环或任何异常热行为导致的热故障，也可以用来计算剩余使用寿命。

3）基于信号处理的故障诊断

采用信号处理的故障诊断方法对不同功率模块的故障进行检测和定位。但此类方法需要较长的计算时间，在需要快速在线处理的情况下，它们并不太适用。此处将介绍 3 种基于信号处理的故障诊断方法：①频率分析（快速傅里叶变换等）；②瞬时频率分析；③小波分析。

（1）频率分析。

Zisi Tian 和 Ge（2016）提出了一种可以在线诊断铁路电力牵引用交直流变换器（见图 2.137）双管 IGBT 开路故障的方法。

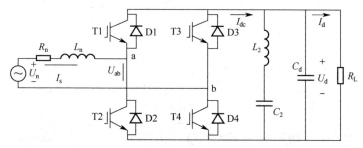

图 2.137　交直流变换器（Zisi Tian 和 Ge，2016）

他们研究了电流的快速傅里叶变换（见图 2.138），研究了单故障和双故障情况下归一化电流 $\dfrac{I_s}{I_{dc}}$ 的频率谐波含量。

首先进行单故障诊断，然后进行双故障诊断。通过分析归一化交流电流在开关频率 450Hz 附近的谐波可以诊断故障（见图 2.139）。电流向量分析如图 2.140 所示。

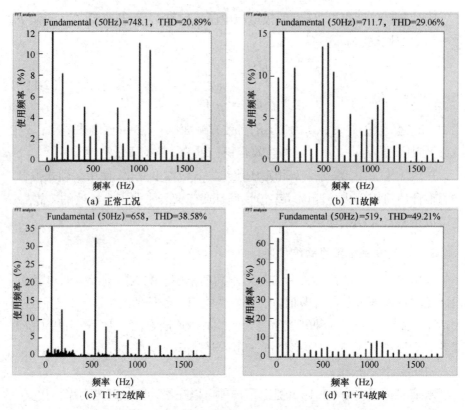

图 2.138　电流的快速傅里叶变换（Zisi Tian 和 Ge，2016）

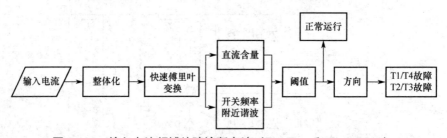

图 2.139　输入电流频域故障诊断方法（Zisi Tian 和 Ge，2016）

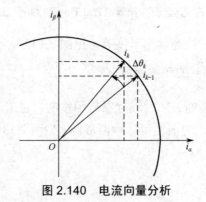

图 2.140　电流向量分析

（2）瞬时频率分析。

在工业生产中，三相逆变器广泛应用于电机驱动。理论上，相电流是正弦波，在 $\alpha\text{-}\beta$ 坐标系或 Concordia 坐标系中是一个圆。Peuget 等（1998）建议对电流向量的瞬时频率进行检测，以检测逆变器故障。为此，要在 Concordia 坐标系中利用电流向量的角度导数来估计瞬时频率。

根据

$$\boldsymbol{i}_s(t) = i_\alpha(t) + \mathrm{j}i_\beta(t) = I\mathrm{e}^{\mathrm{j}\omega_e t}$$

有

$$f = \frac{1}{2\pi}\frac{\mathrm{d}\theta}{\mathrm{d}t} \tag{2.120}$$

式中，ω_e 为电源角频率（$2\pi f$）。

采样频率必须远大于最大电机电源频率。他们认为电流向量的角位移比较小，由此频率估计值可表示为

$$f \cong \frac{1}{2\pi}\frac{\sin\Delta\theta}{T} \tag{2.121}$$

式中，T 表示采样时间；$\Delta\theta = \theta_{kT} - \theta_{(k-1)T}$，故有 $\sin\Delta\theta = \sin\theta_{kT}\cos\theta_{(k-1)T} - \sin\theta_{(k-1)T}\cos\theta_{kT}$。

由图 2.140 可推导得出：

$$\begin{aligned} i_{\alpha_{kT}} &= i_k\cos\theta_{kT} \\ i_{\beta_{kT}} &= i_k\sin\theta_{kT} \end{aligned} \tag{2.122}$$

由此，瞬时频率可表示为

$$f = \frac{1}{2\pi T}\frac{i_{\beta_{kT}}i_{\alpha_{(k-1)T}} - i_{\beta_{(k-1)T}}i_{\alpha_{kT}}}{i_{kT}i_{(k-1)T}} \tag{2.123}$$

Peuget 等（1998）提出，将该频率估计值与驱动所需的电源频率进行比较，以检测逆变器故障。若差值的绝对值较大，说明逆变器在故障状态下容错运行。Fuchs（2003）在其研究论文中提到，直接检测逆变器故障是可能实现的。

（3）小波分析。

为了验证小波分析是否能将逆变器栅极间歇性点火异常的问题告知操作员，此处展示相关试验结果。试验采用了由双电平逆变器（工作频率为 20kHz）供电的三相感应电机（Razik 等，2011），对三相感应电机在满负荷（15Nm、3kW）运行时的循环电流进行检测。

开关 q_1、q_2 和 q_3 的栅极信号如图 2.141 所示，可以看出开关 q_1 在多个周期内都出现点火异常。

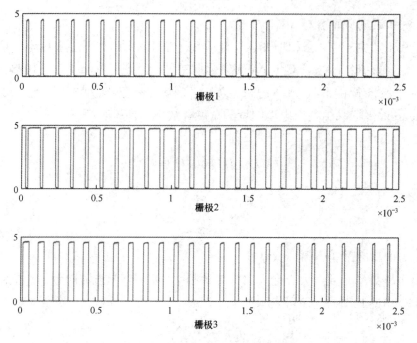

图 2.141　栅极信号：q_1、q_2 和 q_3。其中，开关 q_1 在 300μs 内点火异常的试验结果

感应电动机 a 相和 b 相的定子电流如图 2.142 所示。

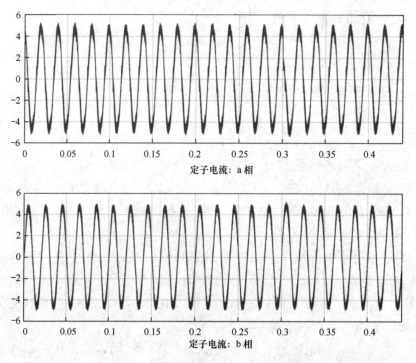

图 2.142　q_1 在 300μs 内点火异常的试验结果：感应电机的定子电流

如前文所见，我们无法目测确定电机是在健康状态下运行还是在故障状态下运行。不过，只有当观测到电流存在奇点时，才可能进行故障检测。在这种情况下，开关应能正常工作，但出现点火异常。感应电机 a 相电流如图 2.143 所示，b 相电流如图 2.144 所示。栅极 q_1 在 300μs 内出现了点火异常，小波系数的演变随故障发生改变。

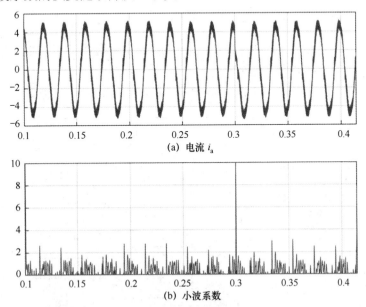

(a) 电流 i_a

(b) 小波系数

图 2.143　q_1 在 300μs 内点火异常的试验结果：a 相电流

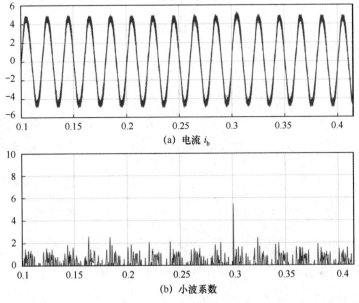

(a) 电流 i_b

(b) 小波系数

图 2.144　q_1 在 300μs 内点火异常的试验结果：b 相电流

可以看到，小波系数迅速显著增大，当出现间歇性点火异常时就会出现这种情况。该方法非常适合告知操作员逆变器出现点火异常。已知三相电流之和等于零，则可以通过一相对逆变器故障进行检测。

综上所述，利用连续小波变换可以轻松检测栅极间歇性点火异常。该方法既有针对性，又很有说服力。

4）基于聚类的故障诊断

聚类方法可以诊断转换器中的多个故障，主要包括神经网络、模式识别和支持向量机，如图 2.145 所示。

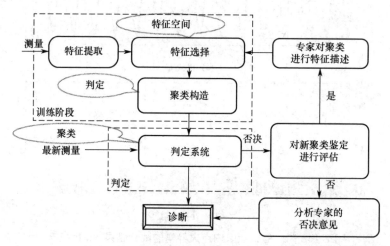

图 2.145　基于聚类的故障诊断（Ondel 等，2009；经 IEEE 许可）

Delpha 等（2007）在他们的研究中提到，三相逆变器开路检测依赖电流轨迹的偏差。采用模式识别技术对故障进行诊断。该方法以主成分分析和线性判别聚类器为基础。鉴别程序分为以下两步。

第 1 步：使用三级聚类器识别发生故障的桥臂。

第 2 步：判定出现故障的电源开关。Ondel 等（2009）提出了模糊 K 最近邻算法。他们定义了一个隶属函数，如式（2.124）所示，函数取值范围为 $[0,1]$。一个模式可以属于多个集群。

$$
\begin{cases}
\mu_{\Omega_c}(X_u) = \left(\dfrac{1}{N_c} - \left(\dfrac{1}{N_c} - \eta \right) \left(\dfrac{d(X_u, m_c)}{d_{s_c}} \right)^g \right) k_c, & -\beta d_{s_c} \leqslant d(X_u, m_c) \leqslant d_{s_c} \\[3mm]
\mu_{\Omega_c}(X_u) = \eta \left(\dfrac{\beta}{\beta-1} \right)^g \left(\dfrac{\beta d_{s_c} - d(X_u, m_c)}{\beta d_{s_c}} \right)^g k_c, & d_{s_c} < d(X_u, m_c) \leqslant \beta d_{s_c} \\[3mm]
0, & \text{其他情况}
\end{cases}
\tag{2.124}
$$

式中，$d(X_u,m_c)$ 为观测值 X_u 与 Ω_c 类重心 m_c 之间的距离；d_{s_c} 为定义拐点位置的参数；N_c 为 Ω_c 类中包含的样本数；k_c 为因 Ω_c 类产生的 k 个近邻数；η 是用于确定隶属函数常数部分的参数；β 为可以定义隶属函数带宽的参数；g 为可以调整函数斜率的参数。

独占和非独占情况下的模糊隶属函数的区别如图 2.146 所示。

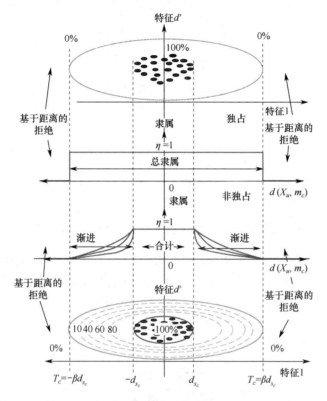

图 2.146　独占和非独占情况下的模糊隶属函数（Ondel 等，2009）

目前已采用许多其他聚类技术。Pham 等（2019）提出了一种用于功率逆变器双开路 IGBT 故障诊断的自适应动态聚类方法。该聚类方法基于神经网络，结合了新的高斯密度合并机制和相关模式向量。Bendiabdellah 和 Cherif（2017）利用三相电压的克拉克分解和支持向量机聚类器，对三相逆变器中的 IGBT 开路故障进行了诊断。Bowen 和 Wei（2019）提出了一种基于小波分解和支持向量机聚类器的逆变器开关开路故障诊断方法。Qiu 等（2017）利用自适应噪声集合经验模态分解方法和支持向量机聚类器，对永磁同步电机三相逆变器的故障进行诊断。

5）基于神经网络的故障诊断

与其他技术相比，神经网络在科学文献中的应用较少，但还是可以查阅到一部分。例如，Charfi 等（2006）、Masrur 等（2007）关于 IGBT 开路故障诊断的文献，Mohagheghi 等（2009）关于二极管电桥故障检测的文献。神经网络可以用于检测器件是否偏离健康状态。例如，Mohagheghi 等（2009）在研究中提到，神经网络旨在检测整流器中一个或多个部件的使用性能与正常情况相比是否发生变化（见图 2.147）。

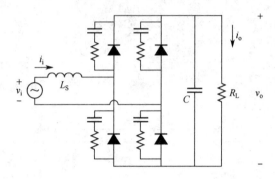

图 2.147　全桥整流器（Mohagheghi 等，2009；由 IEEE 提供）

在这种情况下，神经网络的输入为 $X(t) = [1, v_i(t), i_i(t), i_o(t)]$，输出为电压 $v_o(t)$。权重的调整可以使实际输出与预计输出之间的误差最小化。神经网络训练方案如图 2.148 所示。

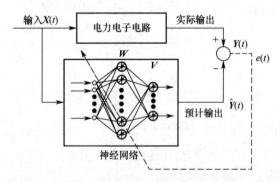

图 2.148　神经网络训练方案（Mohagheghi 等，2009）

Masrur 等（2007）研究了神经网络在逆变器开路故障诊断中的应用。对信号进行分段，由此计算以下参数：①信号最大幅度；②信号最小幅度；③信号中位值；④信号标准差；⑤信号平均值；⑥功率谱的零频分量。

神经网络聚类器利用这些参数区分各种开路故障，一般检测流程如图 2.149 所示。

图 2.149 一般检测流程（Masrur 等，2007）

机器学习算法会根据转矩和速度选择驱动工作点。数字孪生模型则基于健康状态和故障条件下的工作点生成训练数据（见图 2.150）。利用训练后的神经网络对不同故障进行聚类。基于预测过程的失效机理如图 2.151 所示。

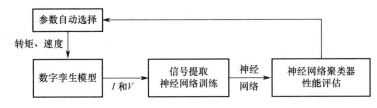

图 2.150 控制参数选择（Masrur 等，2007）

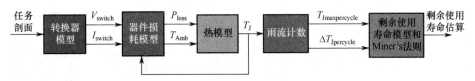

图 2.151 基于预测过程的失效机理

神经网络可以与预处理步骤相关联。Charfi 等（2006）在研究文献中提到，神经网络将逆变器三相电流小波分解的近似系数作为输入。

6）故障诊断方法整合

表 2.12 概述了功率器件 MOSFET 和 IGBT 的不同故障诊断方法。表 2.12 列明了方法简介、模式向量（检测参数）、处理的故障类型及方案的可靠性（Lu 和 Sharma，2009）。

表 2.12 MOSFET 和 IGBT 的故障诊断方法整合（Lu 和 Sharma，2009）

名　　称	检测参数	失效形式	可　靠　性	参　　考
电流直接分析				
派克变换	三相电流	开路和短路	不适用于小电流	Mendes 和 Marques Cardoso（1999）、de Araujo Ribeiro 等（2003a）、Razik 等（2011）
平均电流	三相电流	开路和短路	一般	Mendes 和 Marques Cardoso（1999）
电流斜率	三相电流	开路	不适用于小电流	Peuget 等（1998）

（续表）

名　　　称	检测参数	失效形式	可　靠　性	参　　　考
模糊技术	三相电流	开路	模糊规则必须精心设计	de Araujo Ribeiro 等（2003b）、Estima 和 Marques Cardoso（2011）
基于结温直接或间接分析的故障诊断				
基于温度敏感电参数 V_{CE}	V_{CE}、I_C	键合线剥离	一般	Jinsong Han 等（2016）、Wang 等（2020）
基于温度敏感电参数 V_{CEon} 和 V_{CKEon}	V_{CEon}、V_{CKEon} 和 I_C	键合线剥离	精确	Chen 等（2020b）
热模型	V_{CE}、I_{CE} 和 T_{Case}	因周期循环引起的热失效	良好	Gachovska 等（2015）
信　号　处　理				
频率分析	三相电流	开路	可以确定双故障部位	Zisi Tian 和 Ge（2016）
瞬时频率分析	三相电流	开路	无法定位故障器件	Peuget 等（1998）
小波分析	三相电流	开路点火异常	良好	Saleh 和 Rahman（2005）、Torrence 和 Compo（1998）
聚　类　技　术				
主成分分析和线性判别聚类器	三相电流	开路；点火异常	仅适用于单故障	Delpha 等（2007）
模糊 K 最近邻算法	三相电流、三相电压	多故障逆变器和电机	良好	Ondel 等（2009）
克拉克变换和支持向量机	三相电压	开路；点火异常	良好	Bendiabdellah 和 Cherif（2017）
神　经　网　络				
基于模型的人工神经网络技术	三相电流、电压和转矩	开路	一般	Masrur 等（2007）、Chen 等（2020b）
小波神经网络方法	三相电流	开路	精确	Charfi 等（2006）

4. 失效模式预测

对功率模块失效的预测还处在早期阶段。针对该方面，学术界和工业界已经进行了大量的研究。失效模式预测在极大程度上取决于部件的性质、技术及应用领域。不过，目前业界已经涌现了两大类失效模式预测方法（Hanif等，2019）。

（1）第一类失效模式预测方法针对的是失效机理。基于物理失效（PoF）

模型、经验模型或测试数据，主要根据最小结温或最大结温、结温摆幅ΔT_J和环境温度等参数推导出失效周期数。

（2）第二类失效模式预测方法是基于温度敏感电参数等失效前兆参数及线性回归或神经网络等的外推法，其主要通过实时数据单元给出剩余使用寿命。

1）基于失效机理和统计数据的失效模式预测

周期数是根据器件的温度曲线计算得出的：环境温度T_a、结温T_J、结温摆幅ΔT_J等。通过热模型预计器件损耗可以测得此类参数。在运行工况多变的情况下，可以采用雨流计数评估得出不同损耗范围的影响（Musallam 等，2010）。

首先，我们要思考根据温度曲线得出失效周期数的不同方法。这些方法的优缺点如表 2.13 所示（Hanif 等，2019）。

表 2.13　基于失效机理的失效模式预测方法对比（Hanif 等，2019）

方　法	优　点	缺　陷
经验方法	失效率准确，可靠性指标良好	必须定期实施，很难获得可靠数据，难以构建因果链
物理失效	可以对特定失效机理建模（键合线剥离等），可以针对特定失效现象预测剩余使用寿命	不具备现场可靠性，应用复杂，无法对缺陷引起的失效建模，不适用于整个系统
基于数据的方法	为实际系统提供准确的失效模式预测方法，可以在试运行前采集数据	需要进行加速试验，带来了不确定性

剩余使用寿命模型可以是经验模型。例如，Bayerer 等（2008）针对键合线剥离提出了以下定律：

$$N_f = K\Delta T_J^{\beta_1} e^{\left(\frac{\beta_2}{T_J+273}\right)} t_{on}^{\beta_3} I^{\beta_4} V^{\beta_5} D^{\beta_6} \qquad (2.125)$$

式中，T_J是结温（单位为℃），t_{on}是导通时间，I是线电流，V是阻塞电压，D是键合线直径，β_1、β_2、β_3、β_4、β_5、β_6是已经确定的经验参数。

Norris 和 Landzberg（1969）、Xuhua Huang 等（2012）针对焊点疲劳提出了以下定律：

$$N_f = A(f)^{-\alpha}(\Delta T)^{-\beta} e^{\left(\frac{E_a}{K}\left(\frac{1}{T_{max}}\right)\right)} \qquad (2.126)$$

式中，α、β 为经验参数，f 为频率（单位：周期/天），ΔT 为温度循环中的绝对温度范围，E_a 为失效机理的活化能（单位：eV），K 为玻尔兹曼常数。

这些定律还可以基于物理失效机理推导得出，示例如表 2.14 所示。

表 2.14　基于物理失效机理的定律对比

项　目	定　律	来　源
基于塑性应变的模型 （Coffin-Manson 定律）	$N_f = C_1(\Delta\varepsilon_p)^{-C_2}$，其中，$\Delta\varepsilon_p$ 表示弹性应变幅度，C_1 和 C_2 是两个参数	Coffin（1954）
键合线剥离	$N_f = C_1(\Delta T)^{-C_2}$，其中，$\Delta T$ 表示温度摆幅，C_1 和 C_2 是两个参数	Ciappa（2002）、Ciappa 等（2002）
焊点疲劳	$N_f = 0.5\left(\dfrac{L\Delta\alpha\Delta T}{\gamma x}\right)^{1/c}$，其中，$L$ 是焊点横向尺寸，$\Delta\alpha$ 为上下底板的热膨胀系数失配，ΔT 为温度摆幅，c 为疲劳指数，x 和 γ 表示焊料厚度和延性系数	Ciappa（2002）、Ciappa 等（2002）

温度、电流、失效周期数等数据都可以用一组曲线（见图 2.152）表示。

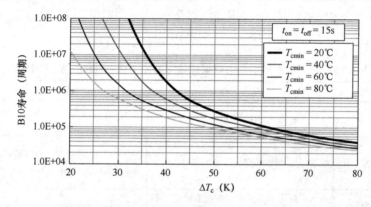

图 2.152　t_{cycle} 为 30s 时引入导线和衬底焊点的 B10 寿命曲线示例（ABB，2004）

失效周期数在极大程度上取决于结温曲线。结温曲线可以根据温度敏感电参数得出，也可以通过光纤测量得出，还可以通过热模型加以确定。在这种情况下，可以根据功率损耗和 Cauer/Foster 热模型计算温度。在时变任务剖面图中，不同部件上的电压和电流会导致功率损耗（见图 2.153）。

另外，雨流算法可以让温度曲线形成热循环，并输入剩余使用寿命模型（见图 2.154）。

通过制造商给出的剩余使用寿命模型或前述定律可以估算剩余使用寿命。通过估算得出给定条件下的失效周期数，即

$$LC = \left(\sum_{i=1}^{N_T}\frac{n_i}{N_i}\right)\times 100\% \qquad (2.127)$$

式中，LC 是器件损耗的寿命，n_i 是给定工作点的实际失效周期数，N_i 是该工作点失效前的失效周期数。

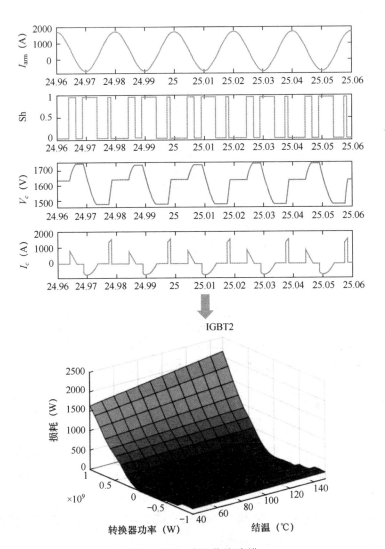

图 2.153 结温曲线建模

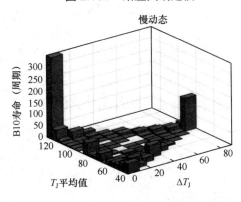

图 2.154 雨流算法

2）基于失效前兆的失效模式预测

基于失效前兆的失效模式预测流程如图 2.155 所示。

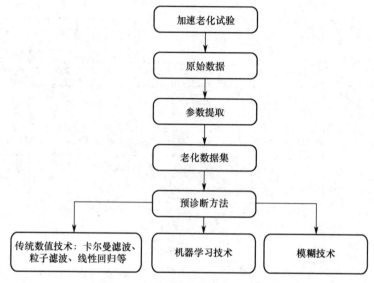

图 2.155　基于失效前兆的失效模式预测流程（Fang 等，2018）

（1）某些加速老化试验在高度受控环境下进行，直到出现失效或无法保障所需功能。测试条件必须代表运行设备所处的环境。

（2）提取一些与老化过程相关的参数，主要是与温度敏感电参数有关的参数。通过检测这些参数，可以得到老化数据集（或者可以证明前述老化规律）。

（3）基于这些参数，利用数据驱动预测算法、线性回归或模糊技术，估算剩余使用寿命。

预测活动本就包含不确定性评估（Sankararaman 和 Goebel，2013），如图 2.156 所示。

目前，在电力电子领域关于这方面的研究尚不成熟，因此，本章对该问题未进行讨论，感兴趣的读者可以参考美国宇航局卓越团队预测中心的研究成果。这些研究使不确定性概念重新成为故障预测工作的核心（Sankararaman 和 Goebel，2013；Sankararaman 和 Goebel，2015；Celaya 等，2012；Goebel 等，2017）。

此外，Saxena 等（2008）、Saxena 等（2010）、Saxena 等（2014）给出了一些指标来评估故障预测性能。

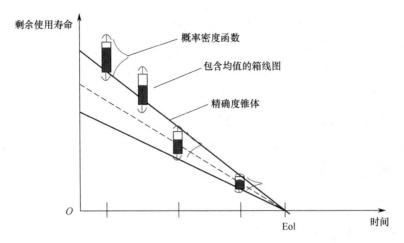

图 2.156　预测的不确定性和具体表现（Saxena 等，2010）

（1）传统数值技术：线性回归、卡尔曼滤波、粒子滤波等。

①**一般说明**：采用线性回归、卡尔曼滤波、粒子滤波等算法，根据历史数据判定未来状态。不同的模型可以用递归定理、累积贡献、递归方程的离散解或连续解表示。

对未来状态的预测基于过去状态序列，可以表示为

$$\hat{X}_{t+1 \to t+h_p} = f_p(t_{t-n_0 \to t}, \theta) \tag{2.128}$$

式中，$f_p(t_{t-n_0 \to t}, \theta)$ 为特征值 n_0 观测序列（t 以内）；f_p 为预测模型；θ 为预测模型参数；$\hat{X}_{t+1 \to t+h_p}$ 为预测时域 h_p 内的估计序列。

预测方法可选用迭代预测法。该预测方法主要利用模型在 $t+1$ 时刻进行预测；随后将该模型级联 $h_p - 1$ 次，以便在 $t+h_p$ 时刻进行预测。该预测方法简单易行，但误差会基于预测不断累积（见图 2.157）。

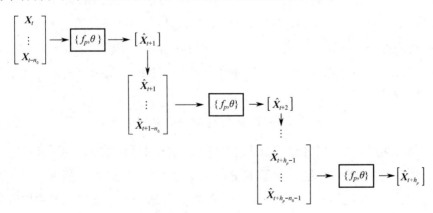

图 2.157　迭代预测法图示（Breuneval，2017）

预测可以相当简明。成组多时域直接预测方法主要在于模型训练，利用以 t 为结束点的历史序列来预测 $t+1$ 到 $t+h_p$ 的状态。该方法具有较高的精确性，但需要很大的学习库，并且由于模型较多，所以很难实现（见图 2.158）。

多步预测可以并行执行，主要采用拥有多个输出的外推模型（多输入多输出，MIMO）。这样做，短期预测更加准确，而长期预测不太准确（见图 2.159）。

$$\begin{bmatrix} X_t \\ \vdots \\ X_{t-n_0} \end{bmatrix} \to \{f_P^1, \theta\} \to [\hat{X}_{t+1}]$$

$$\begin{bmatrix} X_t \\ \vdots \\ X_{t-n_0} \end{bmatrix} \to \{f_P^2, \theta\} \to [\hat{X}_{t+2}]$$

$$\vdots$$

$$\begin{bmatrix} X_t \\ \vdots \\ X_{t-n_0} \end{bmatrix} \to \{f_P^{h_p}, \theta\} \to [\hat{X}_{t+h_p}]$$

$$\begin{bmatrix} X_t \\ \vdots \\ X_{t-n_0} \end{bmatrix} \to \{f_P, \theta\} \to \begin{bmatrix} \hat{X}_{t+1} \\ \vdots \\ \hat{X}_{t+h_p} \end{bmatrix}$$

图 2.158 成组多时域直接预测方法图示   图 2.159 多步并行预测图示
（Breuneval，2017）   （Breuneval，2017）

这些模型可以推导得出剩余使用寿命或失效概率。

②高斯过程回归（GPR）：Ali 等（2018）将高斯过程回归用于 IGBT 的失效预测。他们的研究讨论了根据时间和参数向量建立 V_{CEon} 变量的线性模型，即

$$y = x^t \cdot w + \varepsilon \tag{2.129}$$

式中，$y = V_{CEon}$，w 是对应于模型参数的权重向量，ε 是高斯噪声测量值 $N(0, \sigma_n^2)$，$X = [x_1, x_2, \cdots, x_n]^T$ 和 $Y = [y_1, y_2, \cdots, y_n]^T$ 是训练集合的矩阵表示。

利用加速老化试验创建学习库。通过贝叶斯网络来确定未知参数的概率分布函数［见式（2.130）］。高斯过程回归通过给出均值和方差来描述模型的不确定性，即

$$w_{opt} = \arg\max_w (p(y|X, w) \cdot p(w)) \tag{2.130}$$

剩余使用寿命由拟合的高斯过程回归模型与失效阈值 V_f 的交集确定。

Hong 等（2013）还讨论了 IGBT 的失效预测问题，主要基于结温，利用高斯–贝叶斯过程进行预测。假设以高斯过程为中心，输出的预测均值和方差为

$$\begin{cases} \hat{y} = \boldsymbol{k}^{\mathrm{T}}(x)\boldsymbol{Kt} \\ \sigma_{\hat{y}}^2 = C(x,x) - \boldsymbol{k}^{\mathrm{T}}(x)\boldsymbol{K}^{-1}\boldsymbol{k}(x) \end{cases} \tag{2.131}$$

式中，y 是标量输出（结温 T_{J}）；x 是潜在变量，$x \in \mathbf{R}^d$；$\{(x^{(i)}, x^{(i)})\}$ 为训练点集合，其中 $i \in [1, n]$，n 为训练点个数；$\boldsymbol{K}$ 为训练集合的协方差矩阵，$K_{ij} = C(x^{(i)}, x^{(j)})$；$C$ 为协方差函数，并有

$$C(x^{(i)}, x^{(j)}) = v_0 \mathrm{e}^{\left\{ -\frac{1}{2} \sum_{l=1}^d w_l \left(x_l^{(i)} - x_l^{(j)} \right) \right\}} + a_0 + a_1 \sum_{l=1}^d x_l^{(i)} x_l^{(j)} + v_1 \delta(i, j)$$

$$\boldsymbol{k}(x) = [C(x, x^{(1)}), \cdots, C(x, x^{(n)})]^{\mathrm{T}}$$

$$\boldsymbol{t} = [t^{(1)}, \cdots, t^{(n)}]^{\mathrm{T}}$$

通过最大化学习库数据的对数似然值来估计超参数 $\boldsymbol{0} = [a_0, a_1, w_1, \cdots, w_d, v_0, v_1]^{\mathrm{T}}$。

③累积损伤定律：Brown 等（2006）利用温度敏感电参数 V_{CE}，计算 IGBT 开关电源的失效概率为

$$f_1 = t_0 \sum_{i=1}^M \left(\mathrm{e}^{\frac{E_a}{KT_{\mathrm{J}}} \Delta t_i} \right) \tag{2.132}$$

式中，E_a、K、T_{J} 和 t_0 表示活化能、玻尔兹曼常数、结温和比例常数，Δt_i 表示工作时间。

④卡尔曼滤波：Eleffendi 和 Johnson（2016）使用卡尔曼滤波器对电压 V_{CE} 下的 IGBT 结温、负载电流和 Foster 热模型进行自适应估计。卡尔曼滤波器的残差信号可以用于检测热模型参数的变化，进而提示热程退化。

⑤粒子滤波：Saha 等（2009）在衰减模型中使用粒子滤波器，即

$$\theta(t) = C \mathrm{e}^{-\lambda t} \tag{2.133}$$

电流 I_{CE} 由多项式估计量近似表示，如式（2.134）所示。粒子滤波器识别其中一个参数老化指标 p_1（见图 2.160），假定后者遵循老化规律，即

$$I_{\mathrm{CE}}(t) = \mathrm{e}^{p_1 t^3 + p_2 t^2 + p_3 t + p_4} \tag{2.134}$$

Pugalenthi 和 Raghavan（2018）使用粒子滤波器判定 MOSFET 的老化过程。假定演化规律为式（2.135），则粒子滤波器可用于跟踪导通电阻 R_{DSon}，即

$$R_{\mathrm{DSon}}(t) = \alpha \mathrm{e}^{\beta t} + R_{\mathrm{DSon}_0} \tag{2.135}$$

在剩余使用寿命结束时，R_{DSon} 增大 10% 左右。

Hu 等（2020a）还利用粒子滤波器实现 IGBT 键合线失效预测。他们提

出的方法融合了基于模型的方法和基于数据的方法。有限元分析为跟踪引线键合裂纹扩展过程提供了合适的参数（V_{CE}）。

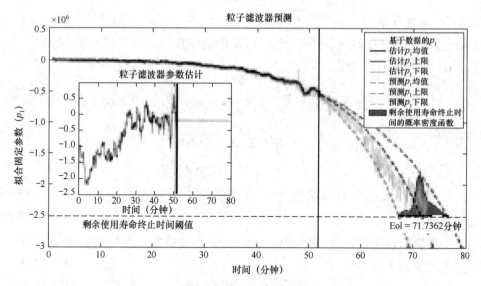

图 2.160　粒子滤波器跟踪与预测（Saha 等，2009）

依据物理断裂机理创建过程模型，状态空间方程描述了裂纹扩展过程，输出方程描述了 V_{CE} 与裂纹扩展速率（相对于参考键合长度）之间的关系。

粒子滤波器对这些方程的未知参数做出估计，进而估计剩余使用寿命（见图 2.161）。

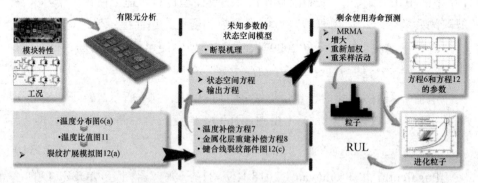

图 2.161　利用粒子滤波进行预测方法示意（Hu 等，2020a）

（2）机器学习技术。

①一般说明。机器学习技术主要采用以下两种方法：利用模式识别、主成分分析等经典聚类技术；利用神经网络对时间序列进行外推。

②聚类技术，包括时间序列的无监督聚类、未知工作点的监督聚类。

第 1 步，利用无监督聚类器（K 均值聚类算法、自组织映射等），将已选定温度敏感电参数的学习库按老化状态划分为不相交区域。该学习库通过加速老化试验创建，例如，不同类别可以表示老化率（见图 2.162）。

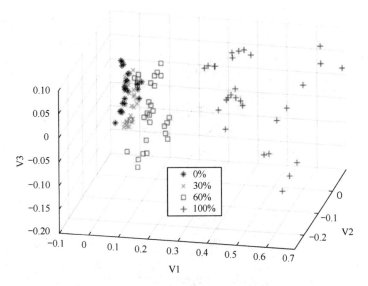

图 2.162　基于 4 个学习类别的 120 个特征样本三维表示　（Hologne，2018）

第 2 步，利用监督聚类器（K 最近邻算法、支持向量机、神经网络聚类器等），将新的工作点随机分配给其中某一区域，进而得出老化状态（见图 2.163）。

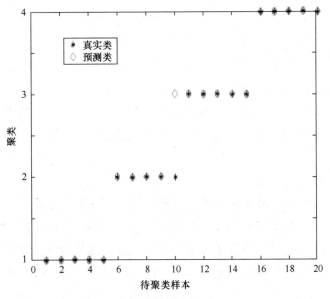

图 2.163　神经网络聚类器的应用（Hologne，2018）

③神经网络：基于神经网络对时间序列进行外推。Wu 等用反向传播（BP）神经网络计算结温。神经网络的输入为温度敏感电参数 V_{CE} 和 I_C（见图 2.164）。他们还将该方法与多项式拟合方法进行了比较。研究结果表明，反向传播神经网络更加适用。

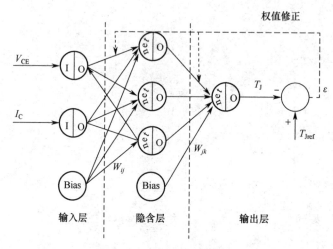

图 2.164　反向传播神经网络结构

Hong 等（2013）比较了高斯过程回归和小波神经网络对 IGBT 结温的预测情况。研究结果显示，高斯过程回归更加适用。根据目前的科学文献，虽然该方法很少用于静态转换器的失效预测，但看起来很有应用前景。

Ahsan 等（2016）探讨了神经网络在预测 IGBT 剩余使用寿命方面的应用。相关数据基于超应力热老化条件，由美国宇航局艾姆斯实验室开发的 IGBT 加速老化试验平台提供（Celaya 等，2009）。在该应用中，集电极-发射极电压 V_{CE} 决定了外加电压负载下的各相模式和延续时间（见图 2.165）。退化阶段的延续时间满足神经网络输入。唯一的输出为剩余使用寿命。他们还将反向传播神经网络与自适应模糊神经网络进行了比较，结果如图 2.166所示。

（3）模糊技术。

在模糊技术中，基于模糊逻辑估计来计算剩余使用寿命。

Alghassi 等（2015）详细介绍了该过程［见图 2.167（a）］。温度敏感电参数 V_{CE} 连续 10 次阶跃都存储在一分为二的先进先出栈（FIFO）中。每一步都给出了均值和差值 ΔV_{CE}。V_{CE} 的均值和差值 ΔV_{CE} 满足模糊化阶段的需要。

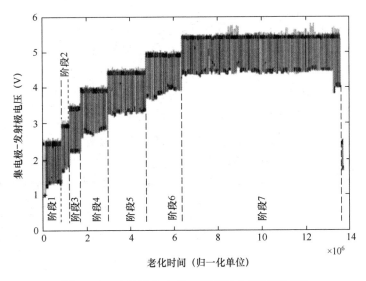

图 2.165　IGBT 集电极—发射极电压退化剖面

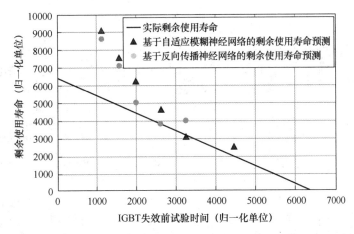

图 2.166　基于自适应模糊神经网络和反向传播神经网络预测的剩余
使用寿命与实际剩余使用寿命对比

在模糊化阶段，基于语言变量（低、中、高）和专家知识制定 9 条模糊
规则。这些模糊规则会提供一组输出：非常低、不太低、低、略微中等、中
等、确实中等、稍高、确实高、非常高。

①若输入 1 为"低"且输入 2 为"低"，则输出为"非常低"；

②若输入 1 为"低"且输入 2 为"中等"，则输出为"不太低"；

③若输入 1 为"低"且输入 2 为"高"，则输出为"低"；

④若输入 1 为"中等"且输入 2 为"低"，则输出为"略微中等"；

⑤若输入 1 为"中等"且输入 2 为"中等"，则输出为"中等"；

⑥若输入1为"中等"且输入2为"高"，则输出为"确实中等"；

⑦若输入1为"高"且输入2为"低"，则输出为"稍高"；

⑧若输入1为"高"且输入2为"中等"，则输出为"确实高"；

⑨若输入1为"高"且输入2为"高"，则输出为"非常高"。

IGBT 剩余使用寿命模型基于马丹尼模糊推理系统（Fuzzy Interence System，FIS），利用高斯隶属函数对输出进行模糊化处理。根据该方法，聚类和解模糊化过程会考虑包含最大值的隶属函数。

因此，利用模糊推理系统的聚类方法，让输出的模糊集组合成单个模糊集。

利用 Alghassi 等（2015）的模拟数据集对该方法进行验证，结果如图 2.167（b）所示。该方法精确可靠，但模糊规则需要专家参与设计。

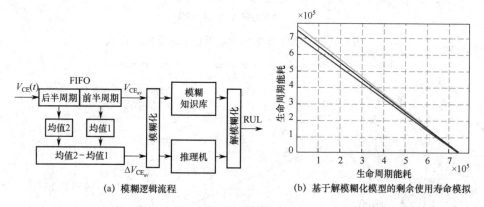

(a) 模糊逻辑流程　　　　(b) 基于解模糊化模型的剩余使用寿命模拟

图 2.167　模糊预测方法（Alghassi 等，2015）

Samie 等（2015）对先前的方案进行了改进，如图 2.168 所示。这就是混合法，即利用自适应神经模糊推理系统（ANFIS）计算剩余使用寿命。该结构实现了神经网络与模糊逻辑原理相结合。

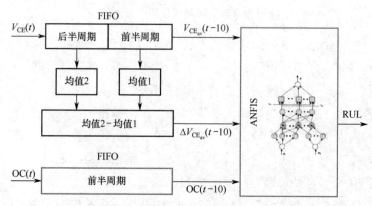

图 2.168　预测的不确定性和具体表现（Samie 等，2015）

混合法需要有一个学习阶段。估计量的输入为运行状态（OC）和温度敏感电参数 V_{CE}。在这种情况下，剩余使用寿命以百分比（%）表示，而不是以时间表示。

2.6.7　电容器故障诊断与预测技术

1. 电解电容器故障诊断技术

灾变失效可能是制造商或使用者造成的，也可能只是自然老化的结果。故障诊断技术旨在避免出现因自然老化导致的灾变失效，而灾变失效通常都是未及时检测参数失效引起的。

电解电容器的失效机理主要是电解液的蒸发，而在工作过程中出现的温度升高和电流纹波增大会加速电解液的蒸发。随着电容（C）减小，等效串联电阻（ESR）增大，温度会进一步升高（Cardoso，2018）。

在某些应用中，我们可能还需要运用其他标准，具体取决于转换器的性能。电容器老化使得其等效串联电阻增大，从而导致中间电路的电压纹波增大。而电压纹波增大会影响转换器的效率，甚至导致其他部件损坏。例如，在光伏太阳能逆变器中，增大中间电路的电压纹波会降低其功率，同时会因过电压而损伤半导体开关（Cardoso，2018）。这时候就需要设置转换器保护条件，如最大电压纹波限制。电容器失效诊断技术可分为三大类：①线下；②线上；③拟线上。

研究文献记录了针对电子电力电路中电解电容器状态的检测工作，下文对其中一些工作进行了综述。根据相关标准的建议，如果电容器的初始等效串联电阻增大约 2 倍，电容减小 20%，则应判定电容器失效（Abdennadher，2010；Lahyani 等，1998）。这也表明，对等效串联电阻和电容的估计可以指示是否出现电容器失效。电解电容器是电力电子器件中最敏感的一种部件。为了评估部件状况，进而避免整体失效或设备失灵，必须研发故障检测技术。近年来，研究人员已发表多篇关于电解电容器状态检测的论文，提出了各种可在线估计电容和等效串联电阻的技术。

Amaral 和 Cardoso（2012）提出了一种故障在线检测技术，以防降压型直流–直流转换器输出滤波器所用铝电解电容器出现结构失效。在导通阶段，输入电流的斜率与输出电压的斜率之间形成一种简单关系，由此可估算电容器的等效串联电阻。他们还结合随温度变化的等效串联电阻数学模型，考虑了温度的影响。研究结果表明，该技术简单易行、成本低廉，并且不需要额外提供电流传感器。Amaral 和 Cardoso（2009）利用离散傅里叶变换（DFT）分析了 ATX 电源一次侧电容器在 MOSFET 开关频率下的电流和电压波形，以估算等效串联电阻。尽管离散傅里叶变换十分快捷、方便，但它存在的一些缺点使其实用性大大降低。其实，如果谐波不稳定，则利用离散傅里叶变换提取谐波幅度就没有意义。此外，良好的频率分辨率要求存储较长的数据样本，但受限于系统内存，这并不是总能实现。另外，信号稳态不能保证长时间采集。为了克服这些缺点，他们提出采用离散小波变换。离散小波变换的原理是，将离散傅里叶变换应用到短时滑窗上，可以对求得的谐波进行时间幅度表示。但是，频率分辨率始终取决于滑窗长度。实际上，短时滑窗有较高的时间分辨率，但频率分辨率较低；而长时滑窗有较高的频率分辨率，但时间分辨率较低。

Yao 等（2016）成功提出了另一项可以在线估计等效串联电阻和电容的技术，主要应用于升压型功率因数校正转换器。研究表明，该方法不需要额外使用电流传感器；在线路周期的特定时间仅需要两个电容、电压值。该技术同样适用于在不同工况下运行的连续导通模式（CCM）升压转换器（Yao等，2015）。该技术还非常适合在连续导通模式下运行的直流-直流转换器，但并不是所有工况都支持这种模式。

Sun 等（2017）提出了一种在线检测单相直流-交流转换器中 IGBT 模块和直流链路电解电容器状态的有趣方法。该方法要求在 $2\sim5\mu s$ 的测试时间内，在功率转换器的桥臂中引入可控短路。IGBT 模块产生的短路电流会通过直流链路电解电容器，使电解电容器的电流纹波出现显著变化。他们还提出了一种利用 IGBT 短路电流和直流链路电解电容器阶跃电压来估计等效串联电阻的表达式。

Farjah 等（2017）介绍了一种新型罗氏线圈传感器的应用。结果表明，利用输出的电压纹波和罗氏线圈输出的电压可以有效估计等效串联电阻。该技术简单易行，即使对于已经制造出来的转换器也是如此。Li 和 Low（2016）提出了一种新的基于生物地理学优化（OBB）算法的连续式降压变换器电容参数在线估计方法。该方法的特点是采样率低，并且使用了平均模型。生物地理学优化（OBB）算法是一种新的进化算法。与遗传算法等优化算法相比，该算法可以达到极好的效果。参数估计过程需要引入能产生电压和电流纹波的伪随机二进制序列扰码。尽管该方法得出一些有趣的结果，但计算量大是其主要缺点。

Yao 等（2017）提出了一种可以估计返驰式转换器输出电容参数的无创性方法。他们利用脱扣电路和隔离放大电路来测量开关周期内某些时刻的输出电压纹波；随后将这些测量值发送到数字信号处理器上，计算等效串联电阻和电容。Ahmad 等（2017）建议在两倍网络基频（100Hz）下评估其阻抗，进而检测电解电容器。该技术已经应用于成功联网的单相光伏系统，其网络功率在两倍网络基频上下波动，利用现有光伏电流和电感电流来估计电容器电流，不需要额外提供电流传感器。Ahmad 等（2018）介绍了电容在线估计方法。研究表明，电容是评估 ACS 健康状态的良好指标。Soualhi 等（2018）提出了一种可以在线预测电容器和超级电容器等效串联电阻及电容的新方法。该方法是模糊逻辑与神经网络结合的产物。Hannonen 等（2015）提出了一种基于输出电压阶跃对电容下降的响应分析，来检测降压型直流–直流转换器输出级电容损耗的方法。

Ahmad 等（2018）提出了一种等效串联电阻在线估计技术，用于评估太阳能光伏直流系统中电解电容器的健康状况。该方法会用到光伏电压和电流。Nakao 等（2017）提出了一种在线评估电解电容器性能退化程度的技术。

基于卡尔曼滤波器的参数估计可以用于确定等效串联电阻和电容。实际上，已知系统的输入和输出，即通过电容器的电流和电压及其系统参数（由经验证的电气模型给出），人们基于递归最小二乘算法可以确定相关参数，如图 2.169 所示。参数自适应算法（PAA）可以在每次迭代时对系统参数（等效串联电阻和电容）进行自适应调整，目的是尽可能地减小实际输出与估计输出之间的误差。

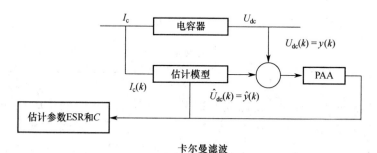

图 2.169　基于递归最小二乘（RLS）算法确定相关参数示意

通过搜索参数向量 $\hat{\boldsymbol{\theta}}$，将参数估计问题形式化，求出以下方程给出的二次准则最小值：

$$J_k(\hat{\boldsymbol{\theta}}) = \frac{1}{k} \sum_{\ell=0}^{k} [y(k) - \hat{y}(k, \hat{\boldsymbol{\theta}})]^2 \qquad (2.136)$$

式中，$\boldsymbol{\theta}$ 为待确定的参数向量。

电解电容器可以按如图 2.170 所示的等效电路进行建模。

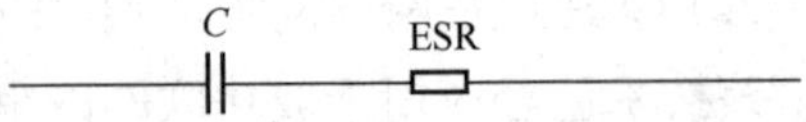

图 2.170　电解电容器等效电路

等效传递函数为

$$H(s) = \frac{I_c(s)}{U_{dc}(s)} = \frac{ESR \cdot C \cdot s + 1}{C \cdot s} \tag{2.137}$$

式中，s 为拉普拉斯变量。

对于功率转换器，可以采样测量。考虑与式（2.137）对应的传递函数，利用零阶阻塞器（ZOB）的 z 变换，由此得出传递函数为

$$H(z^{-1}) = 1 - z^{-1} TFz \left[\frac{ESR}{p} + \frac{1}{Cp^2} \right] \tag{2.138}$$

$$H(z^{-1}) = 1 - z^{-1} \left[ESR \frac{1}{1-z^{-1}} + \frac{1}{C} \frac{T_e^{z^{-1}}}{(1-z)^2} \right] \tag{2.139}$$

$$H(z^{-1}) = \frac{b_0 + b_1 z^{-1}}{1 - z^{-1}} = \frac{ESR + \left(\dfrac{T_e}{C} - ESR \right) z^{-1}}{1 - z^{-1}} \tag{2.140}$$

双线性变换（又称 Tustin's 变换）可以检验式（2.141）：

$$s = \frac{2}{T} \frac{1 - z^{-1}}{1 + z^{-1}} \tag{2.141}$$

将式（2.141）代入式（2.137），得到传递函数为

$$H(z^{-1}) = \frac{b_0 + b_1 z^{-1}}{1 - z^{-1}} = \frac{\left(ESR + \dfrac{T_e}{2C} \right) + \left(\dfrac{T_e}{2C} - ESR \right) z^{-1}}{1 - z^{-1}} \tag{2.142}$$

式中，T_e 表示采样周期。根据式（2.142），待确定的参数向量 $\boldsymbol{\theta}$（特别是 b_0 和 b_1）可表示为

$$\boldsymbol{\theta}^{T} = \left[ESR + \frac{T_e}{2C} \quad \frac{T_e}{2C} - ESR \right] \tag{2.143}$$

该问题的最小二乘解为

$$\hat{\boldsymbol{\theta}} = \left[\sum_{\ell=0}^{k} \boldsymbol{\Phi}(\ell) \boldsymbol{\Phi}^{T}(\ell) \right]^{-1} \sum_{\ell=0}^{k} \boldsymbol{\Phi}(\ell) y(\ell) \tag{2.144}$$

式中，$\boldsymbol{\Phi}(\ell)$ 表示测量向量，其计算公式为

$$\boldsymbol{\Phi}^{T}(\ell) = [i_c(\ell) \quad i_c(\ell-1)] \tag{2.145}$$

其中，i_c 表示电容器的吸收电流。为此需要将式（2.145）转化为递归式，即

$$F(k) = \left[\sum_{\ell=0}^{k} \boldsymbol{\Phi}(\ell)\boldsymbol{\Phi}^{\mathrm{T}}(\ell) \right]^{-1} \tag{2.146}$$

由此得出

$$\boldsymbol{F}^{-1}(k) = \boldsymbol{F}^{-1}(k-1) + \boldsymbol{\Phi}(k)\boldsymbol{\Phi}^{\mathrm{T}}(k) \tag{2.147}$$

式（2.144）可改写为

$$\hat{\boldsymbol{\theta}}(k) = \boldsymbol{F}(k)\left[\sum_{\ell=0}^{k-1} \boldsymbol{\Phi}(\ell)\boldsymbol{y}(\ell) + \boldsymbol{\Phi}(k)\boldsymbol{y}(k) \right] \tag{2.148}$$

但已有

$$\sum_{\ell=0}^{k-1} \boldsymbol{\Phi}(\ell)\boldsymbol{y}(\ell) = \boldsymbol{F}^{-1}(k-1)\hat{\boldsymbol{\theta}}(k-1) = \left[\boldsymbol{F}^{-1}(k) - \boldsymbol{\Phi}(k)\boldsymbol{\Phi}^{\mathrm{T}}(k) \right]\hat{\boldsymbol{\theta}}(k-1) \tag{2.149}$$

将式（2.149）代入式（2.148），得到

$$\hat{\boldsymbol{\theta}}(k) = \hat{\boldsymbol{\theta}}(k-1) - \boldsymbol{F}(k)\boldsymbol{\Phi}(k)\boldsymbol{\Phi}^{\mathrm{T}}(k)\hat{\boldsymbol{\theta}}(k-1) + \boldsymbol{F}(k)\boldsymbol{\Phi}(k)\boldsymbol{y}(k) \tag{2.150}$$

式（2.150）可改写为

$$\hat{\boldsymbol{\theta}}(k) = \hat{\boldsymbol{\theta}}(k-1) + \boldsymbol{F}(k)\boldsymbol{\Phi}(k)[\boldsymbol{y}(k) - \boldsymbol{\Phi}^{\mathrm{T}}(k)\hat{\boldsymbol{\theta}}(k-1)] \tag{2.151}$$

由式（2.147）可得

$$\boldsymbol{F}(k) = [\boldsymbol{F}^{-1}(k-1) + \boldsymbol{\Phi}(k)\boldsymbol{\Phi}^{\mathrm{T}}(k)]^{-1} \tag{2.152}$$

利用矩阵求逆引理，有

$$(\boldsymbol{A} + \boldsymbol{BCD})^{-1} = \boldsymbol{A}^{-1} - \boldsymbol{A}^{-1}\boldsymbol{B}(\boldsymbol{C}^{-1} + \boldsymbol{DA}^{-1}\boldsymbol{B})^{-1}\boldsymbol{DA}^{-1} \tag{2.153}$$

由 $\boldsymbol{A} = \boldsymbol{F}^{-1}(k-1)$，$\boldsymbol{B} = \boldsymbol{\Phi}(k)$，$\boldsymbol{C} = \boldsymbol{I}$，$\boldsymbol{D} = \boldsymbol{\Phi}^{\mathrm{T}}(k)$，可得

$$\begin{cases} \boldsymbol{F}(k) = \boldsymbol{F}(k-1) - \dfrac{\boldsymbol{F}(k-1)\boldsymbol{\Phi}(k)\boldsymbol{\Phi}^{\mathrm{T}}(k)\boldsymbol{F}(k-1)}{1 + \boldsymbol{\Phi}^{\mathrm{T}}(k)\boldsymbol{F}(k-1)\boldsymbol{\Phi}(k)} \\ \hat{\boldsymbol{\theta}}(k) = \hat{\boldsymbol{\theta}}(k-1) + \dfrac{\boldsymbol{F}(k-1)\boldsymbol{\Phi}(k)}{1 + \boldsymbol{\Phi}^{\mathrm{T}}(k)\boldsymbol{F}(k-1)\boldsymbol{\Phi}(k)}[\boldsymbol{y}(k) - \hat{\boldsymbol{\theta}}(k-1)\boldsymbol{\Phi}(k)] \end{cases} \tag{2.154}$$

根据测量数值和已知采样周期，求出式（2.142）的两个参数 b_0 和 b_1，即可确定等效串联电阻和电容：

$$\mathrm{ESR} = \frac{b_0 - b_1}{2} \tag{2.155}$$

$$C = \frac{T_e}{b_0 + b_1} \tag{2.156}$$

2. 电解电容器失效预测技术

大量研究文献已经提出多种电解电容器老化检测方法，参考 Abdennadher 等（2010）、Gupta 等（2018）、Gasperi（1996）、Renwick 等（2015）、Jano 和 Pitica（2012）、Celaya 等（2011）、Zhou 等（2017）、Yu 等（2012）、Sun 等（2016）、Naikan 和 Rathore（2016）、Kul（2010）、Pang 和 Bryan（2010）、Venet 等（2002）、Ertl 等（2006）的研究。老化因素相关重要内容汇总如下。

1）温度

Gasperi（1996）提出了一种通过评估电解液损耗来预测等效串联电阻变化的失效物理模型；根据阿伦尼乌斯定律计算了电容器在不同温度下的剩余使用寿命，并将计算结果与工业方面应用近似定律计算得出的剩余使用寿命进行了比较。

Venet 等（2002）提出可以先估算电解电容器当前状态下的等效串联电阻，再与新工况下的等效串联电阻比较，进而预测电解电容器的剩余使用寿命。

在固定的环境温度下，根据阿伦尼乌斯定律得出电容器的总使用寿命。利用电容和等效串联电阻随温度的时间变化回归方程，得出电容器的工作时间。总使用寿命减去通过回归方程算出的工作时间，即可估计剩余使用寿命，参考 Abdennadher 等（2010）、Yu 等（2012）。

Sun 等（2016）提出了一种退化建模方法，其中，表示电容和等效串联电阻随时间变化的回归方程参数遵循阿伦尼乌斯定律。若电容器的电流纹波增大，则判定电容器失效。在变温工况下，可计算失效前延迟时间。

2）温度+电压

Jano 和 Pitica（2012）、Naikan 和 Rathore（2016）提出了一种电容器剩余使用寿命预测方法。由于电容器受外加电压的影响，因此测算出的电容器剩余使用寿命比以往得出的更加精确。

3）温度+电流

Pang 和 Bryan（2010）提出，可以通过估计等效串联电阻和流经电容器的电流来预测电解电容器的剩余使用寿命。

4）电压

Celaya 等（2011）提出了一种基于卡尔曼滤波器的电解电容器剩余使用寿命预测方法。

5）名义工况

在名义工况下，等效串联电阻随时间的漂移由阿伦尼乌斯模型（指数模型）确定。Kul（2010）提出了平均电容随时间退化的三次回归模型。

上述参考文献要求电容器退化模型具备实时可用性，综合考虑各种工作条件（环境温度、电压、电流纹波、频率等），以预测电容器的剩余使用寿命。物理模型和数据驱动模型应相互结合，展示电容器的退化情况。基于回归的退化建模是应用最广泛的基于数据的预测方法。不过，这些回归模型需要大量样本来提高估计精度。迄今所开展的研究工作都根据加速老化试验确定老化基准。这些都已成为不可或缺的学习阶段，必须先线下完成此类工作，然后在线评估电容器的剩余使用寿命。下面是基于神经网络和模糊技术进行时间序列预测的回归模型示例。

考虑电容器实测参数的时间序列 $\boldsymbol{X}$。利用这些测量值（又称观测值）可以估计由函数 $f(\boldsymbol{X})$ 记录的不可观察参数 $\hat{x}_{t+p}$。该函数的表达式为

$$\hat{x}_{t+p} = f(\boldsymbol{X}) = f(V_t, \theta_t, x_{t-(n-2)r}, \cdots, x_{t-3r}, x_{t-2r}, x_{t-r}, x_t) \quad (2.157)$$

式中，$\hat{x}_{t+p}$ 表示预测时域 p 之前的估计参数 x；$\hat{x}_t$ 表示在时间 t 的实测参数；$\hat{x}_{t-r}$ 表示在时间 $t-r$ 的实测参数，其中，r 为两次测量的时间间隔；$x_{t-(n-2)r}$ 表示在时间 $t-(n-2)r$ 的实测参数，其中，$n-2$ 表示之前的测量次数；V_t、θ_t 表示在时间 t 测得的电容器的附加参数，其中，V_t 为电源电压，θ_t 为温度。在这种情况下，将等效串联电阻的时间序列 $\boldsymbol{X}_{\mathrm{ESR}}$ 代入式（2.157），估算出时域 p 之前的等效串联电阻，即

$$\begin{aligned}\hat{\mathrm{ESR}}_{t+p} &= f(\boldsymbol{X}_{\mathrm{ESR}}) \\ &= f(V_t, \theta_t, \mathrm{ESR}_{t-(n-2)r}, \cdots, \mathrm{ESR}_{t-3r}, \mathrm{ESR}_{t-2r}, \mathrm{ESR}_{t-r}, \mathrm{ESR}_t)\end{aligned} \quad (2.158)$$

将电容的时间序列 $\boldsymbol{X}_C$ 代入式（2.157），估算出时域（p）之前的电容，即

$$\hat{C}_{t+p} = f(\boldsymbol{X}_C) = f(V_t, \theta_t, C_{t-(n-2)r}, \cdots, C_{t-3r}, C_{t-2r}, C_{t-r}, C_t) \quad (2.159)$$

当 $r = 1$ 时，采用超前预测（1 个时间间隔）；当 $n-2 = 3$ 时，采用先前的 3 个测量值加上当前测量值，对 $\hat{\mathrm{ESR}}_{t+p}$ 和 $\hat{C}_{t+p}$ 进行估计。

$r = 100\mathrm{h}$，$n-2 = 4$，以及 p 为 2600h、3000h、3400h、3800h、4600h、6600h 的情况如图 2.171 和图 2.172 所示。

在本应用中，预测工具为新模糊神经元（NFN），用于表示函数 $f(\boldsymbol{X})$ 的黑盒性。为了在训练阶段之后估算出期望输出，该模型考虑了各输入之间的关系。新模糊神经元是非线性多输入单输出模型。其主要优点是训练速度快、

运算简单，以及有一组模糊 if-then 规则加以表征。具备 n 个输入和单个输出的新模糊神经元结构如图 2.173 所示。

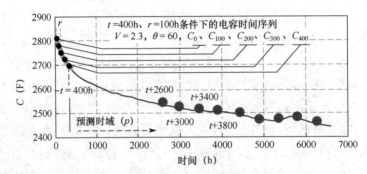

图 2.171　基于 3000F、2.7V 电容器加速老化试验（2.3V、60℃）

超前预测策略的电容趋势预测

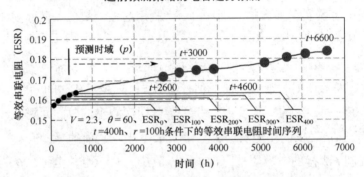

图 2.172　基于 3000F、2.7V 电容器加速老化试验（2.3V、60℃）

超前预测策略的等效串联电阻趋势预测

$\hat{x}_{t+p}$ 表示期望输出值，$\overline{x}_{ir}$ 表示模型的第 i 个归一化输入。两个新模糊神经元会估算出时域 p 之前的 $\mathrm{E\hat{S}R}_{t+p}$ 和 $\hat{C}_{t+p}$。新模糊神经元的输出为

$$\hat{x}_{t+p} = \sum_{i=0}^{n} f_i(\overline{x}_{ir}) \tag{2.160}$$

式中，$\overline{x}_{ir}$ 表示在时间序列 $\{\overline{x}_0, \overline{x}_r, \cdots, \overline{x}_{(n-2)r}\}$ 第 i 个位置的归一化观测值。等效串联电阻的时间序列为 $\{\overline{\mathrm{ESR}_t}, \overline{\mathrm{ESR}_{t-r}}, \cdots, \overline{\mathrm{ESR}_{t-(n-2)r}}\}$，电容的时间序列为 $\{\overline{x}_0, \overline{x}_r, \cdots, \overline{x}_{(n-2)r}\} = \{\overline{C}_t, \overline{C}_{t-r}, \cdots, \overline{C}_{t-(n-2)r}\}$。时间序列最后位置及其前面位置分别表示电容器的电源电压和温度，即 $\overline{x}_{nr} = \overline{V}_t$，$\overline{x}_{(n-1)r} = \overline{\theta}_t$。

函数 $f_i(\overline{x}_{ir})$ 表示非线性突触，对第 i 个输入进行以下转换：

$$f_i(\overline{x}_{ir}) = \sum_{j=1}^{h} \omega_{ji} \cdot \mu_{ji}(\overline{x}_{ir}) \tag{2.161}$$

式中，ω_{ji} 表示第 i 个输入 $\overline{x}_{ir}$ 与第 j 个隶属度 $\mu_{ji}(\overline{x}_{ir})$ 之间的互连权重。

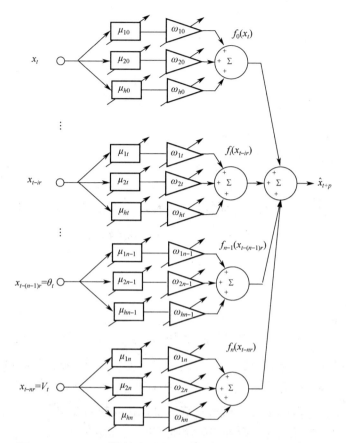

图 2.173　可预测等效串联电阻和电容的新模糊神经元结构

隶属度由根据所需隶属函数个数 h 等间分布的三角形函数得出（见图 2.174），$\tau_{0,i}, \tau_{1,i}, \cdots, \tau_{h,i}$ 表示 $\tau_{h,i} = 1$ 时的三角形函数区间。

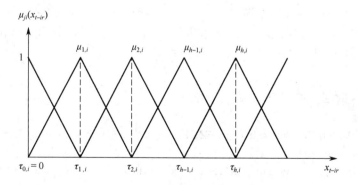

图 2.174　基于三角形曲线输入的隶属度

根据第 i 个输入在区间 $[\tau_{j-1,i}, \tau_{ji}]$ 和 $[\tau_{ji}, \tau_{j+1,i}]$ 内的位置，求出隶属度 $\mu_{ji}(\bar{x}_{ir})$，即

$$\mu_{ji}(\overline{x}_{ir}) = \begin{cases} \dfrac{\overline{x}_{ir} - \tau_{j-1,i}}{\tau_{ji} - \tau_{j-1,i}}, & \overline{x}_{ir} \in [\tau_{j-1,i}, \tau_{ji}] \\[2mm] \dfrac{\tau_{j+1,i} - \overline{x}_{ir}}{\tau_{j+1,i} - \tau_{ji}}, & \overline{x}_{ir} \in [\tau_{ji}, \tau_{j+1,i}] \\[2mm] 0, & \text{其他情况} \end{cases} \quad (2.162)$$

由图 2.174 可知,非线性突触 $f_i(\overline{x}_{ir})$ 的输出只取决于两个相邻的隶属函数 $\mu_{ji}(\overline{x}_{ir})$ 和 $\mu_{j+1,i}(\overline{x}_{ir})$,即

$$f_i(\overline{x}_{ir}) = \omega_{ji} \cdot \mu_{ji}(\overline{x}_{ir}) + \omega_{j+1,i} \cdot \mu_{j+1,i}(\overline{x}_{ir}) \quad (2.163)$$

通过增量更新(分阶段训练)学习算法来更新权重 ω_{ji},即

$$\omega_{ji} = -\rho \cdot (x_{t+p} - \hat{x}_{t+p}) \cdot \mu_{ji}(\overline{x}_{ir}) \quad (2.164)$$

式中, p 是学习速率, x_{t+p} 是实测输出。

最后, $\hat{x}_{t+p}$ 的估计值为

$$\hat{x}_{t+p} = f_0(\overline{x}_0) + f_i(\overline{x}_{ir}) + \cdots + f_n(\overline{x}_{nr}) \quad (2.165)$$

式中, t 表示当前时刻, $\hat{x}_{t+p}$ 表示在时域 $t+p$ 处的估计值。该技术旨在依靠自适应神经网络,通过训练数据逼近未知函数,确定突触权重的精确值。

等效串联电阻和电容预测包括数据库创建、学习和验证 3 个步骤。

第 1 步:数据库创建。利用阻抗谱仪,获取并创建由不同电容器在不同温度 θ_t 和电源电压 V_t 下的等效串联电阻和电容构成的数据库;将该数据库分为学习库和验证库两部分。

第 2 步:学习。训练集合表示等效串联电阻和电容在温度 θ_t 和电源电压 V_t 下的老化演变,利用学习库更新模型的互联权重。

第 3 步:验证。利用新模糊神经元下的验证库,预测等效串联电阻和电容的老化情况。请注意,验证库对应于各电容器在不同电源电压和/或不同温度下的等效串联电阻和电容。

原著参考文献

The Case Western Reserve University Bearing Data Center website/bearing data center test seeded fault test data.

Experimental studies of aging in electrolytic capacitors, Porltand, OR, 10/2010 2010. Prognostics and Health Management Society.

ABB. Application Note 5SYA 2043-0: Load-cycling capability of HiPak IGBT modules, 2004.

ABB. Data Sheet, Doc. No. 5SYA 1447-00 2016-09 5SNG 0150Q170300 62Pak phase leg IGBT Module, 2016.

K. Abdennadher, P. Venet, G. Rojat, J. Rétif, and C. Rosset. A real-time predictive-maintenance system of aluminum electrolytic capacitors used in uninterrupted power supplies. IEEE Transactions on Industry Applications, 46 (4): 1644-1652, 2010.

Mohamed Karim Abdennadher. Study and elaboration of a monitoring and predictive maintenance system for capacitors and batteries used in Uninterruptible Power Supplies (UPS). Theses, Université Claude Bernard-Lyon I, June 2010.

M. W. Ahmad, N. Agarwal, P. N. Kumar, and S. Anand. Low-frequency impedance monitoring and corresponding failure criteria for aluminum electrolytic capacitors. IEEE Transactions on Industrial Electronics, 64(7): 5657-5666, 2017.

M. W. Ahmad, P. N. Kumar, A. Arya, and S. Anand. Noninvasive technique for dc-link capacitance estimation in single-phase inverters. IEEE Transactions on Power Electronics, 33(5): 3693-3696, 2018.

M. Ahsan, S. Stoyanov, and C. Bailey. Data driven prognostics for predicting remaining useful life of igbt. In 2016 39th International Spring Seminar on Electronics Technology (ISSE), 273-278, 2016.

O. Alavi, M. Abdollah, and A. Hooshmand Viki. Assessment of thermal network models for estimating igbt junction temperature of a buck converter. In 2017 8th Power Electronics, Drive Systems Technologies Conference (PEDSTC), pages 102-107, 2017.

A. Albanna, A. Malburg, M. Anwar, A. Guta, and N. Tiwari. Performance comparison and device analysis between Si igbt and SiC mosfet. In 2016 IEEE Transportation Electrification Conference and Expo (ITEC), 1-6, June 2016.

P. L. Alger. The Nature of Induction Machines. Gordon and Breach.

A. Alghassi, P. Soulatiantork, M. Samie, S. Perinpanayagam, and M. Faifer. Reliability enhance powertrain using fuzzy knowledge base prognostics model. In 2015 17th European Conference on Power Electronics and Applications (EPE'15 ECCE-Europe), 1-9, 2015.

M. Z. Ali, M. N. S. K. Shabbir, X. Liang, Y. Zhang, and T. Hu. Machine learning-based fault diagnosis for single- and multi-faults in induction motors using measured stator currents and vibration signals. IEEE Transactions on Industry Applications, 55(3): 2378-2391, 2019.

S. H. Ali, M. Heydarzadeh, S. Dusmez, X. Li, A. S. Kamath, and B. Akin. Lifetime estimation of discrete IGBT devices based on gaussian process. IEEE Transactions on Industry Applications, 54(1): 395-403, 2018.

A. M. R. Amaral and A. J. M. Cardoso. State condition estimation of aluminum electrolytic capacitors used on the primary side of atx power supplies. In 2009 35th Annual Conference of IEEE Industrial Electronics, 442-447, 2009.

Acacio Amaral and A. J. M. Cardoso. Online fault detection of aluminum electrolytic capacitors, in step-down dc-dc converters, using input current and output voltage ripple. IET Power Electronics, 315-322, 03 2012.

Anastasios Amoiridis, Anup Anurag, Pramod Ghimire, Stig Munk-Nielsen, and Nick Baker. Vce-based chip temperature estimation methods for high power igbt modules during power cycling: A comparison, 1-9, 2015.

J. M. Anderson, R. W. Cox, and J. Noppakunkajorn. An online fault diagnosis method for power electronic drives. In 2011 IEEE Electric Ship Technologies Symposium, 492-497, 2011.

P. Arumugam, T. Hamiti, and C. Gerada. Turn-turn short circuit fault management in permanent magnet machines. IET Electric Power Applications, 9(9): 634-641, 2015.

Y. Avenas, L. Dupont, and Z. Khatir. Temperature measurement of power semiconductor devices by thermo-sensitive electrical parameters: A review. IEEE Transactions on Power Electronics, 27(6): 3081-3092, June 2012.

A. S. Babel and E. G. Strangas. Condition-based monitoring and prognostic health management of electric machine stator winding insulation. In 2014 International Conference on Electrical Machines (ICEM), 1855-1861, 2014.

R. Bayerer, T. Herrmann, T. Licht, J. Lutz, and M. Feller. Model for power cycling lifetime of igbt modules: Various factors influencing lifetime. In 5th International Conference on Integrated Power Electronics Systems, 1-6, 2008.

A. Bendiabdellah and B. D. E. Cherif. A proposed voltage technique for inverter open fault-circuit detection based on svm strategy. In 2017 IEEE 12th International Conference on Power Electronics and Drive Systems (PEDS), 8-13, 2017.

M. Bermudez, I. Gonzalez-Prieto, F. Barrero, H. Guzman, X. Kestelyn, and M. J. Duran. An experimental assessment of open-phase fault-tolerant virtual-vector-based direct torque control in five-phase induction motor drives. IEEE Transactions on Power Electronics, 33(3): 2774-2784, 2018.

Giorgio Bertotti. Hysteresis in Magnetism. Academic Press, 1988.

A. Bhure, E. G. Strangas, J. Agapiou, and R. M. Lesperance. Partial discharge detection in medium voltage stators using an antenna. In 2017 IEEE 11th International Symposium on Diagnostics for Electrical Machines, Power Electronics and Drives (SDEMPED), 480-485, 2017.

P. Bidan, T. Lebey, and C. Neacsu. Development of a new off-line test procedure for low voltage rotating machines fed by adjustable speed drives (ASD). IEEE Transactions on Dielectrics and Electrical Insulation, 10(1): 168-175, 2003.

T. Boumegoura, J. Marques, Hamed Yahoui, Guy Clerc, and Hassan Hammouri. Rotor induction machine failure: Analysis and diagnosis. European Transactions on Electrical Power, 14(2): 71-84, April 2004.

C. Bowen and T. Wei. Switch open-circuit faults diagnosis of inverter based on wavelet and support vector machine. In 2019 14th IEEE International Conference on Electronic Measurement Instruments (ICEMI), 1178-1184, 2019.

G. Bower, C. Rogan, J. Kozlowski, and M. Zugger. Sic power electronics packaging prognostics. In 2008 IEEE Aerospace Conference, pages 1-12, March 2008.

R. Breuneval, G. Clerc, B. Nahid-Mobarakeh, and B. Mansouri. Hybrid diagnosis of intern-turn short-circuit for aircraft applications using svm-mbf. In 2017 IEEE International Conference on Fuzzy Systems (FUZZ-IEEE), 1-6, 2017.

Romain Breuneval. Surveillance de l'état de santé des actionneurs électromécaniques: application à l'aéronautique. PhD thesis, Université de Lyon, Université Claude Bernard

Lyon 1, Villeurbanne, 2017.

F. Briz, M. W. Degner, A. B. Diez, and J. M. Guerrero. Online diagnostics in inverter-fed induction machines using high-frequency signal injection. IEEE Transactions on Industry Applications, 40(4): 1153-1161, 2004.

D. Brown, P. Kalgren, M. Roemer, and T. Dabney. Electronic prognostics-a case study using switched-mode power supplies (smps). In 2006 IEEE Autotestcon, 636-642, 2006.

G. Capolino, R. Romary, H. Hénao, and R. Pusca. State of the art on stray flux analysis in faulted electrical machines. In 2019 IEEE Workshop on Electrical Machines Design, Control and Diagnosis (WEMCD), volume 1, 181-187, 2019.

A. J. M. Cardoso. Diagnosis and Fault Tolerance of Electrical Machines, Power Electronics and Drives. 10, 2018.

A. Ceban, R. Pusca, and R. Romary. Study of rotor faults in induction motors using external magnetic field analysis. IEEE Transactions on Industrial Electronics, 59(5): 2082-2093, 2012.

J. Celaya, P. F. Wysocki, and K. Goebel. IGBT Accelerated Aging Data Set, 2009.

Jose Celaya, Chetan Kulkarni, Gautam Biswas, and Kai Goebel. A model-based prognostics methodology for electrolytic capacitorsbased on electrical overstress accelerated aging. 09, 2011.

Jose Celaya, Abhinav Saxena, and Kai Goebel. Uncertainty representation and interpretation in model-based prognostics algorithms based on kalman filter estimation. In Annual Conference of the Prognostics and Health Management Society, 09, 2012.

C. Chakraborty and V. Verma. Speed and current sensor fault detection and isolation technique for induction motor drive using axes transformation. IEEE Transactions on Industrial Electronics, 62(3): 1943-1954, 2015.

C. Chakraborty, A. V. R. Teja, S. Maiti, and Y. Hori. A new vxi based adaptive speed sensorless four quadrant vector controlled induction motor drive. In The 2010 International Power Electronics Conference-ECCE ASIA, 3041-3048, 2010.

M. Chapman, N. Frost, and R. Bruetsch. Insulation systems for rotating low-voltage machines. In Conference Record of the 2008 IEEE International Symposium on Electrical Insulation, 257-260, 2008.

F. Charfi, F. Sellami, and K. Al-Haddad. Fault diagnostic in power system using wavelet transforms and neural networks. In 2006 IEEE International Symposium on Industrial Electronics, 2, 1143-1148, 2006.

C. Chen, V. Pickert, M. Al-Greer, C. Jia, and C. Ng. Localization and detection of bond wire faults in multichip igbt power modules. IEEE Transactions on Power Electronics, 35(8): 7804-7815, 2020a.

W. Chen, L. Zhang, K. Pattipati, A. M. Bazzi, S. Joshi, and E. M. Dede. Data-driven approach for fault prognosis of sic mosfets. IEEE Transactions on Power Electronics, 35(4): 4048-4062, 2020b.

X. Chen, W. Xu, Y. Liu, and M. R. Islam. Bearing corrosion failure diagnosis of doubly fed induction generator in wind turbines based on stator current analysis. IEEE Transactions on Industrial Electronics, 67(5): 3419-3430, 2020c.

Sung-Dong Cho and Kyung-Wook Paik. Study on the amorphous ta2o5 thin film capacitors deposited by dc magnetron reactive sputtering for multichip module applications. Materials Science and Engineering: B, 67(3): 108-112, 1999.

U. Choi, F. Blaabjerg, and K. Lee. Study and Handling Methods of Power IGBT Module Failures in Power Electronic Converter Systems. IEEE Transactions on Power Electronics, 30(5): 2517-2533, May 2015.

M. Ciappa, F. Carbognani, P. Cova, and W. Fichtner. A novel thermomechanics-based lifetime prediction model for cycle fatigue failure mechanisms in power semiconductors. Microelectronics Reliability, 42(9): 1653-1658, 2002.

Mauro Ciappa. Selected failure mechanisms of modern power modules. Microelectronics Reliability, 42(4): 653-667, 2002.

J. G. Cintron-Rivera, S. N. Foster, and E. G. Strangas. Mitigation of turn-to-turn faults in fault tolerant permanent magnet synchronous motors. IEEE Transactions on Energy Conversion, 30(2): 465-475, 2015.

V. Climente-Alarcon, J. A. Antonino-Daviu, A. Haavisto, and A. Arkkio. Diagnosis of induction motors under varying speed operation by principal slot harmonic tracking. IEEE Transactions on Industry Applications, 51(5): 3591-3599, 2015a.

V. Climente-Alarcon, J. A. Antonino-Daviu, E. G. Strangas, and M. Riera-Guasp. Rotor-bar breakage mechanism and prognosis in an induction motor. IEEE Transactions on Industrial Electronics, 62(3): 1814-1825, 2015b.

J. R. Coffin, L. F. A study of the effects of cyclic thermal stresses on a ductile metal. ASME, 76(6): 931-950, 1954.

M. Correvon. Les semiconducteurs de puissance Troisième partie: L'IGBT, 2020a.

M. Correvon. Les semiconducteurs de puissance Deuxième partie: Le MOSFET, 2020b.

S. M. A. Cruz, H. A. Toliyat, and A. J. M. Cardoso. DSP implementation of the multiple reference frames theory for the diagnosis of stator faults in a DTC induction motor drive. IEEE Transactions on Energy Conversion, 20(2): 329-335, 2005.

R. L. de Araujo Ribeiro, C. B. Jacobina, E. R. C. da Silva, and A. M. N. Lima. Fault detection of open-switch damage in voltage-fed pwm motor drive systems. IEEE Transactions on Power Electronics, 18(2): 587-593, 2003a.

R. L. de Araujo Ribeiro, C. B. Jacobina, E. R. C. da Silva, and A. M. N. Lima. Fault detection of open-switch damage in voltage-fed pwm motor drive systems. IEEE Transactions on Power Electronics, 18(2): 587-593, 2003b.

C. Delpha, D. Diallo, M. E. H. Benbouzid, and C. Marchand. Pattern recognition for diagnosis of inverter fed induction machine drive: A step toward reliability. In 2007IET Colloquium on Reliability in Electromagnetic Systems, 1-5, 2007.

S. Diao, Z. Makni, J. Bisson, D. Diallo, and C. Marchand. Sensor fault diagnosis for improving the availability of electrical drives. In IECON 2013—39th Annual Conference of the IEEE Industrial Electronics Society, 3108-3113, 2013.

M. Drif and A. J. M. Cardoso. Stator fault diagnostics in squirrel cage three-phase induction motor drives using the instantaneous active and reactive power signature analyses. IEEE Transactions on Industrial Informatics, 10(2): 1348-1360, 2014.

C. Durand, M. Klingler, D. Coutellier, and H. Naceur. Confrontation of failure mechanisms observed during active power cycling tests with finite element analyze performed on a mosfet power module. In 2013 14th International Conference on Thermal, Mechanical and Multi-Physics Simulation and Experiments in Microelectronics and Microsystems (EuroSimE), 1-4, April 2013.

H. T. Eickhoff, R. Seebacher, A. Muetze, and E. G. Strangas. Post-fault operation strategy for single switch open-circuit faults in electric drives. IEEE Transactions on Industry Applications, 54(3): 2381-2391, 2018.

H. H. Eldeeb, A. Berzoy, and O. Mohammed. Comprehensive investigation of harmonic signatures resulting from inter- turn short-circuit faults in DTC driven IM operating in harsh environments. In 2018 XIII International Conference on Electrical Machines (ICEM), 2579-2585, 2018.

M. A. Eleffendi and C. M. Johnson. Application of kalman filter to estimate junction temperature in igbt power modules. IEEE Transactions on Power Electronics, 31(2): 1576-1587, 2016.

Mohd Amir Eleffendi. In-service estimation of state of health of power modules. PhD thesis, University of Nottingham., July 2016.

J. Ertl, K. Edelmoser, F. Zach, and J. W. Kolar. A novel method for online monitoring and managing of electrolytic capacitors of dc voltage link pwm converters. In Official proceedings of the International Conference Power Electronics, Intelligent Motion, Power Quality, 295-302. ZM Communications GmbH, 2006.

J. O. Estima and A. J. Marques Cardoso. A new approach for real-time multiple open-circuit fault diagnosis in voltage-source inverters. IEEE Transactions on Industry Applications, 47(6): 2487-2494, 2011.

Fairchild. AN-9010 MOSFET Basics, 2000.

X. Fang, S. Lin, X. Huang, F. Lin, Z. Yang, and S. Igarashi. A review of data-driven prognostic for igbt remaining useful life. Chinese Journal of Electrical Engineering, 4(3): 73-79, 2018.

E. Farjah, H. Givi, and T. Ghanbari. Application of an efficient rogowski coil sensor for switch fault diagnosis and capacitor esr monitoring in nonisolated single-switch dc-dc converters. IEEE Transactions on Power Electronics, 32(2): 1442-1456, 2017.

Allianz France. Présentation des avaries. Machines électriques tournantes, cahier de prévention, CP2,1988.

N. M. A. Freire, J. O. Estima, and A. J. M. Cardoso. A voltage-based approach without extra hardware for open-circuit fault diagnosis in closed-loop PWM AC regenerative drives. IEEE Transactions on Industrial Electronics, 61(9): 4960-4970, 2014.

L. Frosini, M. Minervini, L. Ciceri, and A. Albini. Multiple faults detection in low voltage inverter-fed induction motors. In 2019 IEEE 12th International Symposium on Diagnostics for Electrical Machines, Power Electronics and Drives (SDEMPED), 323-329, 2019.

F. W. Fuchs. Some diagnosis methods for voltage source inverters in variable speed drives with induction machines: A survey. In IECON'03. 29th Annual Conference of the IEEE

Industrial Electronics Society (IEEE Cat. No.03CH37468), 2, 1378-1385, 2003.

T. K. Gachovska, B. Tian, J. L. Hudgins, W. Qiao, and J. F. Donlon. A real-time thermal model for monitoring of power semiconductor devices. IEEE Transactions on Industry Applications, 51(4): 3361-3367, 2015.

M. L. Gasperi. Life prediction model for aluminum electrolytic capacitors. In IAS '96. Conference Record of the 1996 IEEE Industry Applications Conference Thirty-First IAS Annual Meeting, 3, 1347-1351,1996.

P. Ghimire, K. B. Pedersen, A. R. D. Vega, B. Rannestad, S. Munk-Nielsen, and P. B. Thogersen. A real time measurement of junction temperature variation in high power igbt modules for wind power converter application. In CIPS 2014; 8th International Conference on Integrated Power Electronics Systems, 1-6, 2014.

E. Ghosh, A. Mollaeian, S. Kim, J. Tjong, and N. C. Kar. Intelligent flux predictive control through online stator inter-turn fault detection for fault-tolerant control of induction motor. In 2017 IEEE International Conference on Industrial Technology (ICIT), 306-311, 2017.

R. Ghosh, P. Seri, R. E. Hebner, and G. C. Montanari. Noise rejection and detection of partial discharges under repetitive impulse supply voltage. IEEE Transactions on Industrial Electronics, 67(5): 4144-4151, 2020.

Kai Goebel, Jose Celaya, Shankar Sankararaman, Indranil Roychoudhury, Matthew Daigle, and Abhinav Saxena. Prognostics: The Science of Making Predictions. Createspace Independent Publishing Platform, 04, 2017.

T. Goktas, M. Zafarani, and B. Akin. Discernment of broken magnet and static eccentricity faults in permanent magnet synchronous motors. IEEE Transactions on Energy Conversion, 31(2): 578-587, 2016.

Guy Grellet and Guy Clerc. Actionneurs électriques. éditions Eyrolles, January 1997.

A. S. Guedes and S. M. Silva. Insulation failures prognosis in electric machines: preventive detection and time to failure forecast. IET Electric Power Applications, 14(6): 1108-1117, 2020.

M. Gunther, K. Wolter, M. Rittner, and W. Nuchter. Failure mechanisms of direct copper bonding substrates (dcb). In 20061st Electronic Systemintegration Technology Conference, 2, 714-718, Sep. 2006.

Anunay Gupta, Om Prakash Yadav, Douglas DeVoto, and Joshua Major. A review of degradation behavior and modeling of capacitors. page V001T04A004, 08 2018.

K. N. Gyftakis and A. J. Marques Cardoso. Reliable detection of stator inter-turn faults of very low severity level in induction motors. IEEE Transactions on Industrial Electronics, 1-1, 2020.

R. Z. Haddad, C. A. Lopez, S. N. Foster, and E. G. Strangas. A voltage-based approach for fault detection and separation in Permanent Magnet Synchronous Machines. IEEE Transactions on Industry Applications, 53(6): 5305-5314, 2017.

N. Haje Obeid, A. Battiston, T. Boileau, and B. Nahid-Mobarakeh. Early intermittent interturn fault detection and localization for a Permanent Magnet Synchronous Motor of electrical vehicles using wavelet transform. IEEE Transactions on Transportation Electrification,

3(3): 694-702, 2017.

T. J. Â. Hammarström. Partial discharge characteristics within motor insulation exposed to multi-level PWM waveforms. IEEE Transactions on Dielectrics and Electrical Insulation, 25(2): 559-567, 2018.

A. Hanif, Y. Yu, D. DeVoto, and F. Khan. A comprehensive review toward the state-of-the-art in failure and lifetime predictions of power electronic devices. IEEE Transactions on Power Electronics, 34(5): 4729-4746, 2019.

J. Hannonen, J. Honkanen, J. Ström, T. Kärkkäinen, P. Silventoinen, and S. Räisänen. Capacitor aging detection in dc-dc converter output stage. In 2015 IEEE Energy Conversion Congress and Exposition (ECCE), 5538-5545, 2015.

S. Hiller, M. Beier-Moebius, S. Frankeser, and J. Lutz. Using the zth(t)-power pulse measurement to detect a degradation in the module structure. In Proceedings ofPCIM Europe 2015; International Exhibition and Conference for Power Electronics, Intelligent Motion, Renewable Energy and Energy Management, 1-7, 2015.

M. Hoeer, M. Meissner, F. Filsecker, and S. Bernet. Online temperature estimation of a high-power 4.5 kV igbt module based on the gate-emitter threshold voltage. In 2015 17th European Conference on Power Electronics and Applications (EPE'15 ECCE-Europe), 1-8, 2015.

Malorie Hologne. Contribution to condition monitoring of Silicon Carbide MOSFET based Power Module. Theses, Université de Lyon, December 2018.

J. Hong, D. Hyun, S. B. Lee, and C. Kral. Offline Monitoring of Airgap Eccentricity for Inverter-Fed Induction Motors Based on the Differential Inductance. IEEE Transactions on Industry Applications, 49(6): 2533-2542, 2013.

S. Hong, Z. Zhou, C. Lv, and H. Guo. Prognosis for insulated gate bipolar transistor based on Gaussian Process Regression. In 2013 IEEE conference on prognostics and health management (PHM), 1-5, 2013.

Ian Howard. A Review of rolling element bearing vibration: detection, diagnosis and prognosis. DSTO Aeronautical and Maritime Research Laboratory, Oct. 1994.

K. Hu, Z. Liu, H. Du, L. Ceccarelli, F. Iannuzzo, F. Blaabjerg, and I. A. Tasiu. Cost-effective prognostics of igbt bond wires with consideration of temperature swing. IEEE Transactions on Power Electronics, 35(7): 6773-6784, 2020a.

K. Hu, Z. Liu, I. A. Tasiu, and T. Chen. Fault diagnosis and tolerance with low torque ripple for open-switch fault of IM drives. IEEE Transactions on Transportation Electrification, 1-1, 2020b.

R. Hu, J. Wang, A. R. Mills, E. Chong, and Z. Sun. PWM ripple currents based turn fault detection for 3-phase permanent magnet machines. In 2017 IEEE International Electric Machines and Drives Conference (IEMDC), 1-7, 2017.

S. Huang, A. Aggarwal, E. Strangas, K. Li, F. Niu, and X. Huang. Robust stator winding faults detection in PMSMs with respect to current controller bandwidth. IEEE Transactions on Power Electronics, 1-1, 2020.

R. Jano and D. Pitica. Accelerated aging tests of aluminum electrolytic capacitors for evaluating lifetime prediction models. Acta Tech. Napoc, 53(2): 36, 2012.

W. R. Jensen, E. G. Strangas, and S. N. Foster. A method for online stator insulation prognosis for inverter-driven machines. IEEE Transactions on Industry Applications, 54(6): 5897-5906, 2018.

B. Ji, X. Song, W. Cao, V. Pickert, Y. Hu, J. W. Mackersie, and G. Pierce. In situ diagnostics and prognostics of solder fatigue in igbt modules for electric vehicle drives. IEEE Transactions on Power Electronics, 30(3): 1535-1543, 2015.

C. Jiang, S. Li, and T. G. Habetler. A review of condition monitoring of induction motors based on stray flux. In 2017 IEEE Energy Conversion Congress and Exposition (ECCE), 5424-5430, 2017.

Y. Jiang, Z. Zhang, W. Jiang, W. Geng, and J. Huang. Three-phase current injection method for mitigating turn-to-turn short-circuit fault in concentrated-winding permanent magnet aircraft starter generator. IET Electric Power Applications, 12(4): 566-574, 2018.

Jinsong Han, Mingyao Ma, Kaiqi Chu, Xing Zhang, and Zhemin Lin. In-situ diagnostics and prognostics of wire bonding faults in igbt modules of three-level neutral-point-clamped inverters. In 2016 IEEE 8th International Power Electronics and Motion Control Conference (IPEMC-ECCE Asia), 3262-3267, 2016.

Z. Khatir. Junction temperature investigations based on a general semi-analytical formulation of forward voltage of power diodes. IEEE Transactions on Electron Devices, 59(6): 1716-1722, 2012.

Hack-Eun Kim, Andy C. C Tan, Joseph Mathew, and Byeong-Keun Choi. Bearing fault prognosis based on health state probability estimation. Expert systems with applications, 39, 2012.

Y. Kim, H. Kim, J. Moon, Y. Kim, and S. Jung. A study on the estimation of bearing life of electric motor using ISO 281 and accelerated life test. In 2017 2nd International Conference on System Reliability and Safety (ICSRS), 223-226, 2017.

H. Kuhn and A. Mertens. online junction temperature measurement of igbts based on temperature sensitive electrical parameters. In 2009 13th European Conference on Power Electronics and Applications, 1-10, 2009.

A. Lahyani, P. Venet, G. Grellet, and P. Viverge. Failure prediction of electrolytic capacitors during operation of a switchmode power supply. IEEE Transactions on Power Electronics, 13(6): 1199-1207, 1998.

A. Lebaroud and G. Clerc. Classification of induction machine faults by optimal time-frequency representations. IEEE Transactions on Industrial Electronics, 55(12): 4290-4298, 2008.

S. S. Lee, W. K. Tham, and C. K. Ang. Igbt collector-emitter failure mechanism. In 2016 IEEE 23rd International Symposium on the Physical and Failure Analysis of Integrated Circuits (IPFA), 180-184, July 2016.

E. Levi. Multiphase electric machines for variable-speed applications. IEEE Transactions on Industrial Electronics, 55(5): 1893-1909, 2008.

B. X. Li and K. S. Low. Low sampling rate online parameters monitoring of dc-dc converters for predictive-maintenance using biogeography-based optimization. IEEE Transactions on Power Electronics, 31(4): 2870-2879, 2016.

Q. Li, X. Ding, Q. He, W. Huang, and Y. Shao. Manifold sensing-based convolution sparse self-learning for defective bearing morphological feature extraction. IEEE Transactions on Industrial Informatics, 1-1, 2020.

H. Liu, Y. Sun, J. Huang, Z. Hou, and T. Wang. Inter-turn fault detection for the inverter-fed induction motor based on the Teager-Kaiser energy operation of switching voltage harmonics. In 201518th International Conference on Electrical Machines and Systems (ICEMS), 1214-1219, 2015.

J. Liu, G. Zhang, Q. Chen, L. Qi, Y. Geng, and J. Wang. In situ condition monitoring of igbts based on the miller plateau duration. IEEE Transactions on Power Electronics, 34(1): 769-782, 2019.

B. Lu and S. K. Sharma. A literature review of igbt fault diagnostic and protection methods for power inverters. IEEE Transactions on Industry Applications, 45(5): 1770-1777, 2009.

H. Luo, Y. Chen, W. Li, and X. He. Online high-power p-i-n diode junction temperature extraction with reverse recovery fall storage charge. IEEE Transactions on Power Electronics, 32(4): 2558-2567, 2017.

H. Luo, W. Li, F. lannuzzo, X. He, and F. Blaabjerg. Enabling junction temperature estimation via collector-side thermo-sensitive electrical parameters through emitter stray inductance in high-power igbt modules. IEEE Transactions on Industrial Electronics, 65(6): 4724-4738, 2018.

Y. Ma, X. Jia, Q. Hu, H. Bai, C. Guo, and S. Wang. A new state recognition and prognosis method based on a sparse representation feature and the Hidden Semi-Markov Model. IEEE Access, 8: 119405-119420, 2020.

V. Madonna, P. Giangrande, W. Zhao, G. Buticchi, H. Zhang, C. Gerada, and M. Galea. Reliability vs. performances of electrical machines: Partial discharges issue. In 2019 IEEE Workshop on Electrical Machines Design, Control and Diagnosis (WEMDCD), 1, 77-82, 2019.

R. Mandeya, C. Chen, V. Pickert, and R. T. Naayagi. Prethreshold voltage as a low-component count temperature sensitive electrical parameter without self-heating. IEEE Transactions on Power Electronics, 33(4): 2787-2791, 2018.

M. A. Masrur, Z. Chen, B. Zhang, and Y. Lu Murphey. Model-based fault diagnosis in electric drive inverters using artificial neural network. In 2007 IEEE Power Engineering Society General Meeting, 1-7, 2007.

P. Maussion, A. Picot, M. Chabert, and D. Malec. Lifespan and aging modeling methods for insulation systems in electrical machines: A survey. In 2015 IEEE Workshop on Electrical Machines Design, Control and Diagnosis (WEMDCD), 279-288, 2015.

A. Medoued, A. Lebaroud, A. Boukadoum, T. Boukra, and G. Clerc. Back propagation neural network for classification of induction machine faults. In 8th IEEE Symposium on Diagnostics for Electrical Machines, Power Electronics Drives, 525-528, 2011.

A. M. S. Mendes and A. J. Marques Cardoso. Voltage source inverter fault diagnosis in

variable speed ac drives, by the average current park's vector approach. In IEEE International Electric Machines and Drives Conference. IEMDC99. Proceedings (Cat. No.99EX272), 704-706, 1999.

A. M. S. Mendes and A. J. Marques Cardoso. Fault-tolerant operating strategies applied to three-phase induction-motor drives. IEEE Transactions on Industrial Electronics, 53(6): 1807-1817, 2006.

J. Millan, P. Godignon, X. Perpinà, A. Pérez-Tomas, and J. Rebollo. A survey of wide band gap power semiconductor devices. IEEE Transactions on Power Electronics, 29(5): 2155-2163, May 2014.

M. A. Miner. Cumulative Damage in Fatigue. Journal of Applied Mechanics, 12(3): 159-164, 1945.

G. Mirzaeva and K. I. Saad. Advanced diagnosis of rotor faults and eccentricity in induction motors based on internal flux measurement. IEEE Transactions on Industry Applications, 54(3): 2981-2991, 2018a.

G. Mirzaeva and K. I. Saad. Advanced diagnosis of stator turn-to-turn faults and static eccentricity in induction motors based on internal flux measurement. IEEE Transactions on Industry Applications, 54(4): 3961-3970, 2018b.

A. J. Mitcham, G. Antonopoulos, and J. J. A. Cullen. Implications of shorted turn faults in bar wound PM machines. IEEE Proceedings-Electric Power Applications, 151(6): 651-657, 2004.

Mitsubishi. Power Module reliability, December 2019.

S. Mohagheghi, R. G. Harley, T. G. Habetler, and D. Divan. Condition monitoring of power electronic circuits using artificial neural networks. IEEE Transactions on Power Electronics, 24(10): 2363-2367, 2009.

A. Mohammadpour and L. Parsa. Post-fault control technique for multi-phase PM motor drives under short-circuit faults. In 2013 Twenty-Eighth Annual IEEE Applied Power Electronics Conference and Exposition (APEC), 817-822, 2013.

A. Mohammadpour, S. Sadeghi, and L. Parsa. A generalized fault-tolerant control strategy for Five-Phase PM motor drives considering star, pentagon, and pentacle connections of stator windings. IEEE Transactions on Industrial Electronics, 61(1): 63-75, 2014.

A. Muetze and A. Binder. Practical Rules for Assessment of Inverter-Induced Bearing Currents in Inverter-Fed AC Motors up to 500 kW. IEEE Transactions on Industrial Electronics, 54(3): 1614-1622, 2007.

A. Muetze, V. Niskanen, and J. Ahola. On radio-frequency-based detection of high-frequency circulating bearing current flow. IEEE Transactions on Industry Applications, 50(4): 2592-2601, 2014.

K. Murthy and R. Bedford. Transformation between foster and cauer equivalent networks. IEEE Transactions on Circuits and Systems, 25(4): 238-239, 1978.

M. Musallam, C. M. Johnson, C. Yin, C. Bailey, and M. Mermet-Guyennet. Real-time life consumption power modules prognosis using online rainflow algorithm in metro applications. In 2010 IEEE Energy Conversion Congress and Exposition, 970-977, Sep.

2010.

V. Naikan and Arvind Rathore. Accelerated temperature and voltage life tests on aluminium electrolytic capacitors. International Journal of Quality & Reliability Management, 33: 120-139, 01 2016.

Hiroshi Nakao, Yu Yonezawa, Takahiko Sugawara, Yoshiyasu Nakashima, and Fujio Kurokawa. Online evaluation method of electrolytic capacitor degradation for digitally controlled smps failure prediction. IEEE Transactions on Power Electronics, 1-1, 04, 2017.

S. Nandi, S. Ahmed, and H. A. Toliyat. Detection of rotor slot and other eccentricity related harmonics in a three phase induction motor with different rotor cages. IEEE Transactions on Energy Conversion, 16(3): 253-260, 2001.

C. Neacsu, P. Bidan, and T. Lebey. Offline measurements of partial discharges in turn insulation of low voltage rotating machines. In Conference Record of the 2000 IEEE International Symposium on Electrical Insulation (Cat. No.00CH37075), 235-238, 2000.

Patrick Nectoux, Rafael Gouriveau, Kamal Medjaher, Emmanuel Ramasso, Brigitte Chebel-Morello, and et al. PRONOSTIA: An experimental platform for bearings accelerated degradation tests. In IEEE International Conference on Prognostics and Health Management, PHM'12, 1-8, June 2012.

V. Nguyen, J. Seshadrinath, D. Wang, S. Nadarajan, and V. Vaiyapuri. Model-Based Diagnosis and RUL Estimation of Induction Machines Under Interturn Fault. IEEE Transactions on Industry Applications, 53(3): 2690-2701, 2017.

Atsushi Nishino. Capacitors: operating principles, current market and technical trends. Journal of Power Sources, 60(2): 137-147, 1996.

F. Niu, B. Wang, A. S. Babel, K. Li, and E. G. Strangas. Comparative evaluation of direct torque control strategies for permanent magnet synchronous machines. IEEE Transactions on Power Electronics, 31(2): 1408-1424, 2016.

K. C. Norris and A. H. Landzberg. Reliability of controlled collapse interconnections. IBM Journal of Research and Development, 13(3): 266-271, 1969.

P. Nussbaumer, M. A. Vogelsberger, and T. M. Wolbank. Induction machine insulation health state monitoring based on online switching transient exploitation. IEEE Transactions on Industrial Electronics, 62(3): 1835-1845, 2015.

Y. Nyanteh, L. Graber, C. Edrington, S. Srivastava, and D. Cartes. Overview of simulation models for partial discharge and electrical treeing to determine feasibility for estimation of remaining life of machine insulation systems. In 2011 Electrical Insulation Conference (EIC), 327-332, 2011.

O. Ondel, G. Clerc, E. Boutleux, and E. Blanco. Fault detection and diagnosis in a set "inverter-induction machine" through multidimensional membership function and pattern recognition. IEEE Transactions on Energy Conversion, 24(2): 431-441, 2009.

R. Ouaida, M. Berthou, J. Leon, X. Perpinà, S. Oge, P. Brosselard, and C. Joubert. Gate oxide degradation of sic mosfet in switching conditions. IEEE Electron Device Letters, 35(12): 1284-1286, Dec 2014.

Rémy Ouaida. Vieillissement et mécanismes de dégradation sur des composants de puissance en carbure de silicium (SIC) pour des applications haute température. PhD thesis, 2014.

Rob O'Connor. Understanding polymer and hybrid capacitors-electronic products. Panasonic-Electronic Products, 56(4), 2014.

P. A. Panagiotou, I. Arvanitakis, N. Lophitis, and K. N. Gyftakis. Fem study of induction machines suffering from rotor electrical faults using stray flux signature analysis. In 2018 XIII International Conference on Electrical Machines (ICEM), 1861-1867, 2018.

H. M. Pang and Pong Bryan. A life prediction scheme for electrolytic capacitors in power converters without current sensor. 973-979, 03, 2010.

Y. Park, C. Yang, S. B. Lee, D. Lee, D. Fernandez, D. Reigosa, and F. Briz. Online detection and classification of rotor and load defects in PMSMs based on hall sensor measurements. IEEE Transactions on Industry Applications, 55(4): 3803-3812, 2019.

Abhijit Pathak. MOSFET/IGBT drivers theory and applications, 2001.

Frédéric Perisse. ETUDE ET ANALYSE DES MODES DE DEFAILLANCES DES CONDENSATEURS ELECTROLYTIQUES A LALUMINIUM ET DES THYRISTORS, APPLIQUEES AU SYSTEME DE PROTECTION DU LHC (LARGE HADRON COLLIDER). Theses, Université Claude Bernard-Lyon I, July 2003.

R. Peuget, S. Courtine, and J. Rognon. Fault detection and isolation on a pwm inverter by knowledge-based model. IEEE Transactions on Industry Applications, 34(6): 1318-1326, 1998.

S. Peyghami, Z. Wang, and F. Blaabjerg. Reliability modeling of power electronic converters: A general approach. In 2019 20th Workshop on Control and Modeling for Power Electronics (COMPEL), 1-7, June 2019.

T. H. Pham, S. Lefteriu, E. Duviella, and S. Lecoeuche. Auto-adaptive and dynamical clustering for double open-circuit fault diagnosis of power inverters. In 2019 4th Conference on Control and Fault Tolerant Systems (SysTol), 306-311, 2019.

K. Pugalenthi and N. Raghavan. Roughening particle filter based prognosis on power mosfets using on-resistance variation. In 2018 Prognostics and System Health Management Conference (PHM-Chongqing), 1170-1175, 2018.

Juha Pyrh'onen, Valeria Hrabovcov'a, and Tapani Jokinen. Design of Rotating Electrical Machines. Chichester: Wiley, second edition, 2014.

Y. Qi, E. Bostanci, M. Zafarani, and B. Akin. Severity estimation of interturn short circuit fault for PMSM. IEEE Transactions on Industrial Electronics, 66(9): 7260-7269, 2019.

L. Qiu, Q. Peng, Y. Yang, W. Xu, and Q. Liang. Using ceemdan algorithm and svm fault diagnosis methodology in three-phase inverters of pmsm drive systems. In 2017 36th Chinese Control Conference (CCC), 7127-7132, 2017.

H. Razik, T. M. Oliveira, M. B. D. R. Corrêa, C. B. Jacobina, and E. R. C. da Silva. Analysis and identification of furtive misfiring in converter using wavelet. 8th IEEE Symposium on Diagnostics for Electrical Machines, Power Electronics Drives, 651-656, 2011.

Jason D. Renwick, Chetan S. Kulkarni, and José R. Celaya. Analysis of electrolytic capacitor degradation under electrical overstress for prognostic studies. In Annual conference of the prognostics and health management society, 2015.

M. Rocchi, F. Mosciaro, F. Grottesi, M. Scortichini, A. Giantomassi, M. Pirro, M. Grisostomi, and G. Ippoliti. Fault prognosis for rotating electrical machines monitoring using recursive least square. In 2014 6th European Embedded Design in Education and Research Conference (EDERC), 269-273, 2014.

Alfréd Rényi. On measures of entropy and information. In Proceedings of the Fourth Berkeley Symposium on Mathematical Statistics and Probability, Volume 1: Contributions to the Theory of Statistics, 547-561, Berkeley, Calif., University of California Press, 1961.

B. Saha, J. R. Celaya, P. F. Wysocki, and K. F. Goebel. Towards prognostics for electronics components. In 2009 IEEE Aerospace conference, 1-7, 2009.

S. A. Saleh and M. A. Rahman. Modeling and protection of and three-phase power transformer using wavelet packet transform. IEEE Transactions on Power Delivery, 20(2): 1273-1282, Apr. 2005.

M. Samie, A. Alghassi, and S. Perinpanayagam. Unified igbt prognostic using natural computation. In 2015 IEEE International Conference on Digital Signal Processing (DSP), 698-702, 2015.

Shankar Sankararaman and Kai Goebel. Why is the remaining useful life prediction uncertain? PHM 2013-Proceedings of the Annual Conference of the Prognostics and Health Management Society 2013, 337-349, 01, 2013.

Shankar Sankararaman and Kai Goebel. Uncertainty in prognostics and systems health management. International Journal of Prognostics and Health Management, 6, 07, 2015.

M. Sathik, T. K. Jet, C. J. Gajanayake, R. Simanjorang, and A. K. Gupta. Comparison of power cycling and thermal cycling effects on the thermal impedance degradation in igbt modules. In IECON 2015-41st Annual Conference of the IEEE Industrial Electronics Society, 001170-001175, 2015.

A. Saxena, J. Celaya, E. Balaban, K. Goebel, B. Saha, S. Saha, and M. Schwabacher. Metrics for evaluating performance of prognostic techniques. In 2008 international conference on prognostics and health management, 2008.

Abhinav Saxena, Jose Celaya, Bhaskar Saha, Sankalita Saha, and Kai Goebel.

Metrics for offline evaluation of prognostic performance. International Journal of Prognostics and Health Management, 1, January 2010.

Abhinav Saxena, Shankar Sankararaman, and Kai Goebel. Performance evaluation for fleet-based and unit-based prognostic methods. Second european conference of the prognostics and health management society, 2014.

R. K. Singleton, E. G. Strangas, and S. Aviyente. Extended Kalman filtering for remaining-useful-life estimation of bearings. IEEE Transactions on Industrial Electronics, 62(3): 1781-1790, 2015.

A. Soualhi, H. Razik, G. Clerc, and D. D. Doan. Prognosis of bearing failures using hidden markov models and the adaptive neuro-fuzzy inference system. IEEE Transactions on Industrial Electronics, 61(6): 2864-2874, 2014.

A. Soualhi, M. Makdessi, R. German, F. R. Echeverria, H. Razik, A. Sari, P. Venet, and G.

Clerc. Heath monitoring of capacitors and supercapacitors using the neo-fuzzy neural approach. IEEE Transactions on Industrial Informatics, 14(1): 24-34, 2018.

J. R. Stack, T. G. Habetler, and R. G. Harley. Fault classification and fault signature production for rolling element bearings in electric machines. IEEE Transactions on Industry Applications, 40(3): 735-739, 2004.

M. K. W. Stranges, G. C. Stone, and D. L. Bogh. Voltage endurance testing. IEEE Industry Applications Magazine, 15(6): 12-18, 2009.

B. Sun, X. Fan, C. Qian, and G. Zhang. Pof-simulation-assisted reliability prediction for electrolytic capacitor in led drivers. IEEE Transactions on Industrial Electronics, 63(11): 6726-6735, 2016.

P. Sun, C. Gong, X. Du, Y. Peng, B. Wang, and L. Zhou. Condition monitoring igbt module bond wires fatigue using short-circuit current identification. IEEE Transactions on Power Electronics, 32(5): 3777-3786, 2017.

V. Sundaramoorthy, E. Bianda, R. Bloch, I. Nistor, G. Knapp, and A. Heinemann. Online estimation of igbt junction temperature (tj) using gate-emitter voltage (vge) at turn-off. In 2013 15th European Conference on Power Electronics and Applications (EPE), 1-10, 2013.

A. Tani, M. Mengoni, L. Zarri, G. Serra, and D. Casadei. Control of multiphase induction motors with an odd number of phases under open-circuit phase faults. IEEE Transactions on Power Electronics, 27(2): 565-577, 2012.

O. V. Thorsen and M. Dalva. A survey of faults on induction motors in offshore oil industry, petrochemical industry, gas terminals, and oil refineries. IEEE Transactions on Industry Applications, 31(5): 1186-1196, September 1995.

C. Torrence and G. P. Compo. A practival guide to wavelet analysis. Bulletin of the American Metereological Society, 79(1): 61-78, Jan. 1998.

I. Tsyokhla, A. Griffo, and J. Wang. Online condition monitoring for diagnosis and prognosis of insulation degradation of inverter-fed machines. IEEE Transactions on Industrial Electronics, 66(10): 8126-8135, 2019.

Z. Ullah and J. Hur. Irreversible demagnetization fault prognosis in a permanent magnet type machines. In 2020 IEEE Energy Conversion Congress and Exposition (ECCE), 742-747, 2020.

T. V. Essen, M. A. Ras, S. Stegmeier, and G. Mitic. Investigation of the influence of aging processes on thermal characteristics of an igbt power module by means of transient thermal analysis. In PCIM Europe 2016; International Exhibition and Conference for Power Electronics, Intelligent Motion, Renewable Energy and Energy Management, 1-5, 2016.

C. H. van der Broeck, T. Polom, R. D. Lorenz, and R. W. De Doncker. Thermal monitoring of power electronic modules using device self-sensing. In 2018 IEEE Energy Conversion Congress and Exposition (ECCE), 4699-4706, 2018.

C. H. Van der Broeck, T. Polom, R. D. Lorenz, and R. W. De Doncker. Thermal monitoring of power electronic modules using device self-sensing. In 2018 IEEE Energy Conversion

Congress and Exposition (ECCE), 4699-4706, 2018.

Christophe Van der Broeck. Methodology for Thermal Modeling, Monitoring and Control of Power Electronics. PhD thesis, Rheinisch-Westfalischen Technischen Hochschule Aachen University, November 2018.

P. Venet, F. Perisse, M. H. El-Husseini, and G. Rojat. Realization of a smart electrolytic capacitor circuit. IEEE Industry Applications Magazine, 8(1): 16-20, 2002.

X. Wang, P. Sun, L. Sun, Q. Luo, and X. Du. Online condition monitoring for bond wire degradation of igbt modules in three-level neutral-point-clamped converters. IEEE Transactions on Industrial Electronics, 1-1, 2020.

K. Wei, W. Wang, Z. Hu, and M. Du. Condition monitoring of igbt modules based on changes of thermal characteristics. IEEE Access, 7: 47525-47534, 2019.

B. A. Welchko, J. Wai, T. M. Jahns, and T. A. Lipo. Magnet-flux-nulling control of interior PM machine drives for improved steady-state response to short-circuit faults. IEEE Transactions on Industry Applications, 42: 113-120, 2006.

Rolf Winter. Handbook for Robustness Validation of Automotive Electrical/Electronic Modules, June 2008.

Junke Wu, Luowei Zhou, and Xiong Du. Junction Temperature Prediction of IGBT Power Module Based on BP Neural Network. Journal of Electrical Engineering and Technology, 9(3).

L. Xu, Y. Zhou, and S. Liu. Dbc substrate in si- and sic-based power electronics modules: Design, fabrication and failure analysis. In 2013 IEEE 63rd Electronic Components and Technology Conference, 1341-1345, May 2013.

Xuhua Huang, Wen-Fang Wu, and P. Chou. Fatigue life and reliability prediction of electronic packages under thermal cycling conditions through fem analysis and acceleration models. In 2012 14th International Conference on Electronic Materials and Packaging (EMAP), 1-6, 2012.

H. Yan, Y. Xu, F. Cai, H. Zhang, W. Zhao, and C. Gerada. PWM-VSI fault diagnosis for a PMSM drive based on the fuzzy logic approach. IEEE Transactions on Power Electronics, 34(1): 759-768, 2019.

K. Yao, W. Tang, W. Hu, and J. Lyu. A current-sensorless online esr and c identification method for output capacitor of buck converter. IEEE Transactions on Power Electronics, 30(12): 6993-7005, 2015.

K. Yao, W. Tang, X. Bi, and J. Lyu. An online monitoring scheme of dc-link capacitor's esr and c for a boost pfc converter. IEEE Transactions on Power Electronics, 31(8): 5944-5951, 2016.

K. Yao, C. Cao, and S. Yang. Noninvasive online condition monitoring of output capacitor's esr and c for a flyback converter. IEEE Transactions on Instrumentation and Measurement, 66(12): 3190-3199, 2017.

H. Yilmaz, J. L. Benjamin, R. F. Dyer, L. S. Chen, W. R. Van Dell, and G. C. Pifer. Comparison of the punch-through and non-punch-through IGT structures.IEEE Transactions on Industry Applications, IA-22(3): 466-470, May 1986.

K. Younsi, P. Neti, M. Shah, J. Y. Zhou, J. Krahn, K. Weeber, and C. D. Whitefield. online capacitance and dissipation factor monitoring of AC stator insulation. IEEE Transactions on Dielectrics and Electrical Insulation, 17(5): 1441-1452, 2010.

Y. Yu, T. Zhou, M. Zhu, and D. Xu. Fault diagnosis and life prediction of dc-link aluminum electrolytic capacitors used in three-phase ac/dc/ac converters. In 2012 Second International Conference on Instrumentation, Measurement, Computer, Communication and Control, 825-830, 2012.

Y. Yu, Y. Zhao, B. Wang, X. Huang, and D. Xu. Current sensor fault diagnosis and tolerant control for vsi-based induction motor drives. IEEE Transactions on Power Electronics, 33(5): 4238-4248, 2018.

I. Zamudio-Ramirez, J. A. Antonino-Daviu, R. A. Osornio-Rios, R. de Jesus Romero-Troncoso, and H. Razik. Detection of winding asymmetries in wound-rotor induction motors via transient analysis of the external magnetic field. IEEE Transactions on Industrial Electronics, 67(6): 5050-5059, 2020.

I. Zamudio-Ramirez, R. A. Osornio-Rios, J. A. Antonino-Daviu, H. Razik, and R. de Jesus Romero-Troncoso. Magnetic flux analysis for the condition monitoring of electric machines: A review. IEEE Transactions on Industrial Electronics, 2021.

W. G. Zanardelli, E. G. Strangas, and S. Aviyente. Identification of intermittent electrical and mechanical faults in Permanent-Magnet AC drives based on time-frequency analysis. IEEE Transactions on Industry Applications, 43(4): 971-980, 2007.

M. Zeng and Z. Chen. SOSO boosting of the K-SVD denoising algorithm for enhancing fault-induced impulse responses of rolling element bearings. IEEE Transactions on Industrial Electronics, 67(2): 1282-1292, 2020.

Bo Zhang, Wentong Zhang, Ming Qiao, Zhenya Zhan, and Zhaoji Li. Concept and design of super junction devices. Journal of Semiconductors, 39(2): 021001, February 2018.

J. Zhang, M. Salman, W. Zanardelli, S. Ballal, and B. Cao. An integrated fault isolation and prognosis method for electric drive systems of battery electric vehicles. IEEE Transactions on Transportation Electrification, 1-1, 2020.

Ludi Zhang. Etude de fiabilité des modules d'électronique de puissance à base de composant SiC pour applications hautes températures. Theses, Université Sciences et Technologies-Bordeaux I, January 2012.

W. Zhang, D. Xu, P. N. Enjeti, H. Li, J. T. Hawke, and H. S. Krishnamoorthy. Survey on fault-tolerant techniques for power electronic converters. IEEE Transactions on Power Electronics, 29(12): 6319-6331, 2014.

D. Zhou, H. Wang, F. Blaabjerg, S. K. Kær, and D. Blom-Hansen. Degradation effect on reliability evaluation of aluminum electrolytic capacitor in backup power converter. In 2017 IEEE 3rd International Future Energy Electronics Conference and ECCEAsia (IFEEC 2017-ECCEAsia), 202-207, 2017.

Zisi Tian and X. Ge. An online fault diagnostic method based on frequency-domain analysis for igbts in traction pwm rectifiers. In 2016 IEEE 8th International Power Electronics and Motion Control Conference (IPEMC-ECCE Asia), 3403-3407, 2016.

C. Zoeller, M. A. Vogelsberger, R. Fasching, W. Grubelnik, and T. M. Wolbank. Evaluation and current-response-based identification ofinsulation degradation for high utilized electrical machines in railway application. IEEE Transactions on Industry Applications, 53(3): 2679-2689, 2017.

Clemens Zoeller, Markus A. Vogelsberger, Thomas M. Wolbank1, and Hans Ertl. Impact of SiC semiconductors switching transition speed on insulation health state monitoring of traction machines. IET Power Electron., 2769-2775, 2016.

第 3 章

提升可靠性的故障诊断和预测

3.1 引言

"可靠性"在成为技术属性之前，一直是一种人类属性。其最初的定义（到目前为止基本不变）是每小时运行事故数的倒数（Song 和 Wang，2013）。当前，人们已将"可靠性"的经典定义重新叙述为项目（组件、子系统或系统）在预定环境和操作条件下，在预定时间内执行其设计定义的所需功能的概率。**可靠性函数** $R(t)$ 表示系统在一段时间间隔 $[0, t]$ 内无故障运行的概率。

由于电驱动器正逐步取代机械制动器，驱动器的可靠性日益重要，一些新应用，甚至是对可靠性更高要求的关键应用也应运而生。驱动器设计人员必须平衡需求与可能的冲突：驱动器必须性价比高，能够满足性能、质量和体积要求，并在其预期使用寿命内在任务剖面上运行良好而不出现失效情况。设计人员通过以下方式来满足最后一个要求（高可靠性）：选择可能包括内部和外部冗余的驱动器结构、确定组件应力，根据其预期的可靠性选择组件，设计一个能够处理冗余和操作变化的控制器。故障管理中不太理想的部分，即决策系统，可能包括降低驱动器性能的重构，甚至修改任务剖面，从而避免灾难性失效。

本章主要讨论如何将前文介绍的诊断和预测工具与驱动器的设计和操作相结合，从而实现高可靠性，包括组件可靠性信息的来源、如何将这些信息纳入可靠性估计，以及如何通过故障预测来实现更可靠的驱动器。

3.2 基本原则

当驱动器运行时，组件上的应力和未识别的可能内部缺陷会导致其发生故障。在早期阶段，此类故障本身不会中断驱动器的运行，甚至可能不会影响驱动器的操作，但可以认为是即将发生故障的前兆或早期表现。为避免因之前失效导致新故障，可采取以下措施：在操作开始前已在硬件或控制算法中安装的部分或全部冗余，可用来确保驱动器在性能完整或性能降低的情况下继续操作。冗余本身，以及故障及其严重性的识别，旨在防止驱动器操作中断，以及用来延长零件或驱动器的可能剩余使用寿命。

　　在试运行之前，系统应将故障诊断、预测和缓解作为其设计的一部分，相较于不包含此类组件和操作的类似驱动器，此类驱动器具有更长的预期故障时间和更高的可靠性。

　　即使在最简单的情况下，通过确定每个组件的可靠性来计算驱动器的可靠性，也并不容易。各类手册和制造商提供的资料为许多组件提供了准确的可靠性数据，尤其是在指定的操作环境和条件下。尽管"浴盆曲线"（见图 3.1）极不准确，但其毕竟为简单驱动器的比较提供了一种更准确的方法，并能在调试时指示必须解决的早期故障。

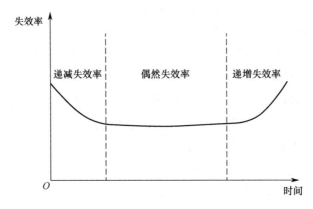

图 3.1　"浴盆曲线"

　　可靠性的经典定义中不包括组件未老化的空载时间，但也有例外，例如，由于周围热源和轴承在静负荷下的伪布氏压痕造成的隔热采集湿度或老化。因此，根据先验估计，制定与驱动器及其组件的具体操作相关的指标至关重要，可以具体到驱动器类型、操作模式和操作需求。当驱动器运行时，其组件因应力消耗一部分寿命，并可以通过准确地进行可靠性估计证明这一情况。可靠性计算的主要用途为在设计阶段为特定应用程序选择组件和系统架构，并定义维护计划和流程。值得注意的是，可靠性是一类组件和一种设计的特性，而非特定驱动器的特性。越清楚地了解操作和组件的具体情况，可靠性的计算就越准确。并非所有可能的运行特性都纳入平均失效时间的原始估计中，这种估计也不可能绝对准确。

　　一种便捷的确定驱动器系统可靠性的方法是从其每个组件的可靠性开始确定：电源、电池和电容器、逆变器（开关和门驱动器）、电机或发电机及传感器等。这种串联系统中的任何一个组件失效，都将使整个驱动器系统失效。基于此，驱动器系统的可靠性方程为

$$R_{driver} = 1 / \sum_i (1 / r_i) \tag{3.1}$$

式中，r_i（$i = 1, 2, 3, \cdots$）为串联组件的可靠性。

　　在并联情况下，一个组件失效可能导致其他组件过载，但系统还能继续运行。式（3.2）给出了如图 3.2 所示 3 种典型电路块连接的可靠性。

$$R_s = r_1 r_2 r_3$$
$$R_p = 1 - (1 - r_1)(1 - r_2)(1 - r_3) \tag{3.2}$$
$$R_{sp} = [1 - (1 - r_1)(1 - r_2)][1 - (1 - r_2)(1 - r_3)(1 - r_4)]$$

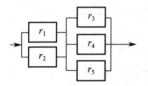

图 3.2　可靠性计算的基本电路块连接

　　除可靠性定义，业界还使用了其他定义和指标，参见 Song 和 Wang（2013）发表文章中的示例。项目的失效率表示时间 t 之后其"失效的可能性"。典型的失效率曲线，即单位时间内的失效数，作为时间的函数，通常被称为"浴盆曲线"。从曲线形状可以看出，一个项目的生命周期可分为 3 个基本阶段：早期故障期、使用寿命期和损耗故障期。在调试或下线时进行大量测试和/或早期故障测试可以在使用寿命开始时降低较高的失效率。失效率趋于稳定在一个水平上，即在项目开始损耗前的一段时间内保持相对恒定。已公布或计算的失效率通常是零件使用寿命期的失效率，而损耗期则指零件在设计的使用寿命之外的运行情况。

　　失效率 $\lambda(t)$ 与可靠性函数 $R(t)$ 的关联性为

$$\lambda(t) = \lim_{\Delta t \to 0} \frac{R(t) - R(t + \Delta t)}{R(t) \Delta t} \tag{3.3}$$

$$= -\frac{1}{R(t)} \frac{dR(t)}{dt} \tag{3.4}$$

式中，Δt 为时间间隔，$\Delta t > 0$。可靠性函数 $R(t)$ 由失效率 $\lambda(t)$ 与 $R(0) = 1$ 确定，即零件在运行初期具备完整功能。

$$R(t) = e^{-\int_0^t \lambda(\tau) d\tau} \tag{3.5}$$

　　平均失效前时间（Mean Time to Failure，MTTF）是失效发生前的预期时间，其给出了一个项目（组件、系统）正常运行的平均时间。平均失效前

时间是一个比较各种系统设计质量时广泛应用的性能指标。这一指标反映了项目的寿命分布。由于任务时间可能比平均失效前时间短，因此该定义的意义并不大，也未能表达相关的高可靠性。

平均失效前时间与可靠性函数之间的关系表示为

$$\text{MTTF} = \int_0^{+\infty} R(t)\mathrm{d}t \tag{3.6}$$

式中，$R(t)$ 是可靠性函数。当故障率 $\lambda(t)$ 为常数时，平均失效前时间的表达式为

$$\text{MTTF} = \frac{1}{\lambda(t)} \tag{3.7}$$

平均修复时间（Mean Time to Repair，MTTR）指消除失效并将系统恢复到指定状态所需的平均时间。

可用性是指系统在给定时间可运行的概率。

由于可靠性函数 $R(t)$ 表示一组样本在工作时间 t 内能正常工作的百分比（或一个样本的概率），因此可以将不可靠性或失效概率 $F(t)$ 定义为一组样本在工作时间 t 内失效的百分比。$F(t)$ 与工作时间 t 的曲线称为累积分布函数（Cumulative Distribution Function，CDF）曲线，该曲线随时间推移增大，并可使用韦布尔于 1951 年提出的分析函数表示，下文将详细讨论。

相较于现有的电力电子可靠性预测方法中广泛采用的常数指标（如平均失效前时间或使用寿命)，变量累积分布函数能提供更多与可靠性相关的信息，尤其是时变和概率分布特性，因此将电力电子组件/系统的累积分布函数作为预测目标。累积分布函数通常根据故障组件/产品的统计数据得出，用于描述已经发生的失效行为。另外，使用累积分布函数预测未发生的失效更有意义，并且累积分布函数可以基于驱动器给定的任务剖面，对一系列模型和设计进行测试得出。

Bazzi 等（2012）定义的故障覆盖率更加深刻，这一概念对应可能无法确定地预测一个系统在故障后是否能够实现其功能的事实。采用 c 表示故障覆盖率，可以理解为这是条件概率。假设已发生改变系统结构的故障后，系统恢复并继续执行其预期功能，即 $c = \Pr[\text{系统恢复}|\text{系统故障}]$。例如，根据操作条件的不同，系统对组件故障的响应可能不同。在动态系统中，运行条件受参考设定点和外部干扰（电驱动器的负载实际上是其动态的外部干扰）的影响。因此，在不影响通用性的前提下，假设系统有一个输入，并且在不同输入下发生故障；假设系统可在 80% 的可能输入下生存，则故障覆盖率为 80%。这就是系统在不同输入下发生故障生存的概率。

3.9 节讨论了与故障操作和管理相关成本的附加指标，并提供了新的可靠性指标。在这种情况下，成本可能包括性能、安全性等问题，并不易确定。

3.2.1　不可修复项目随时间失效的模式

评估故障率随时间的变化，可以收集到大量关于失效原因和项目可靠性的信息。

在项目中可观察到故障率降低，并且随着生存时间增加，项目不太可能发生故障。通常来说，在电子设备和零件中能够观察到这种情况。电子零件的"早期故障"便是一个很好的例子，其说明了如何利用降低故障率的知识来提高可靠性。交付前，组件会在引发失效的应力条件下运行一段时间。当不合格组件发生故障并被拒收时，故障率降低，并且生存时间会更长。

恒定的故障率便是失效的特征，其是由以恒定的平均速率施加超过设计强度的载荷造成的。例如，由意外或瞬态电路过载引起的过应力失效，或者由机械设备的维护引起的失效通常随机发生，并且以恒定的故障率发生。

3.2.2　分布函数

此处不详述分布函数的数学概念，仅简要讨论两个连续函数和一个离散函数。

高斯（正态）分布是目前最广泛使用的随机"模型"之一，其描述了许多自然现象，如人的身高、气候模式等。然而，在许多工程应用中使用这种随机"模型"存在固有局限性。高斯正态分布数据模式出现在许多自然现象中，其优点在于无论将几个随机变量相加，以及无论被相加的随机变量的分布如何，结果的总和都趋于高斯正态分布。这就是所谓的中心极限定理。高斯函数可写为

$$f(x) = \frac{1}{\sigma(2\pi)^{1/2}} e^{-\frac{1}{2}\left(\frac{x-\mu}{\sigma}\right)^2} \tag{3.8}$$

式中，μ 是位置参数，等于平均值；σ 是尺度参数，等于标准差（SD）。

韦布尔分布是可靠性工程师最常用的统计分布方式。在可靠性工作中，通过调整分布参数来适应多种使用寿命分布具有很大优势。关于时间 t 的韦布尔概率密度函数 $f(t)$ 定义为

$$f(t) = \begin{cases} \frac{\beta}{\eta^\beta} t^{\beta-1} e^{-\left(\frac{t}{\eta}\right)^\beta}, & t \geq 0 \\ 0, & t < 0 \end{cases} \tag{3.9}$$

对应的可靠性函数为

$$R(t) = e^{-\left(\frac{t}{\eta}\right)^{\beta}}$$ （3.10）

故障率为

$$\lambda(t) = \frac{\beta}{\eta^{\beta}} t^{\beta-1}$$ （3.11）

平均失效前时间为

$$\text{MTTF} = \eta \Gamma\left(\frac{1}{\beta}+1\right)$$ （3.12）

欧拉函数为

$$\Gamma(\alpha) = \int_0^{\infty} x^{\alpha-1} e^{-x} dx$$ （3.13）

β 反映了韦布尔分布的故障函数或预计失效率，可以通过考虑 $\beta < 1$、$\beta \approx 1$ 或 $\beta > 1$，来推断总体失效特性。经典 "浴盆曲线" 描述如下。

（1）$\beta < 1$，表示失效率降低，通常与早期故障或早期失效有关。

（2）$\beta \approx 1$，表示通常与使用寿命有关的恒定失效率。

（3）$\beta > 1$，表示失效率增加，并且通常与损耗有关，与产品的最终使用寿命相对应，并且更接近失效前故障次数。

图 3.3 表示 "浴盆曲线" 及典型的 β 取值。

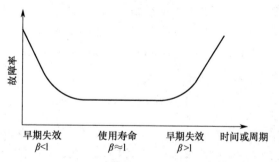

图 3.3   韦布尔参数 β 所描述的 "浴盆曲线"

二项分布描述了只有两种结果的情况，即通过或不通过，并且所有试验的概率保持相同。二项分布的概率密度函数为

$$f(x) = \binom{n}{x} p^x q^{(n-x)}$$ （3.14）

$$\binom{n}{x} = \frac{n!}{(n-x)!x!}$$ （3.15）

$f(x)$ 是在 n 个样本中，得出 x 个好样本和 $n-x$ 个坏样本的概率。当选择一个好样本的概率是 p 时，选择一个坏样本的概率为 q，因此，预期 μ 和标准差 σ 为

$$\mu = np, \quad \sigma = (npq)^{\frac{1}{2}} \tag{3.16}$$

3.2.3　可靠性和预测的置信度

置信区间是统计分布参数的取值范围（如平均值或标准差），包括此类参数在给定概率下的实际值。

人们可以选择置信度。置信度越高（如 95%），置信区间（包含实际值相关参数取值的范围）越宽；相反，如果置信度为 75%，则置信区间较窄，并包括 75% 的平均值。

置信区间取决于样本量，样本越多越能更好地估计参数，因此，在相同的置信水平下，置信区间会变窄。

置信区间或置信带是置信上限和置信下限之间的区间。置信区间用于对给定样本数据的总体做出论断。显然，样本量越大，人们对总体参数估计接近实际值的直觉置信度就越大，而对应的先验集合概率的置信带就越窄。

类似地，预测区间或预测带用于表示曲线上受噪声影响的新数据点取值的不确定性。

设 X 是概率分布中一个带统计参数 θ 的随机样本，是一个待估计量，而 φ 表示不直接相关的量。统计参数 θ 的置信区间，有置信度或置信系数 γ。这是一个具有随机端点（$u(X)$，$v(X)$）的区间，并由一对随机变量 $u(X)$ 和 $v(X)$ 确定，其特性为

$$P_{r_{\theta,\varphi}}[u(X) < \theta < v(X)] = \gamma \quad \forall (\theta, \varphi) \tag{3.17}$$

没有直接相关的量 φ 是多余的参数。γ 的典型值接近但不大于 1，有时以 $1-a$ 或 $100\% \times (1-a)$ 的形式给出，其中，a 是 [0, 1] 内的一个较小非负数，接近 0。

随机变量预测区间的定义类似于统计参数的置信区间。考虑额外的随机变量 Y 在统计上可能取决于，也可能不取决于随机样本 X，如果

$$P_{\gamma_{\theta,\varphi}}[u(X) < Y < v(X)] = \gamma \quad \forall (\theta, \varphi) \tag{3.18}$$

则（$u(X)$，$v(X)$）为 Y 的待观测值 y 提供预测区间。

用于故障失效预测和确定故障管理或缓解措施的预测区间与置信区间不同，也更宽泛，参见 Simons（1972）的研究。与使用置信区间所产生的

决策相比，形成故障管理决策相对更早，如控制器参数的适应。

预测区间为

$$y \pm \frac{t_a}{2} \times S_{y \cdot x} \sqrt{\left(1 + \frac{1}{n} + \sum_{h}^{K}\sum_{1}^{K}(x_h - \hat{x}_h)(x_1 - \hat{x}_1)^{\mu^h}\right)} \tag{3.19}$$

置信区间为

$$y \pm \frac{t_a}{2} \times S_{y \cdot x} \sqrt{\left(\frac{1}{n} + \sum_{h}^{K}\sum_{1}^{K}(x_h - \hat{x}_h)(x_1 - \hat{x}_1)^{\mu^h}\right)} \tag{3.20}$$

式中，$S_{y \cdot x}$ 是均方误差（MSE）。

不使用样本统计量作为总体参数的估计量，也不在此类估计中使用置信区间，而是将下一个样本 X_{n+1} 本身作为一个统计量，并计算其采样分布。

在失效预测中，我们希望将其解释为对下一个样本的预测，因此将下一个样本从该估计总体中抽取出来建模，并使用（估计的）总体分布。相反，在预测置信区间时，使用来自此类总体的 n 个或 $n+1$ 个观测值样本（统计量）的采样分布，而不直接使用总体分布。人们在计算采样分布时使用的是对其形式的假设，而非其参数值。

3.3　组件可靠性

子系统（逆变器、控制器和电机）的可靠性主要取决于其组件的可靠性，本节首先讨论一些主要组件的可靠性。

Ma 等（2018）曾讨论过寿命模型，以便更好地预测设备和系统的可靠性，基于此，他们讨论了电力电子转换器基于不同的任务剖面和应用的可靠性。任务剖面是一个描述驱动器在预计时间间隔或使用寿命期间预期性能的术语，如转矩、速度、功率、电压等。一个典型的任务剖面是车辆的驾驶循环，如图 3.4 所示为驾驶循环 FTP-72。例如，在这种用于电力电子可靠性评估的使用寿命预测方法中，任务剖面与组件的可靠性密切相关。预测结果的准确性在很大程度上取决于所用组件的使用寿命模型。

这种使用寿命预测方法的一些关键限制如下。

（1）对于大部分现有使用寿命模型，装置被动加载或带有短负载脉冲，以模拟有限范围内的热量或其他应力强度。测试条件通常不同于实际应用，在实际应用中热循环的特征要复杂得多。

（2）功率半导体等装置的技术和制造工艺不断进步；一些数十年前建立的使用寿命模型需要更新。

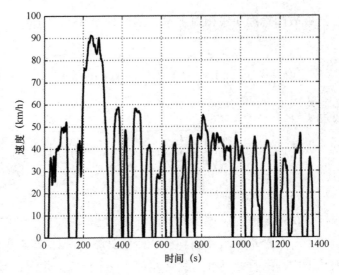

图 3.4　驾驶循环 FTP-72

（3）这些使用寿命模型中仅规定了使用寿命常数；而不考虑可靠性的时变和概率分布特性。

因此，鲜有公开文献表明这些转换器预测的使用寿命准确性已经过了试验验证。

1. 电容器

温度和电应力是直流电容器的主要应力。Ran 等（2019）探讨了温度和电应力对金属化膜电容器（Metallized Film Capacitor，MFC）老化的影响；估计了介质薄膜电热老化的使用寿命。他们还提出了基于温度和电应力的金属化膜电容器可靠性模型：

$$L = L_0 \times e^{-\alpha \times \Delta\left(\frac{1}{T}\right)} \times \left[\frac{E}{E_0}\right]^{-\left(\beta - \zeta \times \Delta\left(\frac{1}{T}\right)\right)} \tag{3.21}$$

$$\Delta\left(\frac{1}{T}\right) = \frac{1}{T_0} - \frac{1}{T} \tag{3.22}$$

式中，L_0 是温度为 T_0、电场强度为 E_0 时的使用寿命；L 是温度为 T、电场强度为 E 时的使用寿命；α、β 和 ζ 是常数。

通过纳入温度系数和电加速度系数 α_T 和 α_E，Ran 等（2019）得出可靠性模型：

$$L = L_0 \times e^{-7321.98 \times \Delta\left(\frac{1}{T}\right)} \times \left[\frac{E}{E_0}\right]^{-(4.61 - 6230.26 \times \Delta(1/T))} \tag{3.23}$$

在长期运行中，金属化膜电容器不断老化，等效串联电阻也不断增大。另外，在相同的运行条件下，老化的金属化膜电容器的温度高于未老化的金属化膜电容器，因此，在相同的运行条件下，金属化膜电容器的老化率和失效率均上升。为形成考虑老化程度的金属化膜电容器物理失效模型，首先考虑从等效串联电阻的角度建立金属化膜电容器的老化失效模型。

以实际 MMC 为例，在逆变器工况下，金属化膜电容器的最小电压为1587.5V，峰间电压波动为 285V，环境温度为 313.73K（40℃），老化率趋势如表 3.1 所示。

表 3.1　不同老化程度下金属化膜电容器的可靠性评估（Ran 等，2019）

使用时间（年）	电阻（Ω）	剩余使用寿命（年）	失效率（occ/年）	可　靠　性
0	2.10E-4	1122.434	0.00089	0.99911
4	2.51E-4	950.450	0.00105	0.99895
8	3.20E-4	717.597	0.00139	0.99861
12	4.22E-4	481.521	0.00208	0.99793
17	5.32E-3	187.938	0.00532	0.99469
20	7.90E-3	126.587	0.00790	0.99213
23	1.71E-2	58.462	0.01710	0.98304
25	6.56E-2	15.255	0.06555	0.93655
26	4.25E-1	2.354	0.42487	0.65385

Ma 等（2018）将开发的模型应用到一个和多个应力水平下，即热循环，结果如表 3.2 和图 3.5 所示。

表 3.2　不同热循环频率下测试装置的运行情况（Ma 等，2018）

条　　件	f_{out}	f_s	I_{max}	V_{refmax}	T_H
C1	0.1Hz	10kHz	21A	113V	59℃
C2	0.2Hz	10kHz	22A	115V	57℃
C3	0.5Hz	10kHz	25A	145V	53℃
C4	1Hz	10kHz	30A	140V	48℃
C5	1.25Hz	12kHz	30A	140V	50℃
C6	1.7Hz	15kHz	30A	144V	47℃

Wang 等（2014）将使用寿命预测结果与具体的失效机制联系起来，如表 3.3 所示。

为提高绝缘栅双极晶体管的可靠性，以及更准确地评估热应力及其影响，Ahsan 等（2020）开发了一种新型绝缘栅双极晶体管驱动策略，以减小引线键合热应力，并开发了基于机器学习的模型来预测由热循环引起的加速老化退化情况。

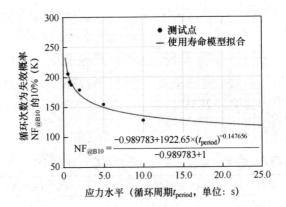

图 3.5   绝缘栅双极晶体管模块在不同循环周期应力水平下的 B10 使用寿命模型，
试验条件如表 3.2 所示（Ma 等，2018）

表 3.3 使用寿命预测结果 （Wang 等，2014）

失 效 机 制	L_{10}（周期）	使用寿命（年）
由于 ΔT_C 的基板焊接缝	358	24
绝缘栅双极晶体管芯片焊接缝（由于 ΔT_{JIGBT}）	438	22
由于 ΔT_{JIGBT} 的引线键合	2633	74
最终使用寿命（由最短使用寿命决定）	358	22

2. 轴承

轴承的可靠性在很大程度上受其运行条件的影响。最主要的条件，也最可能包含在电机最初设计中的条件是润滑油的温度资料（Somes 和 Gerstenkorn，2015）。一些制造商会公布有关轴承类型、温度、润滑脂及滑脂使用寿命的列表。例如，Schatz 和 Sch（2020）给出了取决于载荷和速度的使用寿命 L_{10}，即

$$L_{10} = \frac{16.67}{S} \times \left(\frac{C_r}{F_r + ZF_a} \right)^3 \qquad (3.24)$$

$$调整后的轴承寿命 = L_{10} \cdot A_1 \cdot A_2 \cdot A_3 \qquad (3.25)$$

式中，F_r 是施加的径向载荷，F_a 是施加的轴向载荷，S 是轴承速度，L_{10} 是以小时为单位的使用寿命，C_r 是动态额定载荷，A_1、A_2、A_3 为可靠性系数。

L_{10} 表示 90% 的理想轴承在相同条件下，能在使用寿命终止前正常运行。这种轴承使用寿命根据材料和润滑情况（系数 A_2 和 A_3）进行调整，对于可靠性系数 A_1，90% 的轴承为 1（L_{10}），95% 的轴承为 0.62（L_5），99% 的轴承

为 0.21（L_1）。

其他制造商，如 Koyo（Koy，2020），在计算轴承使用寿命时考虑了总转数或运行距离、工作温度的校正系数，该校正系数的取值从 125℃时的 1.0 到 250℃时的 0.75 不等。不同制造商对可靠性系数的修正方案也不尽相同，但相关修正方案最终都提高了可靠性，例如，99.95% 的修正可靠性系数提高到了 0.077。

3. 传感器

位置传感器和电流传感器的可靠性对驱动器的健康状况和运行至关重要。Bazzi 等（2012）研究了操作条件的影响，并在表 3.4 中给出了速度编码器常数（SEC）、增益（SEG）、遗漏（无信号，SEO），以及电流传感器常数（CSC）、偏置（CSB）、增益（CSG）、遗漏（CSO）的失效率说明。

表 3.4　传感器失效率说明（Bazzi 等，2012）

失　效　率	失效/h	失　效　率	失效/h
λ_{SEO}	7.4×10^{-7}	λ_{CSC}	1.0×10^{-7}
λ_{SEG}	1.9×10^{-7}	λ_{OC}	5.0×10^{-7}
λ_{SEC}	1.9×10^{-7}	λ_{SCG}	5.0×10^{-7}
λ_{CSO}	1.0×10^{-7}	λ_{SCDC}	5.0×10^{-7}
λ_{CSG}	1.0×10^{-7}	λ_{PP}	3.2×10^{-6}
λ_{CSB}	1.0×10^{-7}	λ_{BR}	3.2×10^{-6}

4. 绝缘

绝缘决定了电机的可靠性。绝缘的失效模式和可靠性一直是实验室和现场扩大研究范围的课题。

绝缘失效引起的绕组短路是电机及驱动器系统主要故障发生的最常见原因。绝缘可靠性是驱动器可靠性的主要决定因素。人们已对绝缘的失效机制和因素进行了广泛研究，并建立了模型。

Giangrande 等（2020）讨论了电机绝缘系统的可靠性。可变负载应用的绝缘寿命特别值得注意。可变负载电机（EM）主要用于安全关键系统，如航空 EMAs 和汽车牵引驱动器。然而，其绝缘寿命预测要比连续工作电机的寿命预测复杂得多。因此，结合阿伦尼乌斯定律、热老化效应和累积损伤定律（如 Miner's 定律），可以得出适当的使用寿命建模方法。考虑到一般时变温度分布 $\theta(t)$，其持续时间用 Δt_{cycle} 表示（循环周期），在特定韦布尔累积分布函数百分位上发生的单个周期（单个温度分布）中，绝缘寿命损失计算公式为

$$LF_{cycle-B\rho} = \int_0^{\Delta t_{cycle}} \frac{1}{L_{B\rho}[\theta_i(t)]} dt \qquad (3.26)$$

式中，$LF_{cycle-B\rho}$ 为每个周期的绝缘寿命损失；$L_{B\rho}[\theta_i(t)]$ 是在恒温 $\theta_i(t)$ 下的绝缘寿命；dt 是温度曲线的无穷小区间，在此区间内假定温度为常数。

因此，当累计寿命损失一致时，匝间绝缘会发生击穿。考虑受热循环影响的绝缘，其总寿命 L_{tot} 可表示为

$$L_{tot} = K_{B\rho} \cdot \Delta t_{cycle} \qquad (3.27)$$

研究人员已对此进行了讨论，Huang 等（2016a）还提供了试验结果和详情。

Penrose（2014）提出了更复杂的可靠性估计，在使用寿命估计中增加了许多属性，包括基于绕组绝缘系统（E_2）初始电气耐久性的附加应力、研究期间施加的电压（E_1）和施加在绕组上的电压（E_0），即

$$L_{TE} = L \times e^{-B \times cT} \times \left(\frac{E_0}{E_1}\right)^{-\left(\frac{\log(E_1) \times cT}{\log(E_2)}\right)} \qquad (3.28)$$

在低温下因温度迅速升高至接近工作温度而引起的热冲击，会引起绝缘系统退化，即

$$L_{TS} = \frac{T_{TI} - T_{SH}}{T_{TI}} \times L_{TE} \qquad (3.29)$$

式中，L_{TS} 是通常在 10℃ 以下热冲击（T_{SH}）范围内的系统预期寿命，T_{TI} 则是记录的严重热冲击试验平均寿命的对数值。

振动是另一种对绝缘有显著影响的应力源。已确定剧烈振动是系统在运行期间应观察到的最大瞬时冲击或连续冲击。

$$L_{TV} = \frac{T_{VI} - T_{VS}}{T_{VI}} \times L_{TS} \qquad (3.30)$$

式中，L_{TV} 是剧烈振动（T_{VS}）范围内的系统预期寿命，T_{VI} 则是记录的剧烈振动试验平均寿命的对数值。

快速开关逆变器的操作会加剧局部放电，并导致使用寿命进一步损失。Seri 和 Montanari（2020）在一系列文章中深入探讨了这一问题。他们注意到，如果超过局部放电的起始电压，则基于电场的老化机制会发生根本变化。这反映了退化过程的使用寿命较短、激活自由能较低。绝缘寿命的预测可建模为

$$L \propto \left(\frac{KT}{h}\right) e^{\frac{\Delta G - f(E)}{KT}} \qquad (3.31)$$

式中，K 和 h 分别为玻尔兹曼常数和普朗克常数，ΔG 是激活自由能，$f(E)$ 是电场强度的函数。

大多数绝缘系统设计基于反向功率模型，通常会增加与电源电压频率相关的项，即

$$L = t_0 \left(\frac{E}{E_{S0}} \right)^{-\frac{1}{n}} \frac{f_0}{f} \qquad (3.32)$$

式中，f_0 是参考电力频率，参数 n、E 和 t_0 取决于温度和局部放电的存在情况，E_{S0} 是对应使用寿命 t_0 的参照电场强度。

3.4　子系统和系统的可靠性

安全评估过程旨在确定所有导致危险情况的失效，并证明其概率足够低。在安全关键系统的应用领域，安全标准（如 IEC 61508）可用来定义安全保证过程。

可靠性框图（Reliability Block Diagram，RBD）说明了系统组件之间的逻辑连接（O'Connor 和 Kleyner，2011；见图 3.2）。可靠性框图与系统功能布局的原理框图不一定相同。涉及复杂交互的系统，可能极难形成可靠性框图；而构成系统失效的定义不同，可能需要不同的可靠性框图。可靠性框图分析包括将整体可靠性框图简化成一个简单的系统，然后使用串联和并联的公式进行分析。另外，有必要假设电路块可靠性具有独立性。

复杂可靠性框图可采用割集或连接集的方法进行分析。割集通过在系统框图中画线，来表示可能导致系统失效的故障电路块的最小数量。连接集（或路径集）通过在框图中画线形成，如果所有组件都工作，那么系统就可以工作。

故障树分析（Fault Tree Analysis，FTA）是一种常用的自上向下的推理方法，常用于识别失效模式、原因，以及其对系统安全的影响。有了组件故障树（CFT），就有了一个基于组件的故障树分析模型和方法，其支持模块化和组成安全的分析策略，参见 Zeller 和 Montrone（2018）的研究。如图 3.6 所示为典型的故障树。

典型的故障树分析显示了所有组件的失效模式。对于一个大型系统，如飞行控制系统或化工加工装置，人工绘制故障树和评估故障可能非常复杂，是不切实际的。计算机程序可用于生成故障树及评估故障。这些工具执行割集分析，并创建故障树。

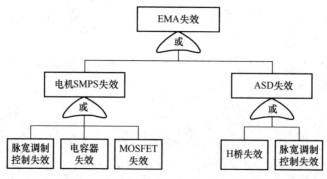

图 3.6　典型的故障树（Kim 等，2014）

在使用故障树方法时，通常无法表示事件的时间序列，或者取决于状态的行为。但是，这对越来越多由软件组件控制的现代复杂系统尤其必要。

与此相反的是，马尔可夫链（Markov Chains，MCs）是一种基于状态的分析技术，其能够对具有时间特征或基于状态的行为（如容错能力）的系统进行安全性、可靠性分析。但在工业实践中，在建模大型系统时模型尺寸会出现指数级爆炸，因此使用马尔可夫链来分析系统会受到限制。

故障覆盖率能够很容易地被纳入马尔可夫可靠性模型，如 Bazzi 等（2012）的讨论，其为不同运行条件下的系统动态行为和系统可靠性之间提供了关联。在这个方面，组件故障触发转移后可能出现两种结果。在马尔可夫可靠性模型中，这种情况通过向两种不同运行状态转移反映出来：一种是系统仍在运行，另一种是系统故障。转移到运行状态的速率由特定组件失效率和故障覆盖率 c 的乘积给出。类似地，转移到故障状态的速率由组件失效率和 $1 - c$ 的乘积给出。

马尔可夫可靠性模型是一种得出驱动器动态转移概率的简便工具，其中，转移矩阵 $\boldsymbol{\Phi}$ 使用如式（3.33）所示的转移率填充。其中，此类转移概率用于求 $R(t)$ 和平均失效前时间。在如图 3.7 所示的马尔可夫可靠性模型中，修理率 μ_1 和 μ_2 表示如何构建 $\boldsymbol{\Phi}$ 的实例。在 3 种状态，即 i、j_1 和 j_2 下，得出的 $\boldsymbol{\Phi}$ 为

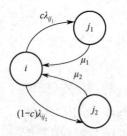

图 3.7　表示故障覆盖率的马尔可夫可靠性模型的一部分（Bazzi 等，2012）

$$\boldsymbol{\Phi} = \begin{bmatrix} -c\lambda_{ij_1} - (1-c)\lambda_{ij_2} & c\lambda_{ij_1} & (1-c)\lambda_{ij_2} \\ \mu_1 & -\mu_1 & 0 \\ \mu_2 & 0 & -\mu_2 \end{bmatrix} \qquad (3.33)$$

在可靠性建模的背景下，与马尔可夫可靠性模型相关的状态转移图描述

了系统状态（故障或运行）在一个独特的组件故障序列后形成的每个系统配置。边缘表示由组件故障（或修复过程）触发的配置之间的转移。节点有两种类型：吸收节点和非吸收节点。当系统处于非吸收节点时，系统将完成其功能。当系统转移到吸收节点时，其将无法交付计划的功能。当随机故障发生时，系统会从一种状态转移到另一种状态。转移率即故障发生时的组件失效率。系统返回到之前的状态称为恢复，其有一个与之相关的恢复速率。

可使用 Chapman-Kolmogorov 方程描述在给定时间处于给定状态的概率 $\boldsymbol{P}$：

$$\dot{\boldsymbol{P}}^{\mathrm{T}}(t)=\frac{\mathrm{d}\boldsymbol{P}^{\mathrm{T}}(t)}{\mathrm{d}t}=\boldsymbol{\Phi}^{\mathrm{T}}\boldsymbol{P}^{\mathrm{T}}(t) \tag{3.34}$$

解出微分方程可以得出从一种状态转移到另一种状态的概率，其是时间的函数。其解为

$$\boldsymbol{P}^{\mathrm{T}}(t)=\mathrm{e}^{\boldsymbol{\Phi}^{\mathrm{T}}(t)}\boldsymbol{P}^{\mathrm{T}}(0) \tag{3.35}$$

其中，$\boldsymbol{P}^{\mathrm{T}}(0)=1$，在其他情况下 $\boldsymbol{P}^{\mathrm{T}}(t)$ 是一个 $(m+1)\times1$ 维向量。

在可靠性分析的情况下，通过计算系统在给定时间处于任何非吸收状态的概率来量化系统的可靠性。这可以通过添加与非吸收状态相关的 $\boldsymbol{P}^{\mathrm{T}}(t)$ 项来实现。

正如已讨论的情况，在第一个层面，从组件的可靠性可以计算得出系统的可靠性，但存在一些问题。除包括任务剖面及由于操作特性和需求、环境而变化的操作条件外，基于真实、错误识别的或预测故障的拓扑和控制的显著变化，也会修改单个组件的工作剖面。

Kim 等（2014）讨论了故障树流程与贝叶斯网络（Baysian Network，BN）的关系。与基于树形图的故障树的结构不同，贝叶斯网络是一种有向非环图（Directed Acyclic Graph，DAG），用于表示在不确定性条件下的联合分布和推理情况。

不确定性推理是指对具有不确定性的数据进行表示和推论的能力。在具体实践中，收集的数据可能包括噪声、错误甚至缺失值。此外，专家提供的知识有时可能有歧义，或者没有关于信息的猜测。注意，本节的不确定性是系统各要素可靠性和失效关系的随机性。系统各要素可靠性是随机变量，用于量化其主观理念。失效关系使用条件概率表示，以提供更通用、更可行的表示方式。不确定性会影响可靠性估计的准确性和精度。可靠性估计的高精度是指可靠性的估计值与实际值相差很小或没有偏差。可靠性估计的精度高表示估计的可靠性方差小。

虽然在故障树中每个基本失效事件均与一个概率相关,但其由逻辑门确定,而不像贝叶斯网络采用贝叶斯推理方案那样的更新过程。在贝叶斯网络中,每个节点都会被分配一个具有一定概率分布的随机变量来描述特定事件。概率分布能完全捕捉到数据的不确定性信息。其中,从父节点直接到子节点的弧线表示因果关系。另外,对每对连接节点指定条件概率表(CPT)来量化依赖强度。CPT 在处理具有不确定性的逻辑关系时相当灵活。

3.5 寿命和可靠性预测

在商业市场上有几种常用的系统级可靠性预测工具,如 Windchill Quality Solutions(以前称为 Relex)、ITEM、PRISM、ReliaSoft、Isograph 等。用户能够使用这些工具分析现有数据以预测和预防故障。在教学和培训过程中,一些研究人员开发了相关工具来帮助学生完成课程及课堂作业,参见 Goel 和 Graves(2006)的文章。

但是,在实际应用中并不能保证预测的可靠性。根据所用假设和方法,实际可靠性与预测的可靠性可能相差很大。

另外,可靠性预测因为会妨碍新设计技术发展而备受苛责。Codier(1968)提出了关于可靠性预测模型的有效性,以及组件分配失效率的概念。毫无疑问,现场可靠性无法预测,并且任何一种不当操作都可能导致产品失效。Loll(1998)引入了可靠性预筹这个术语。他建议,项目经理应该使用可靠性预筹,而非可靠性预测,以便完成早期分析和测试的设计等相关内容。根据这一理论,通过在可靠性预筹中添加非恒定失效率,可以在分析中纳入损耗,这样就可以将可靠性预筹与系统的可靠性目标进行比较。他还讨论了可靠性预测如何妨碍进程,并认为可靠性预测只是一种自证预言。

与可靠性预测相比,寿命预测是一种确定性方法,参见 Hirschmann 等(2007)发表的相关资料。在某种程度上,寿命预测和可靠性预测的结果可比较,但须牢记这两种计算方法的基本原理本质上是不同的。寿命预测基于物理模型,并假设组件将承受一定压力然后发生故障。因此,所有相同的组件将在完全相同的时间发生故障。因此,系统中最薄弱的组件将决定整个系统的寿命。可靠性预测基于经验分析,而寿命预测试图构建说明破坏过程对寿命造成影响的公式。因此,寿命预测不能解释随机过程,可与失效物理学模型相媲美。下文将解释两种确定寿命的方法,参见 Hirschmann 等(2007)的相关研究。

3.5.1　基于 Coffin-Manson 的分析

在许多应用中都会使用及改进 Coffin-Manson 关系。由于所有材料都会因温度循环膨胀、收缩，因此改进的 Coffin-Manson 关系也用于预测半导体承受温度循环的能力。其中一个公式为

$$N = 10^7 \times e^{(-0.05\Delta T)} \qquad (3.36)$$

式中，ΔT 为结温变化，N 为晶体管可承受的温度循环次数。注意，式（3.36）中仅考虑了温度循环。有研究结果显示，绝对组件的温度循环次数似乎对预测寿命没有任何影响。

由于在寿命预测或可靠性预测中不考虑温度循环次数 N，因此式（3.36）必须进行转换。如果一个组件可承受 N 次温度循环，则可合理认为，在每次温度循环中，上述设备的一部分，即 $1/N$ 会被损坏。因此，该设备将部分损坏。如果把所有温度循环的分数相加，则可将这个值解释为定义是 $1 - R(t)$ 的失效概率 $F(t)$。如果这个值达到 1，组件就会发生故障。这个值可用来确定组件标称工作的驾驶循环次数。

3.5.2　阿伦尼乌斯方程

通常而言，可通过提高系统温度加速化学反应。使用阿伦尼乌斯方程可以定量描述系统温度与反应速率之间的关系。对于化学反应而言，例如，有机薄膜电容器的老化通过升高其温度而加速，电解电容器尤其如此。在已使用电容器的数据表中，寿命计算公式为

$$L = L_0 \left[\frac{E}{E_0} \right]^{-(n-bT)} e^{-BT} \qquad (3.37)$$

式中，E_0 是低于可忽略电老化的电应力；E 是考虑电老化的电应力；L 是温度 Θ 下的待估计寿命；L_0 是温度 Θ_0 下的电容器基础寿命；$T = (1/\Theta_0 - 1/\Theta)$；$n$、$b$、$B$ 是模型参数。

如式（3.37）所示的方程被称为阿伦尼乌斯定律，其已被应用于铝电解电容器。

Goel 和 Graves（2006）讨论了可靠性设计方面的内容。在设计阶段，系统设计人员需要了解可靠性信息，以确定初期成本、维护成本和系统总成本，以及系统级的可靠性和可用性。许多机构选择从一开始就将可靠性考虑因素集成到产品设计过程中，以满足对其产品的相关需求。可靠性模型提供了功能之间相互依赖性的清晰图像，并为开展定量的系统级可靠性评估提供

了框架，从而指导设计平衡过程。

可靠性过程设计的一个重要元素在于可靠性预测，其可实现某种形式的产品失效率预测。系统级预测提供了一种评估设计方案可靠性的定量方法。

因此，可靠性预测的功能包括：①提供可靠性的定量预测；②协助实现满足终端用户可靠性要求的设计和制造过程；③比较竞争性的设计；④识别可能的可靠性问题，如设计不平衡、不可靠性的来源等；⑤协助可行性评估，以确定是否可以达到设计的可靠性目标；⑥预测维修成本和维护支持需求；⑦评估潜在的维修风险，并为安全分析提供支撑。

可靠性预测准确、及时是结构合理的可靠性计划的重要组成部分。如果实施得当，人们就能够深入了解可靠性系统的设计和维护。许多研究人员强调，可靠性不能是事后才有的想法，必须从设计阶段开始就将可靠性作为一个目标，贯穿整个项目的持续活动来实现，并根据收集的越来越多的设计、测试和评估可用数据，定期更新可靠性预测情况。

对于串联系统（无冗余系统），可靠性预测方法有以下假设：①如果组件故障则系统会故障；②通过将各个组件的失效率相加可以计算系统的失效率；③在组件级，失效率预测方法假设在系统的使用寿命期内各组件的失效率恒定。

一些研究人员研究了不依赖上述假设的新的可靠性预测方法，并通过比较可靠性预测值与测试结果和/或现场失效数据，证明了相关方法的有效性。

3.6 故障管理和缓解

尽管之前已有讨论，但在故障管理和缓解方面，将故障与可靠性相关的适当操作联系起来比较有用。

修理至"几乎全新"或者更次级的状态不失为一种选择，但不是最佳方法，至少在可靠性方面并非最佳。当与任务剖面相关联时，这可能还不够充分，尤其是当无法中断运行进行维修或维修费用过高时。下文将讨论失效估计对维护调度的影响。运行中断进行维修的替代方案是，在现有或修改任务剖面下继续操作、改变控制器，以及利用部分或全部物理冗余。决定故障缓解措施的重要因素是：①激活冗余子系统、组件或替代控制器所需的时间；②故障缓解后增加的组件和子系统负载、修改的任务剖面及由此形成的系统的可靠性；③诊断的准确性和促成修护的预测。

当涉及驱动器中的电力电子设备时，故障的主要原因，以及因此必须首先考虑的故障缓解措施可能有以下选项。

（1）在最简单的情况下，两电平逆变器供电的三相电机，其中一个开关会因门驱动器故障而失效。类似地，打开一个绕组会迫使操作只有两相。尽管控制算法必须有这样的选项，但操作可以继续。基于此，产生的额定功率将降低，电力电子设备的负载将增加（假设在相同的转矩下运行），并可能导致转矩脉动。当一个零点永久连接到直流电源中点时，可采用一种不同的算法（Kersten 等，2019；Eickhoff 等，2018）。在一小部分的电源周期内，故障的检测可以非常迅速，正如变换到一种新的控制算法。

（2）Mirafzal（2014）对两电平逆变器和多电平逆变器的容错拓扑进行了大量回顾。激活逆变器的冗余第四桥臂和可能的额外三端双向可控硅开关，能够管理许多故障，如失相（PL）、开关开路（SOC）、桥臂开路（LOC）、开关短路（SSC）和桥臂短路（LSC）等。当使用分相母线电容器时，故障后的脉宽调制脉冲为 $[-V_{DC}/2, V_{DC}/2]$。另外，使用三端双向可控硅开关和熔断器的容错拓扑允许在所有此类故障下继续工作，但故障后输出电源电压会减小 $1/\sqrt{3}$。其他拓扑更简单，但无法缓解所有故障——如果某些故障发生概率较低，这可能也不是那么重要。

（3）如果是高温引起的早期故障，则其在大功率电子设备中可以检测到，其影响可以通过修改脉宽调制算法缓解，并降低开关损失，如 Song 和 Wang（2014）、Ugur 等（2019）的研究所述。

（4）可使用多电平逆变器，该操作可以缓解开路故障。

（5）多相绕组定子可以相对较少的相位运行，并具有减小的或消除的转矩脉动，开关和绕组电流的增大幅度也相对较小。

交流电机定子绕组短路会引起电流增大和发热问题，从而导致后续故障。这种问题在永磁交流电机（Permanent Magnet AC，PMAC）中更为明显。

永磁交流电机短路故障会迅速导致转矩减小和短路绕组温度升高，而失效会转移到相邻的槽位和相位。业界已大量讨论了永磁交流电机的匝间短路管理问题，如 Arumugam 等（2015）的研究所述。这在很大程度上取决于机器设计，在故障扩大前对其进行管理的可用时间非常短。业界重新探讨的故障缓解技术如下。

（1）一种用于永磁交流电机的技术，其中每个相位使用单独的 H 桥逆变器进行相位绕组电隔离，并在短路故障下进行控制。各故障相通过 H 桥转换开关短路。为限制短路相位中电流的大小，电机须设计超过 1.0pu 的电感。

（2）一种用于限制开槽、绕条、大型永磁交流电机短路（SC）的电流注入方法。注入电流必须与终端短路电流具有相同的相位角，并且其大小必须大于终端短路电流（完全相短路），同时远远小于单匝短路电流。然而，这种技术在半开槽的情况下无效，原因在于注入电流将大于单匝短路电流。

（3）更复杂的技术包括磁场绕组和磁分流器，这些技术既可能因复杂性的提高而影响可靠性，又可能通过限制磁通提高可靠性。业界提出了一种永磁交流电机的磁分流器。这种磁分流器位于磁极片和各磁通分流器的绕组之间；如此便产生了一个与供电电流成比例的磁通。通过定子绕组的磁通可以通过增大或减小磁分流器的磁通进行控制，进而控制通过磁分流器从磁体分流的磁通。在故障工况下，磁分流器周围的绕组去激励，因此很大一部分永磁交流电机磁通因磁分流器而短路。由于绕组在转子中，因此这种方法需要使用滑环或旋转二极管。

（4）带熔断器的定子绕组会限制短路电流，但也会增加成本，并使其更加复杂。

Diao 等（2013）提出了一种永磁同步电机（PMSM）驱动器的机械传感器和电流传感器故障检测和诊断方法。这种方法基于两个相互连接的观测器：扩展卡尔曼滤波器（Extended Kalman Filter，EKF）和模型参考适应系统（MRAS）观测器。扩展卡尔曼滤波器适用性最广泛，因此其被设计为在机械传感器故障和电流传感器故障的情况下估计故障位置。模型参考适应系统观测器根据实际故障位置和速度估计相电流。残差（测量值和估计值之间的差值）计算和排序允许故障隔离。

利用此类测量及定子电压测量，系统可以同时处理电流传感器和机械传感器故障。

在机械转子位置传感器故障的情况下，使用扩展卡尔曼滤波器估计值可以确保操作的连续性。对于电流传感器故障，采用平衡机原理，隔离故障相电流传感器，并从两个健康相电流传感器计算得出测量值。但是，当无法重构时，采取安全停止操作。

3.7　设计和制造

提高系统的可靠性可以迅速转化为提高组件的可靠性，因为组件会在系统中发挥作用，也可以解决级联故障和其他故障问题。为提高驱动器的可靠性，需要在驱动器的设计、组件选择、控制、操作、可能故障的诊断和预测、缓解措施的选择（包括冗余）等方面采取一系列措施。

为选择这些措施，驱动器设计人员须首先确定可能导致退化和故障的应力。这意味着在设计过程中必须考虑和纳入可能和预期的失效模式。在设计过程中，期望通过过度使用材料提高可靠性而过度设计组件，通常是错误的。除明显问题（成本、质量、损耗）外，过度设计可能会产生相反的效果，需要基于对失效历史的分析仔细设计。为了解这种设计，必须有可用的研究材料的相关软件。业界已有关于绕组绝缘材料如何在热、机械和电气应力下发生故障，占空比和温度对电力电子开关的影响，造成轴承电流的原因及其如何导致轴承退化，以及电池详细建模的研究。

在可靠性设计中，组件间的相互作用非常重要。例如，已注意到的逆变器特性（开关速度、电压步长及其对轴承退化、绝缘应力和老化的影响）。当机器和电力电子设备距离较近时，必须一同研究温度效应；而当机器和电力电子设备距离较远时，行波产生的过压将对绝缘造成压力。

在集成和组装前的中途和/或最后阶段增加组件测试至关重要，其中包括必须测试的材料（如磁铁、钢材）、绝缘（各种测试、电介质强度、局部放电）、电力电子设备、电容器和电池。

在设计阶段，可靠性分析的第二个层级是考虑出现失效时使用的额外冗余元件的影响，同时提供部分冗余。如前文所述，这可能包括多相电机的接零、额外的逆变器桥臂、额外的电池。尽管人们期望使用这些设备来缓解故障，但它们的存在有可能会降低总体可靠性。

基于这些基本原理，设计从选择可选拓扑开始，其中，可靠性是重中之重。拓扑包括如下方面。

（1）确保故障不会扩大的电机设计。典型的情况是在槽中隔离的单相绕组单线圈，其与其他相位（磁、电和热）绕组耦合极小。

（2）开槽设计的选择会影响短路电流的最终电感值。

（3）根据预期任务选择绕组绝缘，确保不会因老化造成过早退化。

（4）机器设计中的内部冗余包括：①大于三相；②连接到中性点，如此可以连接到直流中点，或者连接到另一个逆变器桥臂上；③各相端子完全独立，这样每个端子都可以连接到专用单相逆变器上。

（5）逆变器电源可以设计为标准的三相两平逆变器，其有第四桥臂、直流中点、多电平逆变器。

（6）冗余设计，包括：①附加熔断器或三端双向可控硅开关；②可以从多种替代品中选用多电平逆变器，参见 Mirafzal（2014）的示例。

（7）控制器可允许：①故障诊断和失效预测；②关于冗余、重构等的决定；③传感器失效下的操作；④重构拓扑的操作。

组件在正常任务和重构后的应力测试包括：

（1）绝缘（包括部分放电）和开关中的电气应力，包括重构后在全直流电压下运行；

（2）逆变器和电机的热应力；

（3）轴承上的应力。

3.8 应用和工况研究

虽然许多研究没有直接解决驱动器的可靠性问题，但通过自适应参数估计，以及利用退化和失效机制解决了组件的可靠性问题。

Si（2015）认识到退化过程具有线性路径，或者可通过对数、时域变换线性化，来限制这些预测方法在几种复杂情况下的应用。锂离子电池便是一个例子，它包含 3 种不同的工作特性（充电、放电和阻抗）。这些环境/运行条件会影响系统的退化过程，导致系统退化率的变化，即导致系统非线性的随机退化。

在预测和健康管理（PHM）领域应用时，有必要导出显式的剩余使用寿命的概率密度函数，以为后续维护调度提供实时剩余使用寿命估计。研究人员提出了一种剩余使用寿命估计的自适应非线性预测模型，其中，退化过程的动力学和非线性采用时变漂移系数模拟。这种退化模型可覆盖传统的线性模型。为根据观测历史数据进行剩余使用寿命估计，应构建状态空间模型，并将漂移函数中的一个参数作为隐藏状态变量，以使用贝叶斯网络进行更新；使用显式导出剩余使用寿命的概率密度函数，而一些常用的基于线性模型的方法可作为所提出模型的特例。此外，利用期望最大化（EM）算法结合卡尔曼滤波器，同时重复更新状态空间模型中的漂移参数和其他参数。另外，通过数值模拟和锂离子电池数据验证了这种方法的有效性。

研究人员使用了退化模型，并将剩余使用寿命定义为退化首先达到预先设定阈值的时间。其本质在于通过观测历史数据来估计电池参数，并使其适应观测历史数据。

在更明确地谈及可靠性时，Wang 等（2014）将可靠性预测（不基于恒定的失效率 λ）作为量化剩余使用寿命、失效级别，以及基于各种数据源和剩余使用寿命预测模型设计耐用性的重要工具。

图 3.8 是一个基于失效物理学方法的通用系统可靠性预测工具箱案例。工具箱包括用于单个组件和整个系统可靠性预测的统计模型和剩余使用寿命预测模型，以及各种可用数据来源（如制造商测试数据、仿真数据和现场数据等）。

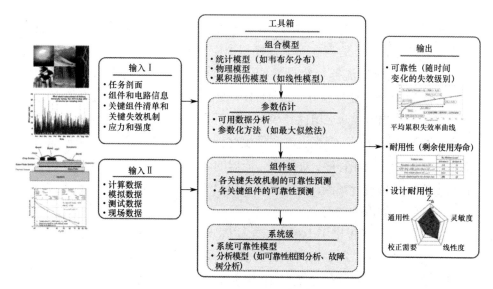

图 3.8 电力电子系统可靠性预测工具箱（Wang 等，2014）

由于不是所有应力源的影响都相同，因此有必要分析可能导致组件不能运转的最关键应力源。根据积累的行业经验和未来的研究需要，表 3.5 给出了电力电子系统中不同组件的临界应力源。注意到，平均温度、温度波动、湿度、电压和振动对半导体器件、电容器、电感和低功率控制板的影响程度不同。

表 3.5 电力电子系统中不同组件的临界应力源（Wang 等，2014）

载　　荷			焦　　点								
气候 + 设计≥应力源			有源功率组件			无源功率组件		控制回路、集成电路、印制电路板、连接器等			
环境	产品设计	应力源	模具	LASJ	引线键合	Cap.	Ind.	焊点	MLCC	IC	PCB	连接器
·相对湿度 RH(t) ·温度 T(t)	·热系统 ·操作点 ·开/关 ·功率 P(t)	温度波动 ΔT	1	1	1			1				
		平均温度 T	2	2	3	2		3	3	4	4	4
		dT/dt	4	4	4	4						
		水								1	1	1
		相对湿度	4	4	4	3	4	4	4	2	2	4
污染	密封性	污染						4			4	
整体	电路	电压	4	4	4	2	3	4	4	4	4	4
Cosmic	电路	电压	4									
安装	机械	轴承座/振动	4			4	4	4	4			4

注：LASJ—大面积焊点，MLCC—多层陶瓷电容器，IC—集成电路，PCB—印制电路板，Cap.—电容器，Ind.—电感器。

重要程度（由高到低）：1>2>3>4。

　　基于与热循环和电压应力相关的关键失效机制，研究人员提出了两种绝缘栅双极晶体管和电容器在功率变换器中应用的案例。

　　2.3MW 风电变流器绝缘栅双极晶体管模块剩余使用寿命预测已有研究，并应用于两电平背靠背（2L-BTB）变流器。两电平背靠背拓扑的技术优势在于结构相对简单、组件较少，有助于实现成熟的耐久性和较高的可靠性。通过风廓线分析、管壳温度和结温估计、温度循环计数及剩余使用寿命模型参数估计的预测程序，对网侧变流器的两种备选绝缘栅双极晶体管模块的剩余使用寿命进行预测。剩余使用寿命预测基于与热循环相关的 3 种关键失效机制涉及的每种情况。

　　Xu 等（2016）提出了十相容错永磁同步电机（FTPMSM）的设计原理。其中，同轴安装两个定子和两个转子。在可靠性分析的基础上，可将容错永磁同步电机的每段看作一个 8 极/10 槽永磁同步电机，其中采用了集中绕组、单层绕组、备选绕齿绕组。

　　首先，分析系统的故障模式；然后，采用马尔可夫链计算相位故障的可靠性，并采用可靠性预测方法计算故障模式的可靠性；最后，建立用于可靠性分析计划的容错永磁同步电机系统可靠性预测模型。

　　研究确定可能有 5 种故障模式：①相绕组故障，包括短路故障和开路故障；②轴承故障；③H 桥逆变器故障，包括金属氧化物半导体场效应晶体管短路故障和金属氧化物半导体场效应晶体管开路故障；④微控制单元故障；⑤在使用旋转变压器的信号采集电路时，位置传感器故障。

　　对于马尔可夫状态空间 $E=\{S_0,\cdots,S_8\}$，马尔可夫状态转移图如图 3.9 所示。在图 3.9 中，λ_o 表示相位开路故障的失效率，λ_S 表示相位短路故障的失

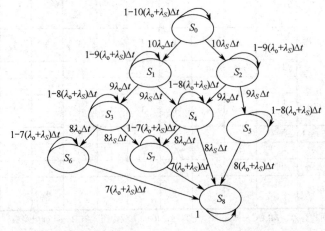

图 3.9　相位故障的马尔可夫状态转移图（Xu 等，2016）

效率，S_0 表示无任何相位故障的系统，S_1 表示单相开路故障下的系统，S_2 表示单相短路故障下的系统，S_3 表示双相开路故障下的系统，S_4 表示单相开路故障和单相短路故障下的系统，S_5 表示双相短路故障下的系统，S_6 表示三相开路故障下的系统，S_7 表示双相开路故障和单相短路故障下的系统，S_8 表示系统失效（系统无法在系统性能不下降的情况下连续运行）。

使用马尔可夫状态转移图和总概率公式，可用以下方程组表示相位故障的马尔可夫可靠性模型：λ_o 与相位绕组开路故障和 H 桥逆变器故障有关；λ_S 则是相位绕组短路故障的失效率，例如：

$$P_0(t+\Delta t)=P_0(t)\left[1-10(\lambda_o+\lambda_S)\Delta t\right]$$
$$\vdots$$
$$P_5(t+\Delta t)=9\lambda_S\Delta tP_2(t)+P_5(t)\left[1-8(\lambda_o+\lambda_S)\Delta t\right]$$
$$\vdots \qquad\qquad (3.38)$$
$$P_{10}(t+\Delta t)=7(\lambda_o+\lambda_S)\Delta tP_6(t)+7(\lambda_o+\lambda_S)\Delta tP_7(t)+$$
$$8\lambda_S\Delta tP_4(t)+8(\lambda_o+\lambda_S)\Delta tP_5(t)+P_8(t)$$

式中，$P_i(t)$ 和 $P_i(t+\Delta t)$ 表示系统在 S_i 状态下分别在时间 t 和时间 $t+\Delta t$ 的失效概率。

马尔可夫可靠性模型的微分形式可表示为

$$P_0'(t)=-10(\lambda_o+\lambda_S)P(t)$$
$$\vdots$$
$$P_5'(t)=9\lambda_SP_2(t)-8(\lambda_o+\lambda_S)P_5(t)$$
$$\vdots \qquad\qquad (3.39)$$
$$P_{10}'(t)=7(\lambda_o+\lambda_S)P_6(t)+7(\lambda_o+\lambda_S)P_7(t)+$$
$$8\lambda_SP_4(t)+8(\lambda_o+\lambda_S)P_5(t)$$

按照这种系统方法，考虑所有以前发现的错误，相位故障中的可靠性 $R_p(t)$ 可以表示为

$$R_p(t)=\sum_{i=0}^{7}P_i(t) \qquad\qquad (3.40)$$

其中

$$\vdots$$
$$P_5(t)=\frac{45\lambda_S}{(\lambda_o+\lambda_S)^2}\left[\mathrm{e}^{-8(\lambda_o+\lambda_S)t}-2\mathrm{e}^{-9(\lambda_o+\lambda_S)t}+\mathrm{e}^{-10(\lambda_o+\lambda_S)t}\right] \qquad (3.41)$$
$$\vdots$$

在 Strangas 等（2013）的研究中，作者假设第一个故障不是立即灾难性

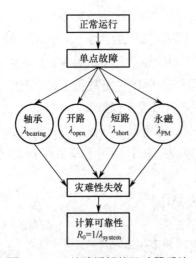

图 3.10　无故障缓解的驱动器系统的失效率（Strangas 等，2013）

故障，而是可缓解的故障，因此对永磁交流电机中数量有限的故障采用了类似的方法。这包括故障缓解的影响和系统生存操作的后续更改。结合组件可靠性、故障诊断和预测，以及故障缓解前后系统组件的可靠性，得出完整系统的可靠性，其中包括内部冗余和故障缓解后负载的影响。图 3.10 和图 3.11 表示在两种工况下的马尔可夫链，即无故障缓解和有故障缓减的工况，因为其可能会导致最终失效，研究人员据此估计了在这两种情况下设计系统的可靠性。

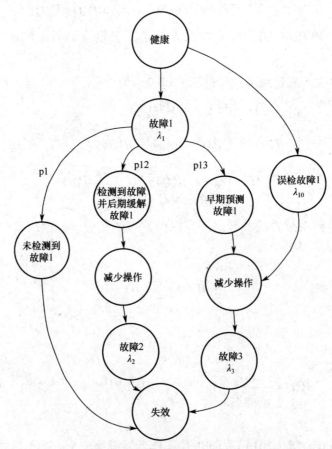

图 3.11　有故障缓解系统的失效路径（Strangas 等，2013）

在 Molaei 等（2006）的研究中，作者从组件模型出发，结合组件模型得出电路块的可靠性特征，并应用到一个完整的模型中。在计算逆变器和整流器的可靠性时，研究人员纳入了更换时间，即

$$\lambda = \frac{-\ln\left[\sum_{i=r}^{n}\binom{n}{i}P^{i}(1-P)^{n-i}\right]}{\mathrm{TM}} \tag{3.42}$$

$$P = \mathrm{e}^{-\lambda \cdot \mathrm{TM}} \tag{3.43}$$

式中，P^{i} 为各开关的可靠性；λ 为开关失效率；TM 为更换时间。

研究人员还纳入了驱动器的所有组件，包括：①变压器；②断路器；③进线和出线电缆；④进线滤波模块；⑤逆变器；⑥直流链路电抗；⑦直流链路电容器；⑧输出滤波器；⑨电机；⑩控制回路；⑪冷却系统。

为确定计算整个系统可靠性的马尔可夫可靠性模型，将等效组件与控制回路模型结合，即

$$\begin{aligned}
\lambda_S = \sum_{i=1}^{n}\lambda_i &= \lambda_{\text{circuit breaker}} + \lambda_{\text{transformer}} + \lambda_{\text{input cable}} + \\
&\quad \lambda_{\text{input filter}} + \lambda_{\text{rectifier}} + \lambda_{\text{inductor}} + \lambda_{\text{capacitor}} + \lambda_{\text{inverter}} + \\
&\quad \lambda_{\text{output filter}} + \lambda_{\text{output cable}} + \lambda_{\text{motor}} + \lambda_{\text{control circuit}}
\end{aligned} \tag{3.44}$$

$$r_S = \frac{1}{\mu_S} = \frac{\sum_{i=1}^{n}\lambda_i r_i}{\lambda_S} \tag{3.45}$$

除控制回路模型有 4 种状态外，每个组件都可能有两种状态，即上和下。每个组件分配到单值任务。四态控制回路与其他组件结合，并应用于带三相变压器、两电平整流器、三电平电压源型逆变器和感应电机的驱动器。在两级控制和四级控制的情况下，研究人员计算了系统可靠性随时间的变化。

Bazzi 等（2012）提出了不同于一般可靠性建模程序的框架，具体如 Rausand 和 Hoyland（2004）的研究所示。这种框架考虑了电机驱动器的操作和可靠性，包括不同组件驱动器性能要求的故障模式，便于电力电子和驱动器领域的设计人员和研究人员遵循。

这种可靠性模型结合了几种可靠性概念，如马尔可夫可靠性建模，以及与整个系统的动态模型相结合的故障覆盖率，从而使组件故障的影响与整个系统的动态性能结合。所研究的故障覆盖大功率电子设备、电机和传感器，而所提出的框架确保了在组件级进行更详细可靠性评估的灵活性。

系统由 IFOC（Indirect Field Oriented Control，间接磁场定向控制）下的

感应电机驱动器组成，需要测量三相电流和速度，并配备两个用于控制转矩、速度和转子磁通的输入。故障可能发生在 6 个子系统或组件中，即感应电机、逆变器、电流传感器、速度编码器、控制和估计平台、连接器和电线，如图 3.12 所示。

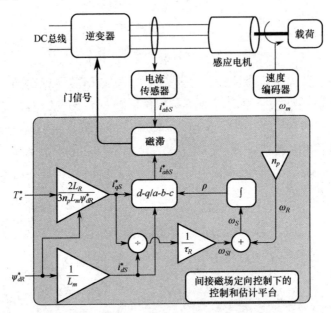

图 3.12　间接磁场定向控制下的感应电机驱动器（Bazzi 等，2012）

假设与系统的其他部分相比，控制和估计平台、连接器和电线的失效率极低。由于控制和估计平台通常是非常可靠的微控制器、数字信号处理机或现场可编程门阵列（FPGA），并且不涉及高电流、高电压或机械运动，因此这种假设具有一定的合理性。如果合理选择组件、正确安装，则连接器和电线是静态的，并且失效率极低，除非是在高振动或腐蚀性环境中。

虽然在故障分析时不考虑组件冗余，但考虑了大功率电子设备故障和电流传感器故障。系统性能指标是确定系统是否合格的关键。每次故障发生后，根据系统性能指标评估系统是否合格。

这些指标可以是功能性指标，如状态超调或稳定时间，也可以是非功能性指标，如总能量消耗或成本。在电机驱动器中，此类指标应考虑操作人员的安全，如电动汽车中乘客的安全，以及电机驱动器自身的安全。因此，如果性能指标在预定范围内，则系统性能令人满意；否则，系统故障。在间接磁场定向控制电机驱动器中，性能指标包括电机速度和转矩、定子电流峰值及所有这些指标的稳定时间。预定指标的范围根据所需操作的限制进行设置。

　　基于故障注入结果和性能分析结果，系统在第一次或第二次故障后会生存或失效。为限制性能分析的复杂性，假设系统在第三次故障后处于失效状态。在与图 3.7 类似的流程中，建立了系统的马尔可夫可靠性模型，但未考虑恢复情况。该模型包括 52 种状态：1 种初始状态、"故障 1"后的 7 种生存状态、"故障 1"后的 1 种故障状态（包含 5 个失效状态）、"故障 2"后的 35 种生存状态（包括仅针对某些输入生存的状态）、"故障 1"下每次生存后出现的 7 种故障状态及第 3 次故障后的 1 种故障状态。为求解转移概率及吸收状态的行和列，在这种情况下，从转移矩阵 $\boldsymbol{\Phi}$ 中消去了 9 种失效状态。因为在马尔可夫状态转移图中并非所有的状态均已有关联，所以 $\boldsymbol{\Phi}$ 是一个稀疏矩阵。

　　电机驱动器系统的可靠性建模步骤简单。第一步是确定基本的系统组件或子系统。这两者都是经常会发生故障并影响系统运行的元素。整个系统之后是否会发生故障也是观察的一部分。确定这些组件或子系统后，就可以分析可能出现的故障模式，如绝缘栅双极晶体管–二极管模块的开路或短路故障。故障模式可扩展为一个很长的列表，但应考虑基本故障或常见故障。电机驱动器将在特定的条件下运行，并具备所需的性能特征。使用这些条件和操作特征设置性能边界。例如，电动汽车的踏板应将电机轴的转矩限制在一定范围内，一旦超出这个限制范围，就可能超速或突然刹车。

　　一旦设置了性能边界，就可以使用测试平台来研究故障对驱动器的影响。将故障逐一注入系统，并检测和记录关键变量。一个故障发生之后可能会发生另一个故障，因此，"故障联锁"将导致多个故障级。设系统中有 N 个易受损组件，每个组件有 K 个故障，则结果为 KN 个故障组合。因此，随着组件的数量增加，故障组合成指数级增长。

　　在注入第一个级别的故障并记录关键变量之后，将这些变量与性能边界进行比较。如果任何变量超过其允许的性能边界，则认为系统处于失效状态；否则，系统生存了下来。如果系统生存，则在第一个级别的故障之后注入另一个级别的故障，并重复分析。这里考虑了两个故障级别，其余被截取为失效状态，可估计截取值与实际故障级别之间的误差。更改一个或多个输入值，并重复故障注入及评估分析可获得驱动器的故障覆盖率。一旦分析了所有故障组合，并得出了故障覆盖率，就可以建立马尔可夫可靠性模型或绘制与之相关的状态转移图。

　　Hirschmann 等（2007）采用连续检测方法确定混合动力汽车中电力电子装置的平均失效前时间。其分析基于剩余使用寿命预测，并比较了不同预测工具。法国 UTE（Union Technical de l'Électricité）协会已于 2000 年 7 月 3 日采用 RDF 2000 失效率目录。该失效率目录在起草时设定了几种假设：大多数电子组件从不会出现失效这一阶段，故忽略了损耗期；而另一些电子组件的损耗期不久之后就会出现，因此必须确定这些电子组件的正常使用寿命。此外，由于早期使用故障是由一系列与制造公差和工艺不确定性（初始阶段）的相关因素引起的，因此也忽略了这个阶段的故障。该类故障可在后续改良设计和生产过程，以及早期故障测试中消除。

该失效率目录包含了绝缘栅双极晶体管的相关数据，也包括了温度循环引起的老化效应。温度循环的影响根据典型的使用年限计算，但必须转换为基于负载循环的计算结果。和 MIL-HDBK-217F 不同，RDF 2000 失效率目录中的失效率 λ_p 是部分失效率的总和，其计算方法与 MIL-HDBK-217F 中的失效率 λ_p 类似。

如前文所述，相较于可靠性预测，剩余使用寿命预测是一种确定性方法。两种预测方法基于不同原理。

（1）剩余使用寿命预测基于物理模型，并假设组件将在承受一定压力之后发生故障，试图形成描述破坏过程对剩余使用寿命影响的公式。

（2）可靠性预测基于实证分析。

研究人员分析了如果结温 ΔT 变化，晶体管可承受的温度循环次数 N 受 Coffin-Manson 经验关系的影响。结果显示，似乎绝对组件温度对剩余使用寿命预测没有任何影响。

研究人员之后基于对温度循环的检测进行分析，其中使用了一个驾驶循环，如 FTP-72。他们开发了一个可以模拟整个驾驶循环内组件温度的程序。该程序分为 4 个功能模块：HEV 和电机模型、损耗计算、热模拟、可靠性预测（见图 3.13）。基于图 3.13，考虑休眠循环、忽略结温的微小变化，模拟组件温度并确定局部极值，结果如图 3.14 所示。

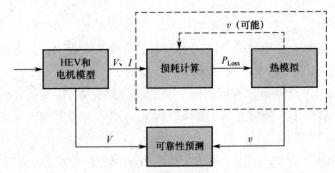

图 3.13　驾驶循环内组件温度模拟工具的基本结构框图

（Hirschmann 等，2007）

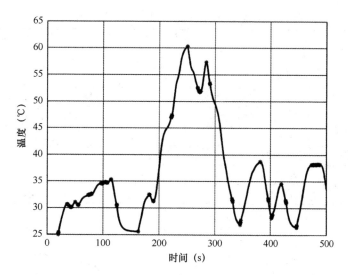

图 3.14　温度曲线均检测到极值（Hirschmann 等，2007）

不同老化程序下金属化膜电容器的可靠性评估结果如表 3.6 所示。因为不同方法得到的平均失效前时间差异很大，不同方法中最不可靠的组件也不同，所以结果并不够清晰明了。该结果再次表明，失效率目录中未形成复杂任务剖面的可靠性预测，而剩余使用寿命预测定律（Coffin-Manson 和阿伦尼乌斯方程）需要可靠的测量数据。

表 3.6　不同老化程度下金属化膜电容器的可靠性评估（Hirschmann 等，2007）

平均失效前时间 （单位：h）	绝缘栅双极 晶体管	二　极　管	电　容　器	系　　统
MIL-HDBK-217F	360000	11360000	3440000	56259
RDF 2000	43291	43233	17450000	36037
Coffin-Manson 和 阿伦尼乌斯方程	34819	610000	14022	14022

El Murr 等（2015）使用马尔可夫链建模技术，评估了一些有代表性的容错永磁交流电机驱动器的平均失效前时间，包括双变流器开式绕组驱动器和双电机驱动器，其中，负载通过机械传动耦合到两个电机中。

El Murr 等从如表 3.7 所示的驱动器组件失效率开始，继续构建单电机、双变流器驱动器的马尔可夫可靠性模型相关状态转移图（见图 3.15），以及相应的 Chapman-Kolmogorov 方程。

表 3.7　驱动器组件失效率（El Murr 等，2015）

组　件	缩　写	失效率（h）
速度编码器	SE	10.2×10^{-7}
电流传感器	CS	2×10^{-7}
绝缘栅双极晶体管 + 正常闸极驱动器	SW	2.5×10^{-7}
绝缘栅双极晶体管 + 受压闸极驱动器	SW（Str）	4.5×10^{-7}
正常电容器	Cap	2.5×10^{-7}
电容器（受压）	Cap（Str）	10×10^{-7}
绕组	Wdgs	3.2×10^{-7}
轴承	Brgs	6.4×10^{-7}

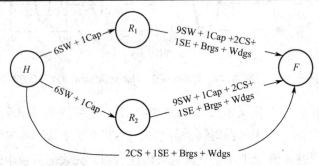

图 3.15　开式绕组双变流器驱动器的马尔可夫可靠性模型相关状态转移图（El Murr 等，2015）

考虑到健康（H）、失效（F）和两种修复状态，图 3.15 中描述马尔可夫可靠性模型相关状态转移图的状态方程为

$$\begin{bmatrix} \dot{H}(t) \\ \dot{R_1}(t) \\ \dot{R_2}(t) \\ \dot{F}(t) \end{bmatrix} = \begin{bmatrix} -\lambda_1-\lambda_2-\lambda_5 & 0 & 0 & 0 \\ \lambda_1 & -\lambda_3 & 0 & 0 \\ \lambda_2 & 0 & -\lambda_4 & 0 \\ \lambda_5 & \lambda_3 & \lambda_4 & 0 \end{bmatrix} \begin{bmatrix} H(t) \\ R_1(t) \\ R_2(t) \\ F(t) \end{bmatrix} \quad (3.46)$$

$$H(t) + R_1(t) + R_2(t) + F(t) = 1 \quad (3.47)$$

式中

$$\lambda_1 = \lambda_2 = 6\lambda_{SW} + \lambda_{Cap} \quad (3.48)$$

$$\lambda_3 = \lambda_4 = 9\lambda_{SW} + \lambda_{Cap} + 2\lambda_{CS} + \lambda_{SE} + \lambda_{Brgs} + 4\lambda_{Wdgs} \quad (3.49)$$

$$\lambda_5 = 2\lambda_{CS} + \lambda_{SE} + \lambda_{Brgs} + \lambda_{Wdgs} \quad (3.50)$$

驱动器的可靠性 $R(t)$ 由 3.4 节讨论的所有非吸收状态相加得出，即

$$R(t) = \sum (H(t), R_1(t), R_2(t)) \quad (3.51)$$

研究人员使用类似方式对双变流器驱动器进行了研究：由 3 个三相逆变器双电机驱动器供电的九相容错永磁交流电机驱动器，其中，三相逆变器双电机

驱动器可能修理，也可能不修理。另外，九相容错永磁交流电机驱动器配置了一个带两个电机的完全冗余系统，两个电机各配备了一个逆变器和一个控制器。

考虑到轴承可靠性在九相容错永磁交流电机驱动器和双电机驱动器中均至关重要，因此轴承状态检测可能可通过早期退化检测或早期故障检测，来提供一种可靠性预测的经济的方法。为评估轴承状态检测和维护对驱动器可靠性的影响，假设轴承在其半寿命期更换，并且更换时间表示为 μ。马尔可夫链建模具有随机特征，而从严格意义上来说，基于转移概率进行在线检测也是有效的，因此半寿命周期具有随机性。

引入表示轴承在完全失效前的半寿命期疲劳的轴承修复状态马尔可夫链，可以得出标准三相驱动器的马尔可夫可靠性模型相关状态转移图，如图 3.16 所示。由于失效率与寿命成反比，因此触发状态从 H（健康状态）到马尔可夫链（轴承修复状态，BM）的速率是轴承失效率的 2 倍，即 $2\lambda_{\text{bearing}}$。通过轴承检测和失效前更换，标准三相驱动器的可靠性提高 100%。九相驱动器也可以采用同样的方法。速度传感器故障仍会导致驱动器系统的直接失效，但驱动器系统的可靠性主要取决于速度传感器的失效率，而速度传感器故障率相对较小。当轴承维修和更换时，其可靠性成指数级提升，达到了 80 万小时。在传感器故障的情况下，使用无传感器控制作为备份可以进一步提高可靠性。

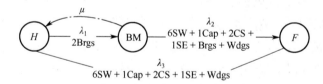

图 3.16　带轴承监测和更换的标准三相驱动器马尔可夫可靠性模型相关状态转移图
（El Murr 等，2015）

为评估变流器的可靠性，Zhou 等（2016）通过使用任务剖面的多尺度来估计电源模块的寿命。他们分析了绝缘栅双极晶体管模块的热性能，并开发了估计寿命的损耗剖面和热剖面。

在绝缘栅双极晶体管模块的热网络中，R_{JC} 是绝缘栅双极晶体管芯片从外壳到连接的热阻，R_{ch} 是散热器到外壳的热阻，R_{ha} 是风冷系统到散热器的热阻，T_a 是环境温度，其中，下标 d 和 t 分别表示二极管和绝缘栅双极晶体管。在评估功率半导体可靠性时，通常选用平均结温 T_j 和结温波动 $\text{d}T_j$ 作为最重要的指标，而绝缘栅双极晶体管的 T_j 和 $\text{d}T_j$ 可解析为

$$T_{tJ} = P_t \cdot \left(\sum_{i=0}^{4} R_{tJC(i)} + R_{tch} + R_{ha} \right) + P_d \cdot R_{ha} + T_a \qquad (3.52)$$

$$dT_{tJ} = 2P_t \cdot \sum_{i=0}^{4} R_{tJC(i)} \cdot \frac{\left(1 - e^{-\frac{t_{on}}{m_{tJC(i)}}} \right)^2}{1 - e^{-\frac{t_p}{m_{tJC(i)}}}} \qquad (3.53)$$

式中，P_t 表示绝缘栅双极晶体管芯片的功率损耗，P_d 表示二极管芯片的功率损耗，t_p 和 m 分别表示每个 Forster 层的电流基本循环和热时间常数，t_{on} 则为每个基本循环的开状态时间。

不同的模型可用来分析结温与可靠性之间的关系。此处采用 Coffin-Manson 模型对功率装置的功率循环能力进行评估：

$$N_f(T_J, dT_J) = A_1 \cdot dT_J^{-n_1} \cdot e^{\left(\frac{E_a}{KT_J} \right)} \qquad (3.54)$$

式中，N_f 表示失效循环次数，A_1 和 n_1 是基于试验的常数，E_a 和 K 分别是激活能和玻尔兹曼常数。

各种运行模式下的功率器件寿命消耗基于 Miner's 法则，即

$$CL_{IGBT} = \sum_{i=1}^{N} \frac{N_i}{N_{f,i}} \qquad (3.55)$$

式中，N 是寿命循环次数；$N_{f,i}$ 为出现功率失效的循环次数，其中，下标 i 表示第 i 个热循环；N_i 表示对应的热循环次数。

在分析装置平均结温及其波动时，考虑了以下因素：功率半导体的风速、环境温度和热应力的影响。图 3.17 定义了这些尺度，如开关尺度、基频尺度和低频尺度。电力装置的开关频率通常为几千赫兹，结温波动也很小。这表明较小的结温波动对电力装置寿命的影响很小。因此，在估计寿命时，可以忽略开关尺度上的结温波动。

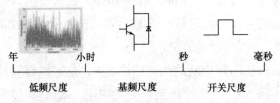

图 3.17　多尺度功率转换器功率装置的热应力（Zhou 等，2016）

基于在基频尺度上的结温波动，可评估电力装置可靠性，并计算了绝缘栅双极晶体管模块消耗寿命和每年的风速分布。考虑到不同风速阈值的绝缘

栅双极晶体管模块的消耗寿命百分比如图 3.18 所示，则功率半导体的消耗寿命百分比为

$$p(\mathrm{CL}_{v_{\mathrm{th}}}) = \mathrm{CL}_{\mathrm{IGBT}}(v > v_{\mathrm{th}}) / \mathrm{CL}_{\mathrm{IGBT}} \qquad （3.56）$$

式中，v 是风速，v_{th} 是风速阈值，$\mathrm{CL}_{\mathrm{IGBT}}$ 根据式（3.55）计算得到。

如图 3.18 所示，风速主要集中在低风速区域，但绝缘栅双极晶体管模块寿命在风速为 9～12m/s 时消耗较多。

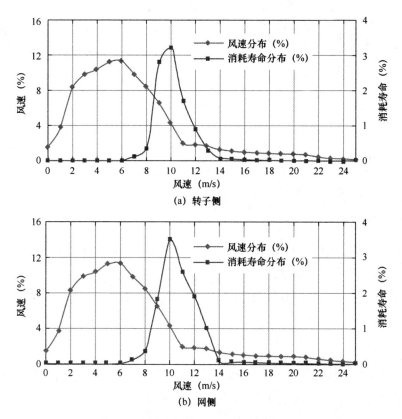

图 3.18　功率转换器中绝缘栅双极晶体管模块的寿命消耗百分比和风速分布
（Zhou 等，2016）

Bolvashenkov 等（2016）提出了估计多相永磁同步电机可靠性和容错能力的一种系统性方法。他们基于多态系统生命周期的多层马尔可夫模型，研究了永磁同步电机相数对容错程度的影响，以及该方法在多相牵引电机中的实际应用。

作为评估系统可靠性和容错能力，以及符合项目要求的基础，作者将系统中发生的过程视为离散状态和连续时间（DSCT）马尔可夫过程，并提出

了一种嵌入可靠性和容错分析马尔可夫模型的电动车生命周期层级马尔可夫模型，其框图如图 3.19 所示。

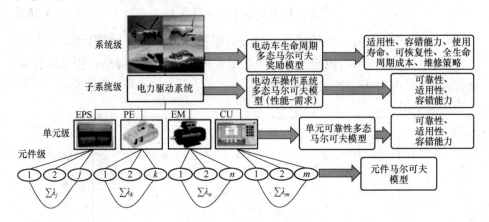

EPS—电源；PE—大功率电子设备；EM—电动牵引电机；CU—控制单元

图 3.19　电动车生命周期层级马尔可夫模型框图（Bolvashenkov 等，2016）

其分析的 4 个层级如下。

1. 元件级

在元件级，通过相关分析（如可靠性框图、故障树分析），或者二元状态的马尔可夫模型，确定元件的可靠性特征。对于电力电子单元来说，它是指二极管、绝缘栅双极晶体管、电容器等的失效率。

永磁同步电机的可靠性取决于定子、转子和轴承的特性，即

$$\lambda_{PSM}(t) = \lambda_S(t) + \lambda_R(t) + \lambda_B(t) \tag{3.57}$$

式中，$\lambda_S(t)$、$\lambda_R(t)$ 和 $\lambda_B(t)$ 分别是电机部件定子、转子和轴承的失效率。

确定由这些元件构成的系统无失效运行的概率为

$$P_{PSM}(t) = e^{-(\lambda_S(t)+\lambda_R(t)+\lambda_B(t))} \tag{3.58}$$

2. 单元级

为准确评估电动车系统各单元的可靠性和容错能力，以及确定其是否满足项目要求，研究人员在多相永磁同步电机结构模型的基础上，建立了有 N 个退化等级的 MMS 可靠性马尔可夫模型。该模型有两种版本——带恢复（可修复）的版本和不带恢复（不可修复）的版本。在容错方面，马尔可夫模型是在吸收状态下进行测试的模型，并且在任何操作条件下都不可能修复。根据模型单元级的计算结果可以确定转移参数。

3. 子系统级

为建立含电源的电动牵引电机组合马尔可夫模型，研究人员定义了需求 W 和性能 P 的概念。电动车系统运行模型表示为离散运行模式变化下的多态系统可靠性随机模型：①开机（起飞）；②加速（爬升）；③恒速（巡航）；④减速（高度降低）；⑤停机（降落）。

每种模式都符合特定的功率特征：一方面，对车辆安全运行有要求，便形成了一个需求模型 W；另一方面，要保证发电量，便形成了一个性能模型 P。

考虑到多态系统，输出性能可以用一个随机过程 $P(t)$ 表示，并表示为可能有 5 种不同状态的连续时间马尔可夫链，状态分别表示为 P_1、P_2、P_3、P_4、P_5，对应的转移强度矩阵为 $\boldsymbol{\alpha} = [\alpha_{ij}]$。分别将需求过程 $W(t)$ 建模成 5 种不同状态（$W_1 \sim W_5$）的连续时间马尔可夫链，对应的转移强度矩阵为 $\boldsymbol{\beta} = [\beta_{xi}]$。

基于这两种模型中事件的独立性，可以组合构建输出性能模型和需求模型。每个模型中的转移概率不受另一个模型中发生事件的影响。五态需求模型和五态输出性能模型的状态空间如图 3.20 所示，其中，各状态由两个指标确定，即需求水平 $W \in \{W_1 \cdots W_5\}$ 和输出性能等级 $P \in \{P_1 \cdots P_5\}$。考虑到限制和安全性，一些状态（灰色）不可接受。

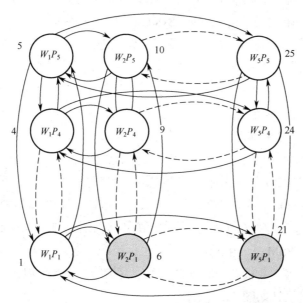

图 3.20　结合电动车系统性能-需求的马尔可夫模型，以五态需求模型和五态输出性能模型实现，包括需求水平 W 和输出性能等级 P（Bolvashenkov 等，2016）

4. 系统级

根据计划和非计划维修的强度，以及使用检测、可靠性预测和故障诊断功能系统可以优化维修策略，电动车生命周期预测模型可用于提升恢复（可修复）系统的可靠性和效率。考虑到电动车的内外部运行条件，以及结构或功能冗余的可用性（或不可用性），确定可靠性指标的当前值和预测值。基于此，本节使用了所谓的可靠性相关成本（Reliability Associated Costs，RAC）的研究和优化任务，参见 Lisnianski 等的研究。

为建立模型，电动车操作过程用一个生命周期链表示：①t_0—运行；②t_n—非运行；③t_w—工作；④t_s—持续。

在分析特定类型电动车在特定路线和地区的统计运行数据的基础上，研究人员得出了各生命周期的持续时间数据。

可靠性相关成本的初步评估公式为

$$RAC = t_0 k_d (1 - A) C_{UR} \tag{3.59}$$

式中，t_0 是以小时为单位的运行时间段，k_d 是驾驶时间率，A 是可操作性的平均值，C_{UR} 是电动车因不可靠性而停机的平均特定成本。建议基于马尔可夫模型的性能需求确定适用性。

基于马尔可夫奖励模型对可靠性相关成本进行更深入的研究，可用于检测服务系统（Monitorzing Service System，MSS）生命周期成本分析和可靠性相关成本计算。马尔可夫奖励模型考虑了连续时间马尔可夫链的一组状态 $\{1, 2, \cdots, K\}$，以及转移强度矩阵 $\boldsymbol{a}$。如果过程停留在任何状态 i，建议在时间单位内支付一定金额 r_{ii}。研究人员还建议，当过程从状态 i 转移到状态 j 时，应支付一定金额 r_{ij}。该金额被称为奖励，当用于描述损耗或处罚时，其可以是负数。3.9 节将详细讨论该方法。

根据组合性能–需求模型，马尔可夫奖励过程理论可用于评价马尔可夫检测服务系统的重要可靠性指标，如检测服务系统的平均可用性、间隔[0, T]的累积平均奖励 $V_i(T)$、间隔[0, T]的累积失效平均数、预期累积的性能缺陷、平均失效时间，以及考虑可靠性预测、故障检测和诊断的各种维修策略的预期成本。

考虑到除 PSM 外，电机驱动器还包括电源、电力电子单元和控制单元，这种分析可应用于九相牵引驱动器。至于容错能力，每个电机驱动器都要有较高的容错水平，如图 3.21 所示。

Acharya 等（2018）提出了一个基于任务剖面分析的方法，以确定装置中的温度升高，以及其对器件寿命的影响。该方法应用于中压（MV）并网的多兆瓦永磁同步电机风力转换系统（PMSG-WECS）。

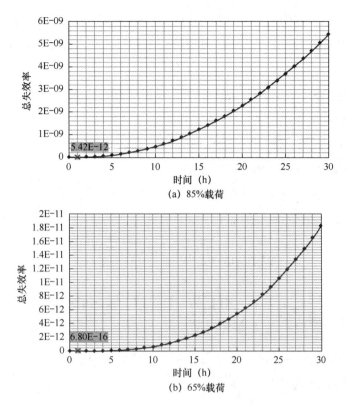

图 3.21　九相 PSM 在 85% 和 65% 载荷下的总失效率（Bolvashenkov 等，2016）

　　因为系统的维修会产生额外的费用，因此人们认为有必要调查系统的可靠性。许多因素都可能导致电力设备失效，如热应力、机械应力等。其中，最常见的失效机制是由于温度波动和平均结温升高引起的热应力。Acharya 等（2018）采用如图 3.22 所示的流程对功率半导体器件进行了热应力分析和可靠性分析。

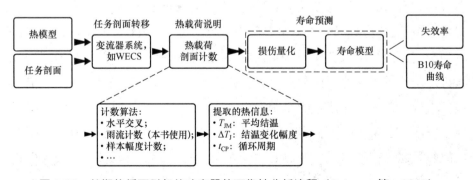

图 3.22　长期热循环引起的功率器件可靠性分析流程（Acharya 等，2018）

采用雨流计数确定每个热循环对应的温度波动；采用寿命模型，并使用 Palgrem-Miner's 规则量化损伤。直流链路电容器和高频变压器的可靠性未考虑在内。

为估计寿命，在长期热载荷剖面上采用了雨流计数法，这有助于将随机变化的热载荷剖面转换为经调节的热循环。其中，雨流计数法使用了结温变化幅度（ΔT_J）、平均结温（T_{JM}）和循环次数（t_{cycle}）。在 Acharya 等（2018）的研究案例中共确定了 563 个热循环。

但是，最先进的寿命模型提供了良好的寿命估计，因为它基于设备的包装情况，参见 Sintamarean 等（2014）的研究：

$$N_f = A \times (\Delta T_J)^\alpha \times (\mathrm{ar})^{\beta_1 \Delta T_J + \beta_0} \times \left[\frac{C + (t_{on})^\gamma}{C+1}\right] \times \mathrm{e}^{\left(\frac{E_a}{k_b T_{im}}\right)} \times f_{diode} \qquad (3.60)$$

式中，A、α、β_0、β_1、γ 和 C 是模型参数；ar 是引线键合长宽比；f_{diode} 是二极管芯片厚度；t_{on} 是循环周期。

使用 Palgrem-Miner's 规则进行损伤建模，该规则指出累积寿命消耗与不同热循环贡献线性相关，即

$$LC = \sum_{i=0}^{N} \frac{n_i}{N_{fi}} \qquad (3.61)$$

根据任务剖面周期 t_{MP} 中识别的周期所造成的损伤，计算期望寿命，即

$$LF = \frac{t_{MP}}{LC} \qquad (3.62)$$

由于多电平变流器有许多功率器件和驱动器，因此可认为其容易受到首次失效引起的直接可靠性下降影响。Richardeau 和 Pham（2013）考虑了对称多电平逆变器，如 X 电平有源中性点钳位（ANPC）逆变器，研究显示可清楚识别几个可管理的冗余，以提高整体可靠性。一种通用的理论方法可用于计算可靠性规律和失效率，并用来比较两电平、三电平和五电平拓扑结构。如图 3.23 所示为三相五电平有源中性点钳位逆变器的结构和可靠性框图。图 3.24 显示除其他优势外，三相三电平拓扑和三相五电平拓扑的故障处理可在"相对"较短的时间内大幅提升可靠性。考虑的失效模式是装置的永久全接通模式，这种模式根据理想短路状态建模，相关分析基于可靠性框图。

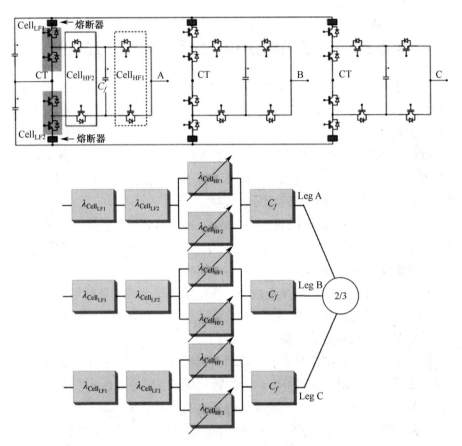

图 3.23　三相五电平有源中性点钳位逆变器的结构和可靠性框图
（Richardeau 和 Pham，2013）

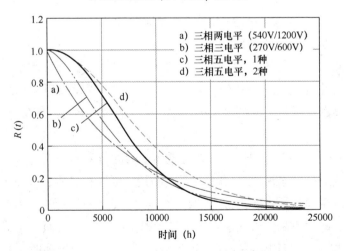

图 3.24　三相两电平、三相三电平和三相五电平有源中性点钳位（1 种和 2 种）
逆变器的可靠性曲线比较，包括多种容错能力（Richardeau 和 Pham，2013）

3.9 定期维护、视情维护和故障预测提高可靠性

定期维护已成为提高操作系统可靠性的标准方法。与预调试维护一样，定期维护通常涉及使用离线工具和仪器进行目视检查和测试，而离线工具和仪器在运行过程中通常并不可用。因此，其主要优缺点在于：维护广泛、详细、准确，并且独立于其他类似组件和装置的历史记录；但是，当需要定期维护时，其却无法进行，因此，在一个健康的系统上进行定期维护费时费力，或者在修复或更换之前进行定期维护太晚。

视情维护（Condition-Based Maintenance，CBM）主要基于运行期间的故障检测，尽管这种故障检测可能是短期停止运行期间的准离线检测。另外，通过统计数据或基于数据的工具估计的故障情况也足够准确。某些缺陷是各种故障表现形式的相似性造成的。视情维护暗含着剩余使用寿命计算，其决定维护的紧迫性和范围。视情维护对可靠性的影响并非总是确切的，其基于感知条件和预期失效之间的初步联系。

针对不同故障和装置开发的故障预测工具通常有两个输出：对装置剩余使用寿命的估计，剩余使用寿命估计的置信度。当可能存在多个故障时，各个故障都会被识别，并将其与剩余使用寿命及其置信度关联起来。

在此基础上，可能会采取的策略包括：继续作业，激活内部或外部冗余，以其他方式缓解故障影响，修改任务剖面，安排离线维护，紧急停止操作。由于剩余使用寿命估计并不准确，因此尽早采取行动以避免灾难性失效非常重要。另外，过早采取不必要的行动又可能会导致操作时间损失、性能下降，或者给其他组件造成应力影响。

假设测试时的故障预测方案为，在做决定时，t_{test} 给出剩余使用寿命的估计 t_{RUL}，并且 t_{test} 后的失效率为 $P(t_{test})$。另外，假设故障成本为 C_f，则在 t_{test} 时不采取行动以避免失效的决定的相关成本为 $C_f P(t_{test})$，其会随 t_{test} 增大而增加。

与此同时，采取行动也会有相应成本。因为行动本身就价格高昂，而且很可能导致一个系统不如行动前的系统耐用、可靠和有效，这种成本较难评估。可能的原因包括：产生更大的载荷，零件或组件承受的应力增大，处理后续故障的能力下降。在 t_{test} 评估时应考虑总成本，其有两个组成部分，一个为 C_f，与决定行动相关；另一个为 $C_1(t - t_{test})$，其随行动时间延长减小，因为在不考虑具体故障的情况下，系统继续运行比行动前的成本更低。

　　观察此类成本的总和，发现尽早采取行动明显可能更好，因为延迟采取行动会导致较高的故障概率，而不必要地过早采取行动将产生维护后系统运行的重大成本。3.9 节中将详细讨论这种情况。

　　由于故障行为通常是动态的，因此如何控制故障增长对故障系统而言非常重要，如 Pei 等（2010）的研究所述。

　　（1）故障通常会导致组件失效。改良控制系统或进行更安全的重构（例如，通过降低控制系统性能）可能会减缓故障增长，并避免整个系统失效。

　　（2）故障会导致系统性能下降，而故障增长会导致系统性能进一步下降。适当的故障预测–增强重构可能会操纵可预测/不久之后可控的系统性能退化。

　　（3）在某些关键情况下，当分配的任务需在给定的时间内以某种方式完成时，必须设计一种算法来重构故障系统的控制器，以保持其性能合格，并保持系统在整个任务持续时间内不停止运行。

　　（4）确定了此类算法之后，也可以在集成产品剩余使用寿命/性能/成本时考虑使用基于预测的控制器设计。

　　虽然价格高昂，但系统故障预测–增强重构需要降低系统性能或减少系统约束条件。在整个系统失效之前，故障预测–增强重构策略对性能下降和故障增长之间的平衡进行重构。适当的可控性能退化方法是解决这类重构问题的关键。

　　除概念表述外，可行的故障预测–增强重构策略及一些例证也被深入讨论，如 Pei 等（2010）的研究所述。有两种方法可用于实现重构过程。

　　（1）直接降低系统性能，例如，可以设计一个预滤波器来降低系统性能的稳定性。

　　（2）操纵控制幅度约束以实现系统性能适应。

　　通常，故障在安全区域 $L \in W$ 内开始增长，其中，L 为故障维数，W 为故障传播的安全区域。当故障在 $t = t_f$ 达到给定的阈值，即 $L \in L^*$（称为危险区域）时，故障发展成为失效。假设通过现有的故障诊断/预测算法可以直接或间接知晓故障动态（故障传播）。在实际应用中，采用概率分布函数（PDF）表示故障维数。故障维数的一个重要特征是所有变量的单调性，如 Pei 等（2010）的研究所述。

　　控制重构旨在改变运行条件（主要通过控制变量），避免故障维数在任务完成，即 $t = t_{\text{mission}}$ 之前达到给定的危险区域。控制机制的重构将确保任务在给定的时间内完成，尽管这可能会导致系统某些性能下降。

　　故障预测–增强重构的定义如下。

　　对于有故障传播和基准控制器 $u = k(y, r, \theta)$ 的故障系统，以及给定参考输

入 r，通过调整参数 θ 来适配基准控制器 $u = k(y,r,\theta)$ 进行重构，可以确保故障系统在任务完成前，即 $t = t_{\text{mission}}$ 之前在安全区域 $L \in W$ 内运行。同时，采用合适的性能跟踪参考输入 r。$J(y,r,u,\theta)$（$\theta \in \Theta$）是可以将控制器及其性能指标参数化的重构参数。在视情维护系统中，故障检测和管理是故障预测的薄弱环节。

对于非线性控制系统，有

$$\dot{x} = f(x) + g(x)u, \ u \in U, \ x \in X \tag{3.63}$$

$$y = h(x) \tag{3.64}$$

式中，$x \in \mathbf{R}^m$，$y \in \mathbf{R}^n$，$u \in \mathbf{R}^p$ 分别表示系统状态、输出和控制变量；U 和 X 表示 u 和 x 的可用区域；$f(x)$ 和 $g(x)$ 是具有适当维数的光滑函数。基准控制器 $u = k(y,r,\theta)$ 将保证在所用性能指标 $J(y,r,u,\theta)$ 下系统输出跟踪给定参考输入 r，即 $y \to r$，式中，$\theta \in \Theta$ 被认为是控制器的某些表示控制边界、性能指标结构等的参数。

对关键系统失效时间的长期预测包括必须有效表示和高效管理的大粒度不确定性，即随着可获得的数据增加，必须设计出限制或"缩小"不确定性界限的方法。故障预测准确性和精度是评估故障预测算法性能的典型指标。换言之，我们希望故障预测的失效时间尽可能接近实际时间。此外，不确定性的界限或限制须尽量"狭窄"（Khawaja 等，2005）。

故障预测–增强重构的基本问题是设计适当的性能退化算法，从而保证控制故障增长。

Pei 等（2010）提供了一个 3 个电机驱动器通过 1 个公用齿轮和 1 个弹性轴以机械方式并联到驱动器集中载荷的案例（见图 3.25）。在这种有 3 个电机驱动器的情况下，如果其中 1 个电机驱动器故障，现有的管理策略通常仅简单地关闭该电机驱动器，并将预先公用的载荷（加之故障电机驱动器的惯量和摩擦）重新分配到其他两个电机驱动器中。异常重载会增加其余电机驱动器的故障概率。为尽量考虑任务完成的冗余，更好的机制是让故障电机驱动器仍然分担一些载荷，这意味着通过保持其他 2 个电机驱动器的中等载荷来降低其余电机驱动器发生新故障的可能性。

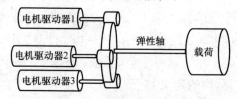

图 3.25　三齿轮电机伺服机构（Pei 等，2010）

在实际应用中，一个故障通常不会导致电机突然失效，并且在故障增长过程中有时间重构系统，因此这种重构机制很重要。

通过故障预测方案估计故障电机的剩余使用寿命，如果故障电机的剩余使用寿命不满足任务要求，则故障预测–增强重构设计将调整故障电机的载荷分担至适当水平，以确保故障电机仍能工作到任务完成。

如图 3.26 所示，在实际应用中不会单独确定危险区域和故障维数。Tang 等（2010）进一步讨论了故障预测的不确定性。故障预测不确定性管理侧重于通过使用适当的不确定性管理算法，并应用现有数据识别和管理策略降低故障预测的不确定性。

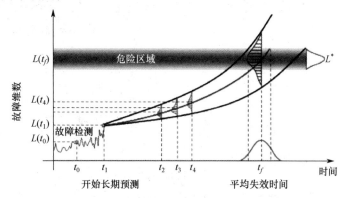

图 3.26　概率密度函数中显示的故障维数（Pei 等，2010）

尤其是基于动态模型的系统，每当获得不精确的故障诊断信息时，其可能会应用非线性滤波来提供一种处理系统损伤在未来某时刻传播的方法。为量化和降低故障预测的不确定性，我们认为故障指标和临界状态变量的变化是随机过程，如此，就可以预测未来一段时间的概率分布函数，并可以计算其他重要属性，如置信区间。我们必须通过适当考虑损伤状态及其测量，以及模型参数和结构的不确定性，来尽量准确地表示故障预测步骤。此外，当有健康信息（诊断）时，必须根据这些数据的可用性，使用统计意义的方式更新当前状态。所有损伤的动态过程本质上都是非线性动态过程，且不确定性往往是非高斯不确定性，因此，通过时间传播这些影响是一项难度大、易出错的任务。

基于回归的技术适用于许多系统，但回归曲线的形式相当普遍，并且无法保证良好的外推效果，尤其是在失效显著改变系统动态时。通常认为回归技术是一种趋势而非预测。数据驱动的故障预测方法利用检测获得的操作/使用数据，并将其与系统故障预测关联起来。其主要缺陷在于数据驱动的故障预测方法需要大量用于训练的数据，而获取从运行到出现失效的数据（特别是对于新系统）可能是一个漫长而昂贵的过程。由于缺乏在线健康检测数据，因此大部分基于数据的故障预测方法依赖可靠性数据和统计模型，通常得到的剩余使用寿命预测结果具有很大的不确定性。

另外，动态模型可以在有噪声诊断信息、加载剖面和建模不确定性的情况下，使用多种系统工具进行故障预测。基于动态模型的故障预测问题的关键要素如图 3.27 所示。系统每次接收测量数据时，根据传入数据形成的似然数据进行过滤，以形成后验分布；之后再进行预测，将状态分布投影到下一个时间步长（或任意未来时间步长）。从测量更新步骤和预测步骤的递归计算状态概率密度，称为滤波问题。人们可在几个时间点重复预测步骤，直到达到下令进行后勤或维护行动的临界阈值。这是一个长期预测（预知）过程。

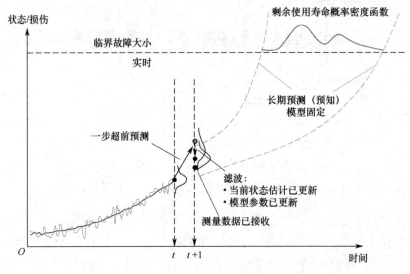

图 3.27　基于动态模型的故障预测概念（Tang 等，2010）

任何非确定性预测技术的一个潜在问题是，无论初始概率密度函数（PDF）中的任何误差或近似值多么小，其都可能在一定时间范围内累积增长，并可能在较长时间范围内严重扭曲预测的概率分布。因此，不确定性表示及其管理是重要的问题。不确定性表示问题侧重于算法如何随时间传播剩余使用寿命的实际概率分布。相较之下，不确定性管理问题的重点是如何从可用测量中提取最多信息来减小系统的不确定性。

Tang 等（2010）针对裂纹扩展问题，建立了在模型可用条件下基于动态模型的预测系统。额外的噪声会增大模型的不确定性。

应用模型会根据传入的数据学习参数，在这种情况下危险区域设置为 2.9 个单位，实际使用寿命终点为 840 个周期。如图 3.28 所示为使用滤波器的缓慢参数适应场景。

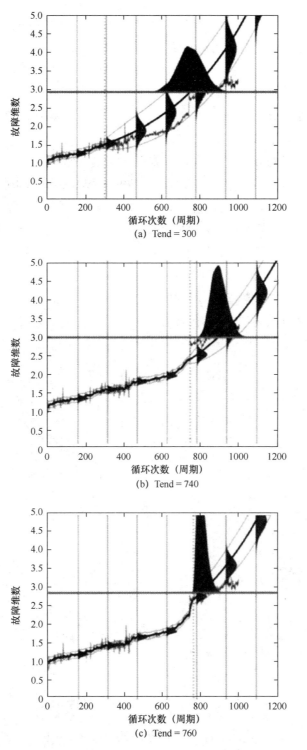

(a) Tend = 300

(b) Tend = 740

(c) Tend = 760

图 3.28　使用滤波器的缓慢参数适应场景（Tang 等，2010）

有一些额外需要考虑的因素：①如前文讨论，长期预测会增大剩余使用寿命预测的不确定性，因此需要加快适应控制算法；②控制器的参数范围 θ 可用于控制算法的适应性，但可能放宽的系统性能又可能不足以使故障维数在 $t_{mission}$ 之前处于安全区域 $L(t) \in W$ 之内，而某些故障也不适应可能使用的冗余，如轴承退化；③在这种情况下，安全和/或成本方面的考虑因素可能会改变任务，如下文所述。

导致失效过程的预测区间，与依赖一组过程参数（如平均值、标准差等）的置信区间相反，参见 Geisser（1999）和 Simons（1972）的研究。如图 3.29（a）所示，若在 $t_{mission}$ 之后决定仅基于剩余使用寿命来管理即将出现的失效，则需要承担可能在流程任务结束前出现失效的风险。图 3.29（b）显示预测区间在剩余使用寿命估计附近，当剩余使用寿命估计较晚达到危险区域时，预测区间会过早到达危险区域，并且无法在必要的行动时间内进行安全故障管理。如图 3.29（c）所示的情况正好相反，其中预测的下限到达危险区域够晚，因此在任务完成后可安全完成驱动器的相关任务。如图 3.29（d）所示，更窄的预测区间可准时进行故障管理行动。

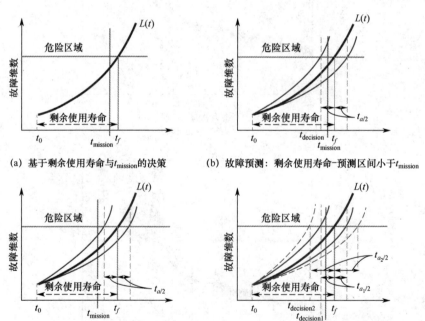

图 3.29　预测区间对重构决策的影响

图 3.30 表示得到的时序，包括考虑实施故障管理行动时的剩余使用寿命估计，以及与之相关的预测区间、行动时间和决策时间。图 3.30 旨在说

明，一旦确定了特定的预测区间，必须至少在该区间的下限之前合理决策，并且必须采取行动。预测区间的失效率被定义为在故障检测过程开始时设置的参数。

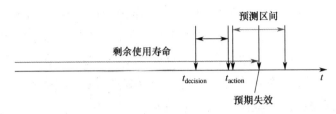

图 3.30　时序：剩余使用寿命和预测区间的估计及决策时间和行动时间

图 3.31 表示故障缓解前后的驱动器性能。假设故障管理会导致驱动器组件载荷加重，例如，增大机器电流和电力电子开关损耗，以及性能下降。这会导致除可预计的已累积的退化外，驱动器退化也会比之前更快。

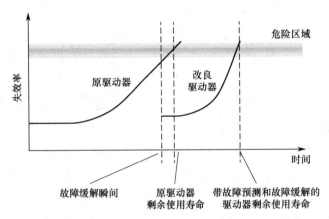

图 3.31　故障缓解和没有故障缓解情况下的故障预测、缓解和剩余使用寿命

一些已在不同的场景中讨论过的简单案例表明了基本思路。

（1）如果为三相电机供电的两电平三相逆变器的开关发生故障，且故障升级为开关断开，则使用两相操作作为标准管理技术，参见 Mirafzal（2014）、Eickhoff 等（2018）的研究。为保持转矩相同，必须增大其余两个健康相的电流为原本的 $\sqrt{3}$ 倍，并增大相应绕组的损耗。这会导致绕组绝缘应力，还可能会增大修复的有源逆变器桥臂和绕组的后续故障。

（2）如果能在早期阶段检测到故障，通过切换至不连续三相脉宽调制，就能够降低故障开关中的损耗至正弦脉宽调制的 72% 左右，可参见 Song 和 Wang（2014）、Ugur 等（2019）的研究。

（3）切换至 DPWM 将使谐波失真系数增加到 0.6。降低开关损耗的相关方法可继续操作，但故障开关仍会保持工作，因此仍允许后续解决方案分离该开关，并修复到典型解决方案。

（4）在永磁交流电机中，早期检测和/或内部短路预测，可能会快速注入去磁电流，如 Welchko 等（2004）、Eickhoff 等（2015）的研究所示，尽管在较低的转矩水平下，仍然可以连续操作。这将避免绕组故障传播到邻相，以及增大绕组和逆变器中的电流和负转矩。一个主要问题在于故障检测和预测区间的准确性，首先应有足够的时间进行故障缓解，其次应避免对操作进行可能有破坏性且价格高昂的不必要改良。

（5）如前文所述，Pei 等（2010）讨论 3 齿轮电机伺服机构的情况，其中 1 个电机检测到的故障允许其余 2 个正常运行的电机在增大的载荷和损耗下运行，或者在其剩余使用寿命结束之前通过减小故障电机的转矩，使 2 个正常运行的电机载荷减轻，并延长伺服机构的剩余使用寿命。

（6）轴承不利于大多数在线故障缓解技术。然而，当任务剖面不允许维修时，根据失效预测及时修改任务剖面可以避免灾难性失效。这对长期预测尤为重要，如前文 Tang 等（2010）研究，依据其可以正确地做出取消一个特定任务的决定。

针对不同拓扑、故障和装置开发的预测工具通常会形成对装置剩余使用寿命的估计，并得到该估计的置信度。当存在多个故障时，预测工具会识别各个故障，并将其与剩余使用寿命及其置信度关联起来。

Lisnianski 等提出马尔可夫奖励模型，该模型在使用寿命成本分析和可靠性相关成本计算中非常有用。该模型考虑了有状态集 $(1,2,\cdots,K)$ 和转移强度矩阵的连续时间马尔可夫链 $a=[a_{ij}, \ i,j=1,2,\cdots,K]$。如果过程停留在任何状态 i 一段时间，建议支付一定金额 r_{ii}；当过程从状态 i 转移到状态 j 时，应支付一定金额 r_{ij}。其中，r_{ii} 和 r_{ij} 被称为奖励。奖励可能是发电系统的能量、通信系统的信息量、生产线的生产力等。这种带奖励的马尔可夫过程与其状态和转移相关联，被称为"带奖励的马尔可夫过程"。这个过程会确定一个额外的奖励矩阵 $r=[r_{ij}, \ i,\cdots,K]$。如果所有奖励都为零，则该过程简化为普通的连续时间离散状态马尔可夫过程。

奖励 r_{ij} 以成本单位计量，奖励 r_{ii} 以单位时间的成本单位计量。相关值是在特定初始条件下累积到时刻 t 的总预期奖励。

在任何时间 t，总奖励 $V_i(t)$ 在状态 i 下累积，之后必须解出微分方程组，得出总预期奖励：

$$\frac{\mathrm{d}V_i(t)}{\mathrm{d}t} = r_{ii} + \sum_{j=1, j\neq i}^{K} a_{ij}r_{ij} + \sum_{j=1}^{K} a_{ij}V_j(t), \ \ i=1,\cdots,K \quad (3.65)$$

假设在 $t=0$ 瞬间，过程处于 i 状态，则在 Δt 瞬间，过程能够维持在这种状态或转移到其他状态，如 j 状态。如果过程维持在状态 i，则在 Δt 时段累积的预期奖励为 $r_{ii}\Delta t$。由于在时段 $[t,\Delta t+t]$，过程仍处于 i 状态，在此期间的预期奖励为 $V_i(t)$，则 $[t,\Delta t+t]$ 时段的预期奖励为 $V_i(\Delta t+t)=r_{ii}\Delta t+V_i(t)$。在 Δt 时段，过程仍维持在状态 i 下的概率等于 1 减去在此时段转移到状态 j（$j\neq i$）的概率，即

$$\pi_{ii}(0,\Delta t)=1-a_{ii}\Delta t \quad (3.66)$$

但是，在 Δt 期间，过程可能转移到其他状态，如状态 j（$j\neq i$），转移概率为 $\pi_{ij}(0,\Delta t)=a_{ij}\Delta t$。在间隔 Δt 伊始，过程处于状态 j，因此，此期间的预期奖励为 $V_j(t)$，期间结束时的总预期奖励为 $V_i(t+\Delta t)=r_{ij}+V_j(t)$。这会引起系统如式（3.65）所示的总预期奖励。定义组件的总预期奖励向量 $V(t)$ 的列 $V_1(t)$、$V_2(t)$、$\cdots$、$V_K(t)$ 及向量 u：

$$u_i = r_{ii} + \sum_{j\neq i, j=1}^{K} a_{ij}r_{ij}, \ \ i=1,\cdots,K \quad (3.67)$$

我们可得出一个方程组 $\dfrac{\mathrm{d}V(t)}{\mathrm{d}t}$，以及一个长期运转（稳态）解：

$$0 = u + aV(t) \quad (3.68)$$

这种方法在分析多维系统的转移概率和整体可靠性相关成本时很有价值，但忽略了与概率 π_{ii} 和 π_{ij} 计算准确性相关的成本。

结合 Lisnianski 等的成本分析，以及 Pei 等（2010）的重构分析，重构决策可基于成本分析。

假设在 t_0 之后的任意点，在时间 t_{test} 时，故障概率的预定水平为 P（例如，有一个可接受的值 $P(t_a)$）可以确定剩余使用寿命和预测区间 t_a。这表明在 $\left[\mathrm{RUL}-\dfrac{t_a}{2}, \mathrm{RUL}+\dfrac{t_a}{2}\right]$ 失效发生，其中，RUL 为剩余使用寿命。此外，人们还必须决定是否应对可能出现的失效。对任务时间 t_{mission} 而言，应在过程开始时决定，换言之，在 t_0 时决定是否在 $\mathrm{RUL}-t_a/2$ 时做出管理预计故障失效的行动，以避免预计的故障失效。假设可忽略系统重构时间，或者可将其纳入 $t_a/2$。注意，可接受的失效率 $P(\mathrm{RUL}-t_a/2)$ 是根据设计参数确定的，与剩余使用寿命和 t_a 无关，而确定相关的预测区间 $t_a/2$ 是剩余使用寿命预测过程的一部分。

以下成本与故障缓解或故障不缓解的决策相关。

（1）在决策时间 t_{test} 后故障未缓解进而系统失效的成本为 C_f。该成本可能有单一值，而通过控制或冗余或修改任务剖面来修改系统决策的成本将导致系统性能较低，还可能产生次要故障的成本。该成本与初期计划的剩余使用寿命（最初预期过程中剩下的时间），以及修改后系统可靠性下降相关的可能次要故障的成本 $C_1(t_{mission} - t_1)$ 成正比。t_{test} 时的失效预测将导致预测的失效率随时间单调递增，并将在 $RUL - t_a/2$ 时达到预测值 $P(t_a)$，成本为 $C_f(t_{mission} - RUL - t_a/2)$。当然，也可能在决策之前失效，但失效率较低。

（2）在进行测试和决策时，需要考虑两种成本：一种是由于不行动，可能出现的失效率为 $P(t_{test})$，$K_{inaction} = C_f P(t_{test})$；另一种是由于行动，不失效的概率为 $1 - P(t_{test})$，未达到健康运行的成本为 $K_{action} = [1 - P(t_{test})][C_1(t_{mission} - t_{test})]$。

在各决策点 t_{test}，失效缓解算法须基于决策成本确定行动和不行动的总成本，即

$$K_{inaction} = C_f P(t_{test}) \tag{3.69}$$

$$K_{action} = [1 - P(RUL - t_a/2)]C_1 \tag{3.70}$$

因此，合理的做法是根据预测区间 t_a（包括行动所需的时间）来选择和采取行动，从而使两个成本相等，即 $K_{inaction} = K_{action}$。

$$K_{inaction} = C_f P(RUL - t_a/2) \tag{3.71}$$

$$K_{action} = [1 - P(RUL - t_a/2)]C_1 \tag{3.72}$$

如果可能中断任务并修理系统，则式（3.71）和式（3.72）应适当讨论调整。

3.10 结论

正如前文讨论，驱动器设计的可靠性基于失效率，并由其组件和子系统的特性、运行条件及架构决定。这属于特定设计分类的属性，并由其设计明示或默认决定。在运行过程中，电机驱动器，而非其他类驱动器的故障诊断和预测，决定其架构和控制情况。这种"个性化"的情况在设计阶段无法确定或估计。在这层意义上，得到的驱动器失效率与设计的可靠性模型所预测的失效率有概念上的不同。

操作过程中基于故障诊断和预测对故障进行管理决策能够显著提高驱动器的性能。正如在关于成本的章节中所讨论的，运行质量不仅是可靠性的狭义定义，还包括降低性能运行，甚至适当修改和取消任务，从而降

低总成本。

配合两者，再将故障诊断和预测，以及由此产生的决策考虑因素和驱动器设计的运行机制结合起来，就能够提升设计的可靠性，尤其是通过扩大超出失效率的成本计量。

在过去的几十年里，通过应用故障诊断和预测工具来改善驱动器性能（包括可靠性）的研究，已取得了许多进展。通过最小监督学习估计剩余使用寿命、最小化预测区间及增加有意义的预测时间虽然并不难理解，但仍然需要认真研究。

原著参考文献

KOYO. Calculation of service life, 2020.

SCHATZ. Bearing Life Calculation, 2020.

S. Acharya, A. Anurag, G. Gohil, S. Hazra, and S. Bhattacharya. Mission profile based reliability analysis of a medium voltage power conversion architecture for PMSG based wind energy conversion system. In 2018 IEEE Industry Applications Society Annual Meeting (IAS), 1-6, 2018.

M. Ahsan, S. T. Hon, C. Batunlu, and A. Albarbar. Reliability Assessment of IGBT Through Modelling and Experimental Testing. IEEE Access, 8: 39561-39573, 2020.

P. Arumugam, T. Hamiti, and C. Gerada. Turn-turn short circuit fault management in permanent magnet machines. IET Electric Power Applications, 9(9): 634-641, 2015.

A. M. Bazzi, A. Dominguez-Garcia, and P. T. Krein. Markov reliability modeling for induction motor drives under field-oriented control. IEEE Transactions on Power Electronics, 27(2): 534-546, 2012.

I. Bolvashenkov, J. Kammermann, and H. Herzog. Research on reliability and fault tolerance of multi-phase traction electric motors based on Markov models for multi-state systems. In 2016 International Symposium on Power Electronics, Electrical Drives, Automation and Motion (SPEEDAM), 1166-1171, 2016.

J. G. Cintron-Rivera, S. N. Foster, and E. G. Strangas. Mitigation of turn-to-turn faults in fault tolerant permanent magnet synchronous motors. IEEE Transactions on Energy Conversion, 30(2): 465-475, 2015.

Ernest O. Codier. Reliability growth in real life. In Proceedings 1968 Annual Symposium on Reliability, 458-469, January 1968.

S. Diao, Z. Makni, J. Bisson, D. Diallo, and C. Marchand. Sensor fault diagnosis for improving the availability of electrical drives. In IECON 2013—39th Annual Conference of the IEEE Industrial Electronics Society, 3108-3113, 2013.

D. T. Patrick. O'Connor and Andre Kleyner. Practical Reliability Engineering. J. Wiley, 2011.

H. T. Eickhoff, R. Seebacher, A. Muetze, and E. G. Strangas. Post-fault operation strategy for single switch open-circuit faults in electric drives. IEEE Transactions on Industry Applications, 54(3): 2381-2391, 2018.

G. El Murr, A. Griffo, J. Wang, Z. Q. Zhu, and B. Mecrow. Reliability assessment of fault tolerant permanent magnet AC drives. In IECON 2015—41st Annual Conference of the IEEE Industrial Electronics Society, 002777-002782, 2015.

Seymour Geisser. Diagnosis and Prediction. Springer, 1999.

P. Giangrande, V. Madonna, S. Nuzzo, and M. Galea. Moving toward a reliability-oriented design approach of low-voltage electrical machines by including insulation thermal aging considerations. IEEE Transactions on Transportation Electrification, 6(1): 16-27, 2020.

A. Goel and R. J. Graves. Electronic system reliability: collating prediction models. IEEE Transactions on Device and Materials Reliability, 6(2): 258-265, 2006.

D. Hirschmann, D. Tissen, S. Schroder, and R. W. De Doncker. Reliability prediction for inverters in hybrid electrical vehicles. IEEE Transactions on Power Electronics, 22(6): 2511-2517, 2007.

Z. Huang, A. Reinap, and M. Alaküla. Degradation and fatigue of epoxy impregnated traction motors due to thermal and thermal induced mechanical stress—part I: Thermal mechanical simulation of single wire due to evenly distributed temperature. In 8th IETInternational Conference on Power Electronics, Machines and Drives(PEMD 2016), 1-6, 2016a.

Z. Huang, A. Reinap, and M. Alaküla. Degradation and fatigue of epoxy impregnated traction motors due to thermal and thermal induced mechanical stress—part II: Thermal mechanical simulation of multiple wires due to evenly and unevenly distributed temperature. In 8th IET International Conference on Power Electronics, Machines and Drives (PEMD 2016), 1-5, 2016b.

A. Kersten, K. Oberdieck, A. Bubert, M. Neubert, E. A. Grundiz, T. Thiringer, and R. W. De Doncker. Fault detection and localization for limp home functionality of three-level NPC inverters with connected neutral point for electric vehicles. IEEE Transactions on Transportation Electrification, 5(2): 416-432, 2019.

T. Khawaja, G. Vachtsevanos, and B. Wu. Reasoning about uncertainty in prognosis: a confidence prediction neural network approach. In NAFIPS 2005—2005 Annual Meeting of the North American Fuzzy Information Processing Society, 7-12, 2005.

B. U. Kim, D. Goodman, M. Li, J. Liu, and J. Li. Improved reliability-based decision support methodology applicable in system-level failure diagnosis and prognosis. IEEE Transactions on Aerospace and Electronic Systems, 50(4): 2630-2641, 2014.

A. Lisnianski, I. Frenkel, and Y. Ding. Multi-state System Reliability Analysis and Optimization for Engineers and Industrial Managers.

V. Loll. From reliability-prediction to a reliability-budget. In Annual Reliability and Maintainability Symposium. 1998 Proceedings. International Symposium on Product Quality and Integrity, 421-427, 1998.

K. Ma, U. Choi, and F. Blaabjerg. Prediction and validation of wear-out reliability metrics for power semiconductor devices with mission profiles in motor drive application. IEEE Transactions on Power Electronics, 33(11): 9843-9853, 2018.

P. Maussion, A. Picot, M. Chabert, and D. Malec. Lifespan and aging modeling methods for insulation systems in electrical machines: A survey. In 2015 IEEE Workshop on Electrical Machines Design, Control and Diagnosis (WEMDCD), 279-288, 2015.

B. Mirafzal. Survey of fault-tolerance techniques for three-phase voltage source inverters. IEEE Transactions on Industrial Electronics, 61(10): 5192-5202, 2014.

M. Molaei, H. Oraee, and M. Fotuhi-Firuzabad. Markov model of drive-motor systems for reliability calculation. In 2006 IEEE International Symposium on Industrial Electronics, 3, 2286-2291, 2006.

H. Pei, D. Brown, and G. Vachtsevanos. Prognosis-enhanced reconfiguration control. In 2010 International Conference on Networking, Sensing and Control (ICNSC), 71-75, 2010.

H. W. Penrose. Evaluating reliability of insulation systems for electric machines. In 2014 IEEE Electrical Insulation Conference (EIC), 421-424, 2014.

Y. Ran, Z. Meimei, L. Hui, L. Wei, W. Xiao, and L. Haiyang. Reliability Modeling and Analysis on Metallized Film Capacitors for MMC. In 2019 10th International Conference on Power Electronics and ECCE Asia (ICPE 2019—ECCE Asia), 1854-1860, 2019.

M. Rausand and A. Hoyland. SYSTEM RELIABILITY THEORY Models, Statistical MMethods, and Applications. Wiley Interscience, 2004.

F. Richardeau and T. T. L. Pham. Reliability calculation of multilevel converters: Theory and applications. IEEE Transactions on Industrial Electronics, 60(10): 4225-4233, 2013.

Paolo Seri and Gian Carlo Montanari. A voltage threshold in operating condition of PWM inverters and its impact on reliability of insulation systems in electrification transport applications. IEEE Transactions on Transportation Electrification, 2020.

X. Si. An Adaptive Prognostic Approach via Nonlinear Degradation Modeling: Application to Battery Data. IEEE Transactions on Industrial Electronics, 62(8): 5082-5096, 2015.

K. K. Simons. Confidence and prediction interval determination. IBM Technical Disclosure Bulletin, 15(1): 123-124, June 1972.

N. Sintamarean, F. Blaabjerg, H. Wang, and Y. Yang. Real field mission profile oriented design of a SiC-based PV-inverter application. IEEE Transactions on Industry Applications, 50(6): 4082-4089, 2014.

T. Somes and R. Gerstenkorn. Impacts of reduced motor cooling on reliability. In 2015 IEEE Petroleum and Chemical Industry Committee Conference (PCIC), 1-6, 2015.

Y. Song and B. Wang. Survey on reliability of power electronic systems. IEEE Transactions on Power Electronics, 28(1): 591-604, 2013.

Y. Song and B. Wang. Evaluation methodology and control strategies for improving reliability of HEV power electronic system. IEEE Transactions on Vehicular Technology, 63(8): 3661-3676, 2014.

E. G. Strangas, S. Aviyente, J. D. Neely, and S. S. H. Zaidi. The Effect of Failure Prognosis and Mitigation on the Reliability of Permanent-Magnet AC Motor Drives. IEEE Transactions on Industrial Electronics, 60(8): 3519-3528, 2013.

L. Tang, J. DeCastro, G. Kacprzynski, K. Goebel, and G. Vachtsevanos. Filtering and prediction techniques for model-based prognosis and uncertainty management. In 2010 Prognostics and System Health Management Conference, 1-10, 2010.

E. Ugur, S. Dusmez, and B. Akin. An investigation on diagnosis-based power switch lifetime extension strategies for three-phase inverters. IEEE Transactions on Industry Applications, 55(2): 2064-2075, 2019.

H. Wang, M. Liserre, F. Blaabjerg, P. de Place Rimmen, J. B. Jacobsen, T. Kvisgaard, and J. Landkildehus. Transitioning to Physics-of-Failure as a Reliability Driver in Power Electronics. IEEE Journal of Emerging and Selected Topics in Power Electronics, 2(1): 97-114, 2014.

B. A. Welchko, T. M. Jahns, and T. A. Lipo. Short-circuit fault mitigation methods for interior PM synchronous machine drives using six-leg inverters. In 2004 IEEE 35th Annual Power Electronics Specialists Conference (IEEE Cat.No.04CH37551), 3, 2133-2139, 2004.

Jinquan Xu, Hong Guo, Xiaolin Kuang, and Tong Zhou. Reliability Analysis Approach to Fault Tolerant Permanent Magnet Synchronous Motor System. In 2016 IEEE Vehicle Power and Propulsion Conference, VPPC 2016—Proceedings. Institute of Electrical and Electronics Engineers Inc., Dec 2016.

M. Zeller and F. Montrone. Combination of Component Fault Trees and Markov Chains to Analyze Complex, Software-Controlled Systems. In 2018 3rd International Conference on System Reliability and Safety (ICSRS), 13-20, 2018.

Q. Zhou, S. Xue, J. Li, C. Xiang, and S. Chen. Evaluation of wind power converter reliability considering multi-time scale and mission profiles. In 2016 IEEE International Conference on High Voltage Engineering and Application (ICHVE), 1-4, 2016.

缩略词对照

α、β	固定参考系的直轴和正交轴
α	触发延迟角
β	威布尔参数
λ	故障率
ω	两极等效机械转子转速、电机转子转速
ω_m	机械转子转速，$\omega_m = \omega_S/p$
ω_R/ω_r	等效两极机械转子角速度变量
ω_S/ω_s	等效两极机械定子速度变量
$\boldsymbol{\Phi}$	磁通，单位为 Wb
$\boldsymbol{B}_R$	剩磁
$\boldsymbol{H}_c$	矫顽磁力
L_{10}	一组表面相同的部件 90% 失效前完成的转数或使用时间
L_R/L_r	转子电感
L_S/L_s	定子电感
P	极对数
s	滑差，$s = (\omega_S - \omega)/\omega_S$
$\boldsymbol{T}$	转矩，单位为 Nm
AC	交流
ANN	人工神经网络
BN	贝叶斯网络
CBM	基于状态的维修
CDF	累积分布函数
d、q、0	同步参考系的直轴、正交轴和单极轴

DAG	有向无环图
DC	直流
DF	消耗因数
EKF	扩展卡尔曼滤波器
EMF	电动势
FEA	有限元分析
FFT	快速傅里叶变换
FS	故障特征
FT	故障树
FTA	故障树分析
FTC	容错控制
GaN	砷化镓
HHT	希尔伯特-黄变换
HSCT	高灵敏度电流互感器
HSMM	隐半马尔可夫模型
IGBT	绝缘栅双极晶体管
ISI	绝缘健康指示器
ITSC	匝间短路
MBF	模糊隶属函数
MC	马尔可夫链
MC	蒙特卡罗
MFC	金属薄膜电容器
MMF	磁动势
MOSFET	金属氧化物半导体场效应晶体管
MRAS	参考模型自适应系统
MTTF	平均故障时间
MTTR	平均修复时间
NN	神经网络
PF	粒子滤波
PI	极化指数
PMAC	永磁交流
PWM	脉宽调制
R	可靠性函数

RAC   可靠性相关成本

RBD   可靠性框图

RFC   转子磁场定向控制

RMSD   均方根差

RNN   递归神经网络

RUL   剩余使用寿命

Si   硅

SiC   碳化硅

STFT   短时傅里叶变换

SVM   支持向量机

TF   时频

WT   小波变换